海 错 溯 古

——中华海洋脊椎动物考释

陈万青　　谢洪芳　　陈　驰　　肖建良　编著

中国海洋大学出版社

·青岛·

图书在版编目（CIP）数据

海错溯古: 中华海洋脊椎动物考释 / 陈万青, 谢洪方, 陈驰, 肖建良
编著. —青岛: 中国海洋大学出版社, 2012.12（2024.10重印）

ISBN 978-7-5670-0170-1

Ⅰ.①海… Ⅱ.①陈… ②谢…③陈…④肖… Ⅲ.①海洋脊椎动物
—研究 Ⅳ.①Q959.3

中国版本图书馆CIP数据核字(2012)第282571号

出版发行	中国海洋大学出版社
社　　址	青岛市香港东路 23 号　　　　**邮政编码**　266071
出 版 人	杨立敏
网　　址	hhttp://pub.ouc.edu.cn/
订购电话	0532-82032573（传真）
责任编辑	魏建功　　　　　　　　　　**电　　话**　0532-85902121
电子信箱	wjg60@126.com
印　　制	日照日报印务中心
版　　次	2014 年 4 月第 1 版
印　　次	2024 年 10 月第 2 次印刷
成品尺寸	170 mm × 230 mm
印　　张	17.75
字　　数	328 千
定　　价	59.00 元

前　言

　　海错，原指众多海产品，后指各种海味。清·郝懿行《记海错》："海错者，禹贡图中物也。"《禹贡》是《尚书》中的一篇，是我国最古老和最有系统性的地理著作。"禹贡图中物"，意海错系禹贡所绘祖国版图中的物产。《书·禹贡》："厥（其）贡盐绨（chī，意其贡品是盐、细葛布），海物惟错。"孔传："错杂非一种。"故"错"还有众多之意。《小尔雅》："错，杂也。"现代语言中的山珍海味，最早称作山珍海错。如南朝梁·沉约《究竟慈悲论》："秋禽夏卵，比之如浮云；山毛海错，事同于腐鼠。"腐鼠，意贱物。唐·韦应物《长安道》诗："山珍海错弃藩篱，烹犊炰羔如折葵。"意享山珍海味，如丢弃之物，吃牛羊肉像吃瓜子，喻生活奢侈。至近代，海错一称只是偶尔有人在用，如茅盾《脱险杂记》十二："这餐晚饭，真吃得痛快。虽然只有一荤一素，但我觉得比什么八大八小的山珍海错更好，永远忘记不了。"

　　我文明古国，历史悠久，《禹贡》版图，疆域辽阔，江河湖海、物产丰富。海洋脊椎动物，种类繁多。古代文献中都有大量记载。鱼介鸟兽，名物纷呈。以鱼为例，明·屠本畯《闽中海错疏》云："夫水族之多莫若鱼，而名之异亦莫若鱼，物之大莫若鱼，而味之美亦莫若鱼，多而不可算数穷推。"同一动物，正名之外，异名颇多，或异名同物，或异物同名，或一名多用，或借用别名。且世代愈积，称谓越繁，形成许多异名、别名、美称、贬称、代称、谑称、戏称、尊称、昵称、俗称、简称等，成为我国灿烂文化遗产的一部分。有些名称袭用至今，也有不少名称，成为历史记载，今天读来，颇觉费解。仍以鱼为例，古时西南少数民族称鱼为婑隅。南朝宋·刘义庆《世说新语·排调》记载了一则郝隆用少数民族语而使桓温不晓的故事："郝隆为桓公南蛮参军，三月三日会，既饮，揽笔便作一句云：'婑隅跃清池。'桓（温）问：婑隅是何物，答曰：'蛮名鱼为婑隅。'"连桓温都不知其为何物，何况后世读者呢？桓温，东晋杰出军事家、权臣，谯国桓氏代表人物。究其原委，或祖国语言，丰富多彩，汉语词汇，历史悠久，同一动物，多种描述，再加江南塞北，差异巨大；或多个民族，语言不同，风俗习惯，融合交汇；或文字变革，古今有异；或动物成年幼体，叫法不同；或诸子百家，各有己见；或国际交流，由外传入；或政治规避，宗教隐语；亦有错字错印，以讹传讹等。这也是汉语词汇发展的必然规律之一。

本书的目的，一是拟沿我国几千年的历史长河，溯名物记载之源，追历代之沿革，溯有关海洋脊椎动物，包括鱼、爬行动物、海鸟和海兽等动物的名物记载。有些淡水产脊椎动物，如四大家鱼、两栖类等，古籍中，如《闽中海错疏》《海错百一录》《记海错》等书中多有论述，可能因它们在人们的生活中影响较大之故。本书拟选辑部分重要内容，附录于后，以供读者参考。本书所辑者乃古有所载，经考今有所识者。每种动物，以现代分类名称列一条目，除正名外，分述其异称，异称之后有书证。至清代前的文献中出现的异名，大致按先后顺序排列。

二是探究名物之取义。清·郭柏苍《海错百一录》中说："凡物命名之始必有取义。"海洋脊椎动物命名之始也必有取义，或缘其形态，或据其习性，或源于神话，或出于传说，或基于掌故，或突出其利，或规避其害，或宣扬其好，或警戒其恶，或渗人之情，或表特殊之爱等，多有丰富的内涵。本书拟诠释动物命名之取义，晰名物之殊，探讨命名之依据，以解读者"举一异名而茫然不知为何物"之惑。对书证中的疑难字句也略加音义注释，以利青年读者阅读。

三是对所述动物名物作去伪存真、去粗取精的分析。限于当时的科学发展水平和人们的认识水平，许多动物的名物存在不少主观臆断，误解误判，以讹传讹，宗教迷信，甚至谬论伪说等。本书拟辨名物之正谬。目的在于发掘和继承祖国海洋文化历史遗产，古为今用。

四是厘清其与现代分类体系的关系。任何动物，纵有异名百种，千种叫法，只有按照《国际动物命名法规》，以林奈的双名法的拉丁文的学名来表达，才能有共同语言，才能算真正理解了前人所述的动物所指何物，不会照本传抄，或张冠李戴，甚至指鹿为马。每种动物的现代分类名后均附有拉丁名和其在分类上所属的科目，以利读者查阅。

五是有些条目之末，也简述其食味之美，药食之效，并简记少数的轶事典故等，以从中汲取教义，并增加本书的趣味性。

本书适于科技工作者、生物学师生以及广大青年参考阅读。

古代文献，浩如烟海，可惜涉猎有限，虽力尽求全，也难免挂一漏万。名物释义，少有资料可据，多靠分析推测，难避主观，加之水平有限，谬误难免。敬请读者，不吝赐教。

本书出版得到中国海洋大学出版社的大力支持和出版社副总编辑魏建功教授的热情帮助，谨致衷心感谢！

目　次

一　海洋鱼类

鱼

水虫　游泳　波臣　川禽　素鬐　阳鱼　银梭　雪　玉尺　鳞　凡鳞　素鳞　潜鳞　文鳞　游鳞　白鳞　银鳞　雪鳞　华鳞　霜鳞　玉鳞　锦鳞　川鳞　婏隅　水花羊　龙王兵　水畜　水梭花　鲑菜　鱼鲔　宵鱼　鲜　小鲜　小鳞　红鲜　鹿角　促鳞　鲩　鲕　鲭　鱼花　鱼苗　鱼栽　鱼秧　脡祭　落头鲜

　　鱼是用鳃呼吸、靠鳍游泳的水栖脊椎动物，体形多样。《淮南子》曰：食水者善游而耐寒，鱼属也。

　　鱼，古称水虫。首见于《国语·鲁语》"鸟兽成，水虫孕，水虞于是乎禁罜䍡，设阱鄂"。罜䍡（zhǔ lù），小鱼网。水虞，古代官名，专管水产。《说文·鱼部》："鱼，水虫也，象形，鱼尾与燕尾相似。其尾皆枝，故像枝形，非从火也。"直至宋代《江邻几杂志》载："范希文（仲淹）戍边，行水中甚乐之，

甲骨文　　　　**铜器铭文**

秦篆　　　　**简书（战国时期）**

图1　古文中鱼字写法（《古文字类编》）

从人前云'此水不好，里面有虫'……答云'不妨，我亦食此虫也'。"注："谓之虫，乃是鱼也。"篆书鱼字，下部四点像火字，但非从火，是述鱼尾枝形如火字。殷墟中的甲骨文就已有了鱼字。明·杨慎《异鱼图赞》云："鱼之为字，燕尾相似。水虫之中，实繁厥类。鳞鬣风涛，抑龙之次。百种千名，研桑莫记。"研桑，人名，计研和桑弘羊的并称。计研，一名计然，春秋时越国范蠡的老师，善经商；桑弘羊，汉武帝时的御史大夫，长于理财。二人皆古之善计算者。《文选·班固〈答宾戏〉》："研桑心计于无垠。"意"百种千名"的鱼类，连"心计

于无限"的研桑也难于记载。

代称**游泳**。南朝宋·颜延之《三月三日曲水诗序》："松石峻崿，葱翠阴烟，游泳之所攒萃，翔骤之所往还。"攒萃（zǎn cuì），意聚集，游泳，亦借指水中游泳的动物。

喻称**波臣**。《庄子·外物》："周顾视车辙中，有鲋鱼焉。周问之曰：'鲋鱼来，子何为者邪？'对曰：'我，东海之波臣也。君岂有斗升之水而活我哉？'"南朝齐·谢朓《拜中军记室辞随王笺》："沧溟未运，波臣自荡。"波臣亦泛指水族。古人设想江海的水族也有君臣，其被统治的臣隶称为"波臣"。

代称**川禽**。《国语·鲁语》："取名鱼，登川禽而尝之"。名鱼，即大鱼。《元亭涉笔》："水畜，鱼也；又川禽，亦鱼也。"川禽，亦泛指鱼鳖蜃等水生动物。

代称**素鬐**。唐·独孤申叔《献白龟赋》："孟泽之鳞，耻捷乎素鬐；越裳之雉，羞奋乎翘英。"素鬐，亦指白鳍；越裳，古南海国名；翘英，美丽的尾羽。《佩文韵府》引元·袁裒诗句："青帘客沽酒，素鬐渔收网。"青帘，指酒家。

别名**阳鱼**。《文选·枚乘〈七发〉》："阳鱼腾跃，奋翼振鳞。"李善注："曾子曰：'鸟鱼皆生于阴，而属于阳。'……鱼游于水，鸟飞于云。"阳鱼，亦泛指鸟和鱼。

喻称**银梭**。南唐·李璟《游后湖赏莲花》诗："蓼花蘸水火不灭，水鸟惊鱼银梭投。"蓼花，生长在水边或水中的一年或多年生草本植物。宋·惠洪《冷斋夜话·诗说烟波缥缈处》："银梭时拨剌，破碎波中山。"银梭，喻鱼体形如银梭。

代称**雪**。唐·贾岛《双鱼谣》："天河堕双鲂，飞我庭中央，掌握尺余雪，劈开肠有璜。"

代称**玉尺**。元·王举之《水仙子·春日即事》曲："鱼鳞玉尺戏晴波，燕嘴芹泥补旧窝。"芹泥，燕子筑巢所用的草泥。

鳞，常被用作鱼的代称。鱼多被鳞。《说文·鱼部》："鳞，鱼甲也，从鱼粦声。"《周书·萧大圜传》："俯泳鳞于千寻。"《文选·司马相如〈难蜀父老〉》："二方之君，鳞集仰流。"李周翰注："如鱼鳞之相次仰承流风也。"如鱼群迎向上流。晋·挚虞有《观鱼赋》："观鳞族于彪池兮，睥羽群于濑涯。"唐·杜甫《观打鱼歌》："渔人漾舟沉大网，截江一拥数百鳞。"唐·白居易《轻肥》："果掰洞庭桔，脍切天池鳞。"明·袁宏道《满井游记》："呷浪之鳞，悠然自得。"呷浪之鳞，意浮到水面戏水的鱼。

普通的鱼称**凡鳞**。唐·李家明《元宗钓鱼无获，进诗》："凡鳞不敢吞香饵，知是君王合钓龙。"宋·陆游《五月五日蜀州放解榜第一人杨鉴具庆下孤生怆然有感》诗："甲午五月之庚寅，渊鱼跃起三江津。震雷霆雨夜达晨，我知决定非凡鳞。"元·张宪《双龙图》诗："吾将倒三江，倾五湖，洗余百战元黄血，尽率凡鳞朝帝都。"

泛称**素鳞**。晋·王廙《笙赋》："厌瑶口之陆离，舞灵蛟之素鳞。"唐·杜甫《丽人行》："紫驼之峰出翠釜，水精之盘行素鳞。"紫驼，指用驼峰作成的珍贵菜肴；翠釜，精美的炊器；水精，水晶。宋·刘仙伦《鼓瑟》诗："彩凤拂衣鸣翠竹，素鳞鼓鬣出寒波。"素鳞也特指白鳞鱼。

亦称**潜鳞**。汉·王粲《赠蔡子笃》诗："潜鳞在渊，归雁载轩（意高飞）。"《后汉书·马融传》："测潜鳞，踵介旅。"李贤注："介，谓鳞虫之属也；旅，众也。"唐·杜甫《上后园山脚》诗："潜鳞恨水壮，去翼依云深。"明·李东阳《与顾天锡夜话》诗："潜鳞自足波涛地，别马长怀秣饲心。"秣饲，意喂饲料，亦指饲料。

美称**文鳞**。晋·葛洪《抱朴子·知止》："文鳞瀺灂，朱羽颉颃。"瀺灂（chán zhuó），鱼在水出没之貌；颉颃（xié háng），鸟上下飞。唐·柳宗元《登蒲州石几望横江口潭岛深迥斜对香零山》诗："浮晖翻高禽，沉景照文鳞。"清·彭孙遹《苏幕遮》词："欲倩文鳞传尺素，娄水无情，不肯西流去。"文鳞，亦指成纹状之鱼鳞。

代称**游鳞**。晋·潘岳《闲居赋》："游鳞瀺灂，菡萏敷披。"菡萏（hàn dàn），荷花的别称。晋·左思《吴都赋》："北山亡其翔翼，西海失其游鳞。"唐·王维《戏赠张五弟諲》诗之三："设罝守鱼兔，垂钓伺游鳞。"鱼（chán）狡猾。唐·方干《陪胡中丞泛湖》诗："绮绣峰前闻野鹤，旌旗影里见游鳞。"元·廼贤《赋环波亭送杨校勘归豫章》诗："天空夕阴敛，川回游鳞跃。"

代称**白鳞**。唐·韦应物《送刘评事》诗："洞庭摘朱实，松江献白鳞。"朱实，红色的果实。前蜀·韦庄《雨霁池上作呈侯学士》诗："正是如今江上好，白鳞红稻紫莼羹。"

代称**银鳞**。清·唐孙华《维扬舟中作》诗之一："赢得淮鱼贱如土，堆盘脍缕煮银鳞。"

代称**雪鳞**。唐·韩偓《秋郊闲望有感》诗："鱼冲骇浪雪鳞健，鸦闪夕阳金背光。"宋·苏轼《鱼蛮子》诗："破釜不着盐，雪鳞芼青蔬。"宋·陆游《游郪》诗："掠水翻翻沙鹭过，供厨片片雪鳞明。"

代称**华鳞**。《文选·张协〈七命〉》："挂归翻于青霄之表，出华鳞于紫渊之里。"吕向注："华鳞，鱼也。紫，谓其深色然也。"

又称**霜鳞**。唐·皮日休《钓侣》诗之一："趁眠无事避风涛，一斗霜鳞换浊醪。"自注："吴中卖鱼论斗。"浊醪（láo），浊酒。宋·陆游《新晴泛舟至近村偶得双鳜而归》诗："归舍不妨成小醉，眼明细柳贯霜鳞。"清·厉鹗《摸鱼儿·首夏归杭过吴淞景物清旷有会而作》词："梅风里，换得霜鳞盈斗。"霜鳞，也意白鳞。

异称**玉鳞**。宋·苏轼《与赵陈冈过欧阳叔弼新治小斋戏作》诗："主孟当啗我，玉鳞金尾鱼。"玉鳞也指鱼鳞。明·陈汝元《金莲记·就逮》："江上风清，门前遇故人；屋里云生，湖中脍玉鳞。"

美称**锦鳞**。唐·李贺《竹》诗："织可承香汗，裁堪钓锦鳞。"宋·范仲淹《岳阳楼记》："沙鸥翔集，锦鳞游泳。"有考者谓锦鳞并非指鱼，而指蚺（rán），又叫做蚺（rán），是活动于水边的几种蟒蛇的特称。

河鱼称**川鳞**。 宋·梅尧臣《寄光化退居李晋卿》诗："川鳞可为饔，山毛可为蔌。"饔（yōng），意熟食；山毛，山中可供食用之物；蔌（sù），菜肴。

方言**姁隅**（jū yú）。古代西南即四川境内少数民族称鱼为姁隅。南朝宋·刘义庆《世说新语·排调》："郝隆为桓公南蛮参军……既饮，揽笔便作一句云：'姁隅跃清池。'桓（桓温）问：姁隅是何物，答曰：'蛮名鱼为姁隅。'"桓温，东晋杰出军事家、权臣，谯国桓氏代表人物。"宋·沈与求《还憩湖光亭》诗："羊酪莼羹本异区，江湖随俗语姁隅。"

昵称**水花羊**。北宋·陶谷《清异录·兽名门》："杨虞卿家号鱼为水花羊，陆象先家号象为钝公子……俱以避讳故也。"杨虞卿，元和末监察御史。

别名**龙王兵**。清·厉荃《事物异名录·水族·鱼总名》引《云龙州志》："普河鱼池在赵州，池中多鱼，人不敢捕，云龙王兵。"

异称**水畜**。旧体周·范蠡《养鱼经》："朱公居陶，齐威王聘朱公，问之曰：'公居足千万，家累亿金，何术乎？'朱公曰：'治生之法有五，水畜第一。'"但古时水畜多意，《魏书·律历志上》："龟为水畜"，《易·干》"云从龙"，唐·孔颖达疏："龙是水畜。"等。

僧家隐语**水梭花**。僧人素食，禁食酒肉荤腥，讳言荤腥之名，故特作隐语呼之。因鱼往来水中，形似穿梭，故称水梭花。宋·苏轼《东坡志林·僧文荤食名》："僧谓酒为'般若汤'，谓鱼为'水梭花'，鸡为'钻篱菜'，竟无所益，但自欺而已，世人常笑之。"般若，为梵语 Prajna 的音译，意为智慧。水梭花一称，另见于《书言故事·水族类》："鱼曰水梭花。"《切口·巫卜》："水梭花：鱼也。"

别名**鲑菜**。明·彭大翼《山堂肆考》："晋人以鱼为鲑菜。"鲑菜，亦为古时鱼类菜肴的总称。唐·杜甫《王竞携酒》诗："自愧无鲑菜，空烦卸马鞍。"宋·黄庭坚《食笋十韵》："洛下斑竹笋，花时压鲑菜。"元·袁桷《越船行》诗："自古鱼鲑厌明越，明日今朝莫论说。"

泛称**鱼鲔**。《礼记·礼运》："龙以为畜，故鱼鲔不淰。"淰（shěn），惊走。意畜养了龙，则大鱼小鱼不会受到惊吓而乱游。宋·方夔《立冬前后大雷电》诗：

"雨下如注翻四溟，黑风吹落鱼鲬腥。"

喻称宵鱼。南朝宋·何承天《达性论》："行苇作歌，宵鱼垂化。"鱼无眼睑，夜不闭目，故称宵鱼。古人门锁制成鱼形，喻其日夜睁着眼睛看守门户之意。唐·丁用晦《艺田录》："门锁必以鱼，取其不瞑目守夜之义。"此即"宵鱼垂化"成语之来源，意赞官吏的德政。

亦称鲜、小鲜、小鳞。《礼记·内则》"冬宜鲜羽"，郑玄注："鲜，鱼也，"《说文》："鲜，鱼名。出貉国。"貉国，指我国古代东北地区少数民族建立的国家。《老子》："治大国，若烹小鲜。"河上公注："鲜，鱼也。"南宋道士范应元则注为："小鳞，小鱼也。治大国譬如烹小鳞。"《韩非子·解老》"烹小鲜而数挠之则贼其泽。"唐·高适《过卢明府有赠》诗："何幸逢大道，愿言烹小鲜。"宋·陆游《夜归》诗："寒齑煮饼坐茅店，小鲜供馔寻鱼罾。"寒齑，腌菜；鱼罾（zēng），鱼网。

代称红鲜。晋·潘岳《西征赋》："红鲜纷其初载，宾旅竦而迟御。"唐·张松龄《渔父》词："钓得红鲜劈水开，锦鳞如画逐钩来。"元·张斛《寓中江县楼》诗之七："松薪炊白粲，水蔓系红鲜。"白粲即白米。

喻称鹿角。清·厉荃《事物异名录·水族卷》引"宋·苏轼《欧阳季默馈鱼》诗：'我是骑鲸手，聊堪充鹿角。'注：鹿角，小鱼也。"宋·欧阳修《奉答圣俞达头鱼之作》诗："毛鱼与鹿角，一龠数千百。"龠（yuè），古代容量单位。

小鱼称促鳞。《文选·张协〈七命〉》："何异促鳞之游汀泞，短羽之栖翳荟。"李周翰注："促鳞，小鱼也。汀泞，浅水也。"翳荟（yì huì），意草木茂盛，可为障蔽。

仔鱼古称鲠（yìng）。《尔雅·释鱼》："鲠，小鱼。"郭璞注："其小者鲠鱼也。"邢昺疏："鱼之大者名鲟（tuán）鳣，吾大夫爱之，其小者名鲠，吾大夫欲长之。"

亦称鲕。《国语·鲁语上》："鱼禁鲲鲕。"韦昭注："鲕，未成鱼也。"意禁捕未成年鱼。清·张衍懿《巴江观打鱼歌》："吾曹何为图快意，一朝饕餮戕鲕鲲。"

仔鱼又称鲔。《说文·鱼部》："鲔，鱼子已生者也。谓鱼卵生于水草间，初孚有鱼形者，从鱼，鲔声。"鲔，音妥。又"鲕，鱼子也。鱼子，谓成细鱼者……凡细者偻（同称）子。"卵，称鱼子；刚孵出的鱼称仔鱼，后期为幼鱼期。

如是，则鲔指仔鱼，即初孵有鱼形者；鲕，指稚鱼，鳍褶已分化为细鱼者；鲠指幼鱼，已具有种的形态特征。

仔鱼喻称鱼花，孵化不久，长 6～9 毫米。清·李调元《南越笔记·鱼花》："粤有三江，惟西江多有鱼花……子曰花者，以其在荇藻之间若花。又方言，凡物之微细者皆曰花也。亦曰鱼苗。"碧野《青山常在水长流》："这孵化出来的鱼种，分为冬花和夏花。"

俗称**鱼苗**。清·屈大均《广东新语·鳞语·养鱼种》："鱼花者，鱼苗也，亦曰鱼秧，以其利与田禾等，故曰苗、曰秧，而常名则曰鱼种云。"

鱼苗亦称**鱼栽**。元·袁士元《咏城南书舍呈倚云楼公》："闲种石田供鹤料，旋开园沼买鱼栽。"

又称**鱼秧**。明·黄省曾《鱼经·种》："古法俱求怀子鲤鱼，纳之池中，俾自涵育……今之俗惟购鱼秧。"清·孙枝蔚《春园有感》诗："药圃修缲毕，鱼秧买始回。"《沪谚外编·山歌·十二月野花歌》："九月里白扁豆花开来一点点，来讨鱼秧小鸭钱。"

鲜鱼曰**脡祭**。《礼记·曲礼下》："鲜鱼曰脡祭。"孔颖达疏："脡，直也。祭有鲜鱼，必须鲜者，煮熟则脡直。"脡祭，古称供祭祀用的鲜鱼。

腐鱼别名**落头鲜**。汉·王充《论衡·四讳》："肴食腐鱼之肉，不可为讳。"宋·叶廷珪《海录碎事·饮食》："送人郧乡'无惭折腰吏，勉食落头鲜。'注：'郧人相尚食腐鱼，故俗传为落头鲜。'"郧，古地名。《说文》："郧，汉南之国也。"今江苏省海安县。宋·梅尧臣《代书寄欧阳永叔四十韵》："难醒拨醅醁，殊厌落头鲜。"醅醁（pēi lù），指酒面浮起的浅碧色浓汁浮沫。

鱼类包括软骨鱼类（Chondrichthyes）和硬骨鱼类（Osteichthyes）。鱼的种类很多，我国有3 166种，海洋鱼类约占3/4，达2 300～2 400种，淡水鱼约1 050种。我中华先民自远古时即已开始识别鱼类和食用鱼类。河姆渡遗址出土的陶器上刻有鱼、虫等图饰，距今约7 000年；西安半坡仰韶文化遗址出土的陶器上，刻有鱼的符号，距今约6 000年；山东胶县三里河大汶口文化遗址中有鳓鱼、黑鲷、梭鱼和蓝点马鲛的骨骼，距今有5 000多年。说明远在人类社会初期，我们的祖先在从事简单的渔猎活动中就逐渐认识这些动物，这些鱼已是人们喜食的水产品。4 000多年前我国人民就把动物分为虫、鱼、鸟、兽四大类，说明对鱼类已有相当了解。6 000年前就出现了钓具、网具，并用于捕捞了，甲骨文中也有了渔字。《庄子》说："投竿而求诸海"、"投竿东海，旦旦而钓。"《诗经》中有"鱼网之设，鸿则离之"的诗句。《竹书纪年》记载了夏朝一个国王曾"东狩大海，狩大鱼"，可证夏、商、周时代捕鱼就有了一定发展。越国大夫范蠡的《养鱼经》是我国也是世界上最早的养鱼书籍，距今约2 500年。

《诗经》中共见鱼名14种，《山海经》中所记鱼类58种，《说文》鱼部已收鱼偏旁字103个。《尔雅》把动物划分为虫、鱼、鸟、兽，卷上共记录鱼类23种，卷下约17种。三国魏·曹操《魏武四时食制》主要记录了魏国所产鱼类。郭璞《江赋》、左思《吴都赋》，主要记录了长江下游地区及沿海所产鱼类。郭璞《尔雅注》记载了江东即今上海沿海所产鱼类。宋·罗愿《尔雅翼》中释鱼五卷，记鱼55种。南宋·罗浚的《四名志》记载了17种鲨鱼和许多鳐目软骨鱼类。元末陶宗仪

《临海水土记》记录了江浙沿海地区的 70 多种鱼、贝类。明·屠本畯《闽中海错疏》主要记载了福建一带的海产动物 200 多种，其中记载鱼类 80 多种。明·李时珍《本草纲目》卷四十三鳞部，共记载鱼类 31 种，无鳞鱼 28 种。清·郭柏苍《海错百一录》主要记述了福建鱼类，清·李调元《然犀志》记载广东鱼类，清·郝懿行《记海错》则记述了山东海产。《渊鉴类函》、《古今图书集成》、《太平御览》等书，也都对鱼类的类名缘起、分类原则及鱼类的具体特征进行了详细记述。晋·挚虞有《观鱼赋》，隋·崔德润有《咏鱼诗》，唐·白居易有《观游鱼》诗，唐·李群玉有《放鱼》诗等。

文昌鱼

鳄鱼虫

文昌鱼 *Branchiostoma belcheri*（Gray），隶于文昌鱼目文昌鱼科。半透明鱼形动物，非真正鱼。一条脊索纵贯全身，属头索动物。体侧扁，两头尖，长者达 6 厘米，无头与躯干之分。平时埋于沙中，仅前部外露，靠漏斗状口部摄食硅藻等食物，夜间较活跃，俗称蛞蝓鱼，厦门称生仔勿，同安呼折担鱼，泉州名米鱼。

文昌鱼之称，一说源于"文昌帝君"。清·郭柏苍《海错百一录》卷二："泉州西溪产文昌鱼，细如弦。晒干，越文昌诞则灭。邵武越阳溪产此花鱼，长二三寸，无脊骨，味美。桃花开时仅止一候即灭。"《同安县志》载："文昌鱼，似鳗而细如丝，产西溪近海处，俗谓文昌诞辰时方有，故名。"一说源于地名。《古今图书集成·禽虫典·杂鱼部》引《漳州府志》云："文昌鱼，状如鳗，细如箸（箸的异体字），长二三寸，其行以阵，味甘美。郡城文昌阁前有之，余处不可得也。故俗呼为文昌鱼，甚贵之。"文昌阁位于厦门同安县刘五店的海屿上，是我国最先发现文昌鱼群的地方。文昌鱼一称是取之首次发现的地名，而非人名。

鳄鱼虫之称来自《古今图书集成·禽虫典》上一个神话传说，言有岛名鳄鱼屿，形似鳄，成妖后每年吃一名同安人，岛上无人敢住。一位 12 岁少年自愿出任此处县令，命砌石为寺，并命在鳄形岛之头部凿穿制礁，随见血流不已，后来发现文昌鱼，言鳄鱼精尸体所化焉，故称。

公元 1774 年，俄国人发现时误为软体动物蛞蝓的一种，故名蛞蝓鱼。后又误其口须为鳃，名鳃口动物。

文昌鱼属稀有动物，首先发现于厦门，后又在青岛、烟台、日照等近海发现。对研究脊索动物进化及系统发育有重要意义，又是名贵海味，享誉世界。文昌鱼约起源于 5 亿年前，是最接近脊椎动物直接祖先的现生动物，被称作"活化石"。国家列为一类保护动物。

鲨 鱼

鲹 鲹鱼 鲨鱼 鲛 沙鱼 鳍 鳍鱼 河伯健儿 鱼虎 鲛鱼 鳆鱼 溜鱼 沙

鲨鱼，属软骨鱼类。鳃孔侧位，5 ~ 7 对，成板状，又称板鳃类。卵生或卵胎生，日借用汉字名记鲛。广东潮安的贝丘遗址中，发现有巨大鱼骨，约属于鲨鱼类，据此推断捕捞鲨鱼已有 4000 余年的历史。

鲹，鲹鱼。《说文·鱼部》："鲹，鲹鱼也。出乐浪潘国。从鱼。"《正字通·鱼部》："鲨，海鲨，青目赤颊，背上有鬛，腹下有翅，味肥美。"清·桂馥《说文义证》："鲨，海中所产，以其皮如沙而得名。哆（张口貌）口无鳞，胎生，其类尤多。大者伐之盈舟。"被楯鳞，而非"无鳞"，亦非全胎生。

鲨鱼，因体被楯鳞，鳞的结构像齿，细小如沙而得名。有些底栖小鱼，如鰕虎鱼，贴沙而栖，亦称鲹鱼，故"常张口吹沙"之说或指鰕虎鱼类。名同而非同类，显然是异物同名。古时，沙、鲹、鲹、鲨几字义同，常互换。

大鲨曰鲛，与蛟龙齐名。《山海经·中山经》："东北百里曰荆山……漳水出焉，而东流注于雎，其中多鲛鱼。"《说文·鱼部》："鲛，海鱼也，皮可饰刀。"《通雅·动物·鱼》："鲛，海鲨鱼之最大者也。"《尔雅翼·释鱼三》："鲛，今撼谓之沙鱼。鲛既世所服用，人多识者，特其音与蛟龙之蛟同。许叔重以为'蛟者鱼之长……一说鱼二千斤为鲛。'是以二物为一物也。皮有珠饰刀剑者，是鲛鳍之鲛，满二千斤，为鱼之长，是蛟龙之蛟。"鲨性凶猛者，堪比蛟龙，故曰鲛。《埤雅·释鱼》："鲛，海鱼也，似鳖而无足，背文粗错，皮间有珠，可以饰刀。"此"似鳖而无足"之说，应指鳐类。

鳍，鳍（cuò）鱼，河伯健儿。《广韵·入药》："鳍，鱼名，出东海。"唐·段成式《酉阳杂俎·鳞介篇》："鳍鱼，章安县出。子朝出索食，暮入母腹，腹中容四子。颊赤如金，甚健，网不能制。俗呼为河伯健儿。"鳍，意楯鳞粗糙如锉。《格致镜原·水族类三》引《雨航杂录》："鳍鱼，长二丈，大数围，小者圆广尺余，背粗错有文，一名鲛鱼。"明·杨慎《异鱼图赞》卷二："南越劲鳍，扬鬐排流。洞腹养子，朝泳暮游。脐入口出，贮水若抽。鳞皮斑驳，可饰蒯缑。"蒯缑（kuǎi gōu）指剑，饰蒯缑，即用鲨皮缠剑柄。此"子朝出索食，暮入母腹"或"洞腹养子，朝泳暮游。脐入口出"之说，是由其卵胎生特点而产生的臆断。

亦有考者谓此指灰鲭鲨 *Isurus glaucus*（Müller et Henie），属鼠鲨科，此鱼躯干肥大，长 4 米以上，喙尖、口深、牙尖，体色青，腹白，卵胎生。性凶猛，游速快，在水表层追食鲱等鱼，分布于南海、东海。河伯健儿，源于神话，河伯即黄河水神，又名冯夷。相传他在渡黄河时淹死，被天帝封为水神。曾娶妇害民，又使黄河泛滥。后化为白龙在水上游，被后羿射瞎了左眼。此意凶猛的鲨鱼犹体魄强健的河伯。

　　别名鱼虎、鲛鱼。明·杨慎《异鱼图赞》卷二："天渊鱼虎，老化为鲛。其皮朱文，可以饰刀。"鱼虎，古时指翠鸟、鱼狗、刺鲀等，化变为鲛，古记多有鸟"老化为鲛"之说，无据。《古今图书集成·禽虫典·鲛鱼部》引《博物志》云："东海鲛鳓鱼生子，子惊还入母腹，寻复出。"鲛是卵胎生或胎生，子惊入母腹，实误。

　　鰒鱼、溜鱼、沙。后世视鲨、鲛是一类，虽称鲛为大者或《尔雅翼》记鲨、鲛为两物。明·李时珍《本草纲目·鳞四·鲛鱼》："沙鱼、鳓鱼、鰒鱼、溜鱼。时珍曰：'鲛皮有沙，其文交错鹊驳（同驳），故有诸名。古曰鲛，今曰沙，其实一也。或曰本名鲛，讹为鲛。'"又时珍曰："古曰鲛，今曰沙，是一类而有数种也。东南近海诸郡皆有之。"鰒鱼，鰒，字从複，意体有覆盖物，即楯鳞。有谓鲍、鲍鱼为盐干之卤臭鱼为鰒、鰒鱼，此亦为异物同名，或一名多用。溜鱼，溜意溜滑，大而言之，其体呈光滑的流线型。溜字从留，留同流，如《庄子·天地》："留动而生物。"示其体形光滑，游泳快速。

　　自西周以后，常有用鲨鱼皮饰物的记载。"鱼服"是鲨鱼皮作的箭袋，"鱼轩"是鲨鱼皮装饰的车子，"甲"是鲨鱼皮作的护身服饰。饰竹为笰，称鱼笰，为古代朝臣所用。《礼记·玉藻》："笰……大夫以须（音班，即鲨鱼皮）文竹。"孔颖达引庾氏云："鲛鱼须饰竹以成文。"陆德明释文："须音班。"班通斑。《诗经·小雅·采薇》中有"四牡翼翼，象弭鱼服"，孔颖达疏："以鱼皮为矢服，故云鱼服。"《左传·闵公二年》有"归妇人鱼轩。"杜预注："鱼轩，夫人车，以鱼皮为饰。"《荀子·议兵篇》有"楚人鲛革、犀兕以为甲，鞈如金石。"注：以鲛鱼皮及犀兕为甲。《淮南子·说山》："一渊不两鲛。"高诱注："鲛鱼之长，其皮有珠，今世以为刀剑之口是也。"

　　自商代起，历代朝廷皆令东南沿海地区进贡鲨鱼皮。其皮、肉、肝、胆、胎、鳍均可入药，南朝梁·陶弘景《名医别录》、唐·苏恭《唐本草》云"皮，甘咸平无毒，主治心气鬼疰、蛊毒吐血……治食鱼成积不消；肉，甘平无毒，主治作脍补五脏；胆，主治喉痹。"

　　鲨鱼皮亦可为脍。如宋·梅尧臣《答持国遗鲨鱼皮脍》诗云："海鱼沙玉皮，翦脍金齑酽。远持享佳宾，岂用饰宝剑。予贫食几稀，君爱则已泛。终当饭葵藿，此味不为欠。"

鲨鱼选辑

虎鲨　噬人鲨　海狼　姥鲨　黄鲦　长尾鲨　剑鲦　乌鳍真鲨　乌髻　条纹斑
竹鲨　犬鲨　狗鲨　侧条真鲨　乌头　双髻鲨　鳍　鳍鲭　槌额鱼　帽鲦
双髻虹　丫髻鲨　锯鲨　胡沙　剑鲨　挺额鱼

鲨鱼种类很多。明·彭大翼《山堂肆考·鳞虫》："鲨鱼中有犁头鲨，头似犁鬏而长，尖锐刺人；有香鲨，体有香气；有熨头鲨，头如熨头；有丫髻鲨，头如丫髻；有剑鲨，长嘴如剑，对排牙棘，人不敢近；又有名狗鲨者，狗头鱼身，声如狗吠。"《宁波府志》："鲨鱼有白蒲鲨、黄头鲨、白眼鲨、白荡鲨、青顿鲨、斑鲨、牛皮鲨、鹿文鲨、穆鲨、燕尾鲨、刺鲨、锯鲨、鹿鲨，其类甚多。"我国已记160种，多为海产，少数可入淡水。大者长20米。少数为性凶猛者，能噬人。

虎鲨，虎鲨为虎鲨科的通称。在我国报道2种。

宽纹虎鲨 *Heterodontus japonicus* Maclay *et* Macleay，暖水性近海底栖，运动不活泼，以贝、甲壳动物等为食，卵生。头短钝，体色黄褐具深褐色横纹，因体色斑纹似虎而得名。

明·屠本畯《闽中海错疏》卷上："虎鲦，头目凹而身有虎文。"《初学记》卷三十注引三国吴·沈莹《临海水土异物志》："虎鲭，长五丈，黄黑斑，耳目齿牙有似虎形。唯无

图2　宽纹虎鲨（仿孟庆闻等）

毛，或变乃成虎。"又"虎鲭，长三尺，黄色斑纹"。清·徐珂《清稗类钞·动物类》："背茶色微红，体侧有红斑，长三尺许者，曰虎沙。"清·郭柏苍《海错百一录》卷一："虎鲨，头凹而有虎文。按：能噬人手足。"至于"耳目齿牙似虎形"、"变乃成虎"之说均谬。

噬人鲨 *Carcharodon carcharias*（Linnaeus），古称**海狼**。乾隆二十九年（1764）《诸城县志·方物》卷十二："最悍者沙……其翅味美而猛恶，噬人，泅水者遇之必

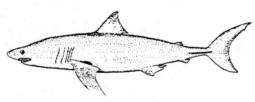

图3　噬人鲨（仿孟庆闻等）

毙，海上畏之，号曰海狼。"噬人鲨，体长可达 13 米，性凶猛，能噬人。腹部白俗称大白鲨。广布于温带海域，山东海域常见。

姥鲨 *Cetorhinus maximus*（Gunnerus），隶于鲭鲨目姥鲨科，古称**黄鯋**。明·屠本畯《闽中海错疏》卷上："**黄鯋，好吃百鱼，大者五六百斤**。"长者达 10 余米，重 6000 千克。好吃百鱼之说不确，它滤食浮游性无脊椎动物和小型鱼类。姥原指老年妇女，或外祖母，此处姥同老，意体大懒动，如老态龙钟。性和善，无危害，常静浮水面，或张口缓游，或翻身晒腹。其皮可制革，肝制油，骨肉作鱼粉。俗称蒙鲨、老鼠鲨、昂鲨。

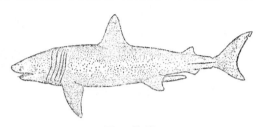

图4 姥鲨

长尾鲨，如狐形长尾鲨 *Alopias vulpinus*（Bonnaterre），隶于鲭鲨目长尾鲨科。古称剑鯋。明·屠本畯《闽中海错疏》卷上："剑鯋，尾长似剑，薨鲞（kǎo xiáng，皆意鱼干）味佳。"体粗大，头较短，尾特长如剑，比头和躯干长 1.5 倍。体色灰褐。卵胎生。分布于黄海、东海和南海。

乌鳍真鲨 *Carcharhinus melanopterus*（Quoy et Gaimard），隶于真鲨目真鲨科，古称乌鬐。明·屠本畯《闽中海错疏》卷上："乌鬐。颊尾皆黑。"清·郭柏苍《海错百一录》："乌翅鲨，口阔，即乌鳍鲨。颊尾皆黑。"鬐、翅皆意鳍。因各鳍末端都呈黑色而得名，亦称黑翼鲨、黑鳍鲨或黑鳍礁鲨，长 4 米以上。分布于东海南部、南海。

条纹斑竹鲨 *Chiloscyllium plagiosum*（Bennett），隶于须鲨目须鲨科。体长而细，长约 1 米，吻颇长，口平横。体色灰褐，具 1～3 条暗色横纹，横纹及边缘上具白斑，腹面淡白。行动不活泼，分布于东海、南海。

俗称犬鲨、狗鲨。明·屠本畯《闽中海错疏》卷上："狗鯋，头如狗。"《山堂肆考·鳞虫》："鲨鱼中……又有名狗鲨者，狗头鱼身，声如狗吠。"清·郭柏苍《海错百一录》卷一："狗鲨，头如狗。按：头大，上有乌赤文。"狗头鱼身之说不确，鲨鱼不发声，更不会声如狗吠。

侧条真鲨 *Carcharhinus pleurotaenia*（Bleeker），隶于真鲨目真鲨科。体纺锤形，躯干粗。头宽扁，口宽圆弧形，上下颌每侧 15 枚牙，狭三角形。鳃孔 5 个，背鳍 2 个。被楯鳞，体背灰褐，腹白。方言乌翅、裂心鲨、乌斩，分布于东海、南海。

乌头，明·屠本畯《闽中海错疏》卷上："乌头，颊尾黑，背大，有百余斤者。浅在海沙不能去，人割其肉，潮至复去。其皮用汤泡净，沙缕作脍，鬐鬣泡去外皮存系，亦用作脍，色晶莹若银丝。"或因体色而得名。

　　双髻鲨，在我国，报道有路氏双髻鲨 Sphyrna lewini（Griffith et Smith）等5种，隶于真鲨目双髻鲨科。头的额骨向左右两侧扩展，成锤状突出似双髻或丫髻、丁字形之鲨，统称为双髻鲨。体侧扁而高，长达3米多，侧位鳃孔（裂）5对，背鳍2个，无棘，第一背鳍位于腹鳍前方。日借用汉字名撞木鲛。

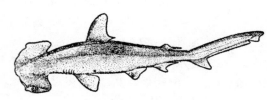

图5　双髻鲨（仿孟庆闻等）

　　古称鳍。《集韵·平元》："鳍，《南越志》：鳍鱼鼻骨有横骨如鳍，海船逢之必断。"按，"海船逢之必断"之说系推测。

　　又称鳍鱼昔。《文选·左思·〈吴都赋〉》："王鲔鯸鲐，鲫龟鳍鱼昔。"李善注引刘逵曰："鳍鱼昔，有横骨在鼻前，如斤斧形，（江）东人谓斧斤之斤（砍木的工具）为鳍，故为之鳍鱼昔。"鳍（fǎn），板斧或铲。《玉篇·金部》："镨，广刃斧也。"鱼昔，鳞粗糙如锉。

　　别名槌额鱼。吴·沈莹《临海水土异物志》："槌额鱼，似鳍鱼昔鱼，长四尺。"

　　异称帽纱、双髻魟。明·屠本畯《闽中海错疏》卷上："帽纱，鳃两边有皮，如戴帽然，又名双髻纱，头如木拐，又名双髻魟。"清·郭柏苍《海错百一录》："帽纱鲨，两边有皮如带帽。"其头形似古代妇女的发髻，称双髻鲨；似古代官帽，称帽鲨。

　　异称丫髻鲨。明·彭大翼《山堂肆考·鳞虫》："鲨鱼中有丫髻鲨，头如丫髻。"丫髻，古时幼女与未婚女子，多将头发集束于顶，编结成左右两个髻，状似树枝丫杈故名"丫髻"。清·徐珂《清稗类钞·动物类》："头有横骨作丁字形，眼在其两端，长二丈许者，曰双髻沙。"

　　锯鲨，在我国仅记日本锯鲨 Pristiophorus japonicus Günther，隶于锯鲨目锯鲨科。吻平扁具锯状齿，侧位鳃孔（裂）5对，背鳍2个无棘，无臀鳍。性凶猛，以锯齿的长吻猎取鱼、虾、软体动物等为食。我国沿海都有分布。

　　古称胡沙。《尔雅翼·释鱼三》："大而长，喙如锯者，名胡沙。"宋·王禹翱《仲咸借予海图观罢有诗因和》："鲳鲊脚多垂以带，锯鲨具密刮如刀。"明·屠本

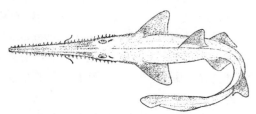

图6　锯鲨（仿张春霖等）

畯《闽中海错疏》卷上："锯鲛，上唇长三四尺，两傍有齿如锯。"又"胡鲛，青色，背上有沙，大者长丈余，小者长三五尺，鼻如锯。皮可缕为脍，蔑以为修，可充物，亦名锯鲛"。蔑意干；修或为馐，即干鱼食品。

又称剑鲨。明·彭大翼《山堂肆考·鳞虫》："鲨鱼中有剑鲨，长嘴如剑，对排牙棘，人不敢近。"长尾鲨，亦有称剑鲨者，但此"长嘴似剑"，应指锯鲨。

喻称挺额鱼。明·李时珍《本草纲目·鳞四·鲛鱼》："鼻前有骨如斧斤，能击物坏舟者，曰锯沙，又曰挺额鱼，亦曰鱎，谓鼻骨如鳝斧也。"此挺额鱼"鼻前有骨如斧斤"应指双髻鲨。清·郭柏苍《海错百一录》引："《岭南续闻》:剑鲨，俗呼为锯鲨。云其大者鼻冲长丈余，阔尺许，黄黑色，其直似剑，其旁排列戟刺，捷业如齿然，力能破舟、裂网，横行海中，群鱼大避，稍不及，即磔（把肢体分解）而食之，莫敢樱其冲也。""长丈余，阔尺许，能破舟"之说失实，但确能肢解猎物而食之。

鳐

老板鱼　命鱼　老般鱼　老盘鱼　犁头鳐　犁头鲨　颗粒犁头鳐　电鳐　麻鱼

鳐，为鳐形目鱼的通称。体盘宽大，近亚圆形或近斜方形，鳃孔（裂）腹位5对，胸鳍前伸仅达吻侧后部，尾平扁渐细但非细长鞭状。我国记近30种，常见的有犁头鳐、团扇鳐、何氏鳐等。

命鱼、老般鱼、老盘鱼。光绪二十三年（1897）《文登县志·土产》卷十三："老般鱼即老盘鱼，状如荷叶，故亦名荷鱼。又形近隶书'命'字，俗亦谓之'命鱼'。鱼口在腹下，正圆如盘。般，古音同盘，故老般即老盘也。"

犁头鳐，亦称**犁头鲨**，如颗粒犁头鳐 *Scobatus granulatus*（Cuvier），隶于犁头鳐目犁头鳐科。体长约1米，体重5～10千克，大者可达2米多。前体扁平，头和胸鳍基底连成一呈犁头形体盘，类鲨，分布于温热带海洋。方言六件鲨。《山堂肆考·鳞虫》："鲨鱼中有犁头鲨，头似犁镵（chán）而长，尖锐刺人。"因其头形如耕田的犁头而得名。

电鳐，古称麻鱼。清·方旭《虫荟4·麻鱼》："坤舆外纪》:'海中有麻鱼，状极粗苯，饿时潜入海底鱼聚处，鱼身遂麻木不能动，乃食之。'"此应指电鳐类。

魟

　　魟，为鲼形目魟科鱼的通称。体圆盘形或斜方形，大者体盘宽 1 米多，尾细长如鞭，具 1 ~ 3 尾刺。口小，横裂，牙细小，铺石状。体光滑或具小刺，胸鳍伸达吻端。鳃孔 5 个，位于腹面。种类较多，常见的有花点魟、齐氏魟、矾魟、黄魟等。

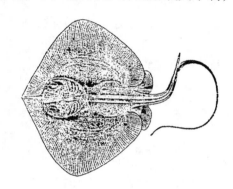

图7　魟

　　古称**魶**(nà)，始见于宋。《广韵·去合》："魶，鱼名，似鳖无甲，有尾，口在腹下。"魶，字从内，内古同纳，表示事物被蒙盖在里面。《说文》："内，入也。自外而入也。"示将正常侧扁的鱼体纳入扁平轮廓内。

　　魟鱼，明·冯时可《雨航杂录》卷下："魟鱼，形圆似扇，无鳞。色紫黑。口在腹下。尾长于身如狸鼠。其最大曰鲛，其次曰锦魟、曰黄魟、曰斑魟、曰牛魟、曰虎魟。"最大者也应为魟，鲛指大型鲨鱼。魟字从工，示其体形如工，平扁，背腹面平展、外扩，当中由身体支撑。

　　俗称**鮏**(gǒng)**鱼、锅盖鱼**，《三才图会·鸟兽五》："魟鱼，一名鮏鱼，俗名锅盖鱼。形如团扇……尾长于身，能螫人。"《古今图书集成·禽虫典·杂鱼部》引《正字通》曰："海鱼，无鳞，状如蝙蝠，大者如车轮。《类篇》曰，鱼似鳖，又曰白魟。鱼名，又作鮏，与邵阳鱼（指鳐类）相类，无鳞，又与鱿同。"《直省志书·里安县》："魟鱼，身圆无鳞，鼠尾，有黄魟、锦魟、燕魟。"《兴化府》："魟，一作鮏，胎生，形如覆笠，有肉刺能刺人，一名魶鱼，有虎魟、剑魟、狗魟，种类不一。"鮏从共，共通拱，亦示其体中部厚，状似拱桥。

　　俗称**牛尾鱼**，清·历荃《事务异名录》引《兴化县志》："魟鱼头圆秃如燕，身扁圆如簸箕，尾圆长如牛尾，以其首似燕，故名燕魟鱼，以其尾言，故又名牛尾鱼。"

　　黄魟 *Dasyatis bennetti*（Müller et Henle），体盘亚圆形，尾长为体长之

2.7 ~ 3 倍，体光滑，背面黄褐色或灰褐，腹白。分布于南海。唐·段成式《酉阳杂俎续集·支动》："黄魟鱼，色黄无鳞，头尖，身似大楸叶，口在颔下，眼后有耳。窍通于脑。尾长一尺，末三刺甚毒。"明·胡世安《异鱼图赞补》卷上："鱼曰黄魟，身类楸叶，头尖无鳞，末刺堪诉。"楸叶，即楸树叶，形大如荷叶。"窍通于脑"之说有误。

光魟 *Dasyatis laevigatus* Chu，体盘宽 35 厘米，亚斜方形，背表光滑无刺。牙小，排列铺石状，腹鳍近长方形。尾细长如鞭，具一强刺，基部具毒腺，被刺伤后疼痛难忍。分布于东海、黄海。方言称黄鳐、罗盘鱼、黄边劳子、滑子鱼。

代称**土鱼**、**黄裹**、**黄金牛**，清·郝懿行《记海错》："《临海水土异物志》曰：'鳐鱼如圆盘，口在腹下，尾端有毒。余案：此物即今之土鱼，形与老般无异，唯微厚，腹色黄，俗呼为黄裹，大者为黄金牛，头与身连，非无头也，尾如龟尾而无毛，有刺如针，螫人立死。'"道光《招远县续志》卷 1《物产》记载："土鱼，尾有大针，最毒，着物立毙。渔人得知，先拔其针，埋沙中。""立毙"之说言过了。体色黄，如黄衣裹身，称黄裹、黄金牛；亦如黄土，称土鱼。

俗称**黄鳐**，道光二十五年（1845 年）《胶州志·物产》卷十四："黄鳐，状如盘，无足无鳞，背青腹黄，口在腹下，目在额上，尾长有针，螫人甚毒。"

中国魟 *Dasyatis sinensis*（Steindachner），体盘亚斜方形，吻尖而突出，口小，喷水孔大。体背黄褐，具深色斑。方言洋鱼、劳板。分布于东海、黄海、渤海。明·屠本畯《闽中海错疏》："鲛䱜，似鲛而鼻长，皮可饰剑靶，俗呼锦魟。"有考者谓此指中国魟。

鳐

蒲鱼　魶　魶鱼　鲀　魟鱼　鲕魟鱼　蕃蹋鱼　邵阳鱼　蕃踰鱼　荷鱼　石砺
海鹞　地青　赤鱼　镘盖鱼　燕子鱼　老鸦头　鬼尾鱼　无斑鹞鳐　黑魟
燕魟鱼　牛尾鱼　鲼鱼　日本蝠鲼　天牛鱼

鳐，为鳐科、鹞鳐科和蝠鲼科等鱼类的通称。体盘宽大，圆形、斜方形或菱形。口、鳃孔均在腹面。胸鳍前延，尾细长如鞭，多具尾刺。种类较多，在我国已记 30 种，分布于温热带海域。

古称**蒲鱼**、**魶**（huī）、**魶鱼**、**鲀**（tuán）。唐·韩愈《初南食贻元十八协律》诗："蒲鱼尾如蛇，口眼不相营。"注："或曰魶鱼也。今广州曰蒲鱼。"宋·李昉《太平御览》卷九百四十引三国魏·曹操《魏武四时食制》："蒲鱼其鳞如粥，出郫县。"《正字通·鱼部》："魶，魶鱼，俗名蒲鱼，潮州有之。"清·屈大均《广东新语·介语》："蒲鱼者，䰻也。形如盘，大者围七八尺。无鳞。口在腹下，目在额上。尾长有刺，能螫人。肉白多骨，节节相连比，柔脆可食。"蒲鱼、鲂鱼是广东方言，言其形圆如蒲扇。鲂，字从为，为有伪装之意，意其常匍匐海底隐蔽自己。䰻从专，专意肥厚，如肥厚的皮肤叫专肤，此处意其体厚。

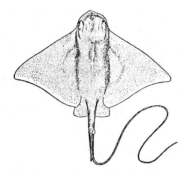

图8 鸢鲼（仿孟庆闻等）

方言鲄（hé）鱼、鯆魮（bū bǐ）鱼，《正字通·释鲼》："鲼音愤，形大如荷叶，韵书作鲄鱼，或曰鯆魮鱼，随其方俗名之。"鲼，制字从贲。《易·序卦》："贲者，饰也。"《广雅》："贲，美也。"示其胸鳍宽大如翼，巡游似鸟，很美。胸鳍前突成吻鳍，犹如头饰。鯆魮，魮如秕，形扁；鯆，同蒲，圆形物，述其体扁而圆。鯆魮，古代对鳐、魟、鲼类鱼的通称。

蕃蹋鱼、邵阳鱼，《通雅·动物·鱼》："蕃蹋鱼，今铜盆鱼也。蕃蹋鱼一名邵阳鱼……曰鲼，形如大荷叶，长尾，口在腹下，无足无鳞，福州呼为铜盆鱼。""蕃蹋"，蕃如布幡，蹋如榻，贴底而动，其菲薄的胸鳍波如布幡。少阳，周易六爻预测中，三枚铜钱摇卦，一个背面，两个正面，称作少阳，示鱼体如摇卦之铜钱。邵阳乃少阳之同音。

别名**蕃蹂鱼**，《初学记》卷三十鱼第十引《魏武四时食制》云："蕃蹂鱼，如鳖，大如箕，甲上边有髯，无头，口在腹下，鹞鲼尾长数尺，有节，有毒，螫人。"无头之说实误，只是头与体盘的界限不清而已。

别名**荷鱼、石砺**。明·李时珍《本草纲目·鳞四·海鹞鱼》："邵阳鱼、荷鱼、鲼鱼、鯆魮鱼、蕃踏鱼、石蛎。时珍曰：'海鹞，象形。少阳、荷，并言形色也。'"又藏器曰："生东海。形似鹞，有肉翅，能飞上石头。齿如石板。尾有大毒，逢物以尾拨而食之。其尾刺人，甚者至死。"古代对鳐、魟、鲼统称没有别。此海鳐鱼既包括鲼，也包括鳐和魟。明·胡世安《异鱼图赞补》卷上："三刺中之者死，二刺者困，一刺者可以救。候人溺处刺钉之，令人阴肿痛，拔去乃愈。"其尾刺确有巨毒，被刺者灼痛，重者致死。

异称**䰻、海鹞**，清·李元《蠕范·物体》："鲼，䰻也，鲄也，鯆魮也……海鹞也。"

别名**地青**，《直省志书·宁波府》："地青，鱼尾有刺，甚长，色白者曰地白，与魟相类，又名邵洋鱼，鱼尾鱼。"

俗称**赤鱼、镶盖鱼、燕子鱼、老鸦头**，光绪《川沙厅志·鳞之属·赤鱼》卷四："赤鱼，一名鲼，又名海鹞，形圆如荷叶，色赤紫，无鳞，口在腹下，尾长于身，如狸鼠，有刺，甚毒，俗呼镬盖鱼，大者色青，呼燕子鱼，又呼老鸦头。"镬（huò），古代大锅，形如大盆。镬盖鱼，意其形如锅盖。老鸦头，是关中人喜吃的一种面食，两端略尖，中间偏粗，状似老鸦头，此述其形似。

俗称鬼尾鱼。清·方旭《虫荟4·海鹞鱼》："海鹞鱼，一名蒲鱼……俗名锅盖鱼，鬼尾鱼。"鬼尾鱼，述其尾具毒刺，能刺人毙命似"鬼"。

无斑鹞鲼 *Aetobatus flagellum*（Bloch et Schneider），古称**黑魟**、**燕魟鱼**、**牛尾鱼**、**魟鱼**。明·屠本畯《闽中海错疏》卷中："黑魟，形如团扇，口在腹下。无鳞，软骨，紫黑色，尾长于身，能螫人。按：此鱼头圆秃如燕，身圆褊如簸，尾圆长如牛尾，其尾极毒，能螫人，有中之者，日夜号呼不止。以其首似燕，名燕魟鱼。以其尾似牛尾，故又名牛尾鱼。其味美在肝，俗呼鲼鱼。"体盘菱形，宽为长的近二倍，胸鳍前部分化成吻鳍，尾细长如鞭，尾刺一或二个。体光滑，背面暗褐或赤褐，腹白。卵胎生，见于热带和温带海域。方言亦称鹰甫。

有考者谓，此指无斑鹞鲼，但此鱼体盘菱形，与屠氏所说"形如团扇"似不符。亦有考者谓指赤魟 *Dasyatis akajei*。其尾长为体盘长的 2 ～ 2.7 倍，体色赤褐，分布近海，亦可溯西江达南宁。俗称黄鲼。

日本蝠鲼 *Mobula japonica*，古称**天牛鱼**。体扁平，菱形，长 3 米多，最大者 8 米，尾很长，有刺。背蓝或黑，腹白。栖深海，性较温顺，以磷虾等为食。方言飞魟仔、鹰魟、燕仔魟，台湾称日本蝠魟等。展鳍如翼，状如蝙蝠而得名。明·胡世安《异鱼图赞补》卷上："《南越记》："天牛鱼，方圆三丈，眼大如斗，口在腹下，露齿无唇，两肉角如臂，两翼长六尺，尾长五尺。"天牛，是一种有触须的昆虫，难与蝠鲼相比。天牛鱼，天，或述其大，牛，述其头鳍状如牛角。

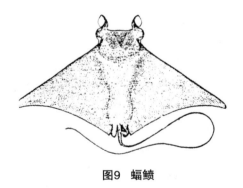

图9　蝠鲼

白　鲟

鲔　鳝　尉鱼　仲明　王鲔　鱃鲔　鳣　碧鱼　鳢鲔　鮕鳢　环雷鱼　长鼻鱼　黄鱼　玉板　鹃鮨鱼　鮥　鳅　淫鱼　乞里麻鱼　道士冠

白鲟 *Psephurus gladius*（Martens），隶于鲟形目白鲟科。体呈梭形，长一般 2 ～ 3 米，重 10 ～ 30 千克，大者长 7 米，重 500 多千克。头很长，超过体长之半。吻甚长，突出如剑，长如象鼻，占头长的 3/5。体无鳞，体背灰黄，腹白。分布长江干支流中，岷江、钱塘江也有，东海、黄海曾有发现。

图10 白鲟（仿孟庆闻等）

古称鲔（wěi）、鳂、尉鱼、仲明、鳂鲔、鳣鲔，源于传说。《古今图书集成·禽虫典·鲟鳇鱼部》："东莱、辽东人谓之尉鱼，或谓之仲明。仲明者，乐浪尉溺死海中化为此鱼，尉盖鲔声之讹。"传说不足为凭。《广韵·去未》："鳂，鲔别名。"明·廖文英《正字通》："鳂，鲔别名。东莱、辽东人呼鲔为尉鱼，方言读若郁，义同。本作尉，俗加鱼。"《诗·周颂·潜》："有鲔有鳣，鲦鲿鰋鲤。"陆玑疏："鲔鱼形似鳣（中华鲟）而色青黑，头小而尖，似铁兜鍪，口在颌下，其甲可以磨姜，大者不过七八尺，益州人谓之鲔。大者为王鲔，小者为鳂鲔。"铁兜鍪（móu），古代武士头盔；磨姜，原指脚与地面摩擦受伤，此处意其骨板可使人致伤。《诗·卫风·硕人》："施罛濊濊，鳣鲔发发。"罛（音 gu），同罟，一种大的渔网；濊濊（音 huo），撒网入水声；发（音泼），活跃，鱼甩尾状，言其鱼健。

鲔之大者称王鲔。《礼记·月令》云："[季月之春] 天子始乘舟，荐鲔于寝庙。特献之者，以其及时可贵也。方氏曰，乘舟示亲渔也。鱼品多矣，荐必以鲔，为其特大，谓之王鲔以此。"季月，每季的最后一月。《周礼·天官·歔人》："春献王鲔。"郑康成曰："王鲔，鲔之大者，亦名鲟。王，言大也，物之大者多谓之王。"郑玄曰："王鲔，则鲔之尤大者。"四川渔民有"千斤腊子（中华鲟）万斤象（白鲟）"之说。《大献礼记·夏小正》云："二月祭鲔。祭不必记，记鲔何也，鲔之至有时，美物也。鲔者，鱼之先至者也，而其至有时，谨记其时。"汉·张衡《东京赋》云："王鲔岫居，能鳖三趾。山有穴曰岫。其穴在河南小平山。长老言，王鲔之鱼由南方来，出此穴入河水。"晋·陆机《拟行行重行行》："王鲔怀河岫，晨风思山林。"唐·杜甫《又观打鱼》诗："日暮蛟龙改窟穴，山根鳣鲔随风雷。"

鲟（xún）、碧鱼、鳣（zhān）鲔。《山海经·东山经》："碧阳，其中多鳣鲔。"郭璞注："鲔即鲟也，似鳣而长鼻，体无鳞甲。"《史记·屈原贾生列传》："横江湖之鲟兮，固将制于蝼蚁。"唐·陆德明《经典释文·尔雅音义下》："鲟……《字林》云：长鼻鱼也，重千斤。"又"鲔……或曰即鲟鱼也"。明·李时珍《本草纲目·鳞四·鲟鱼》释名："鲟鱼、鲔鱼、王鲔、碧鱼。时珍曰：'此鱼延长，故从寻，从覃，皆延长之义。'"如《诗·周南·葛覃》："葛之覃兮，施于中谷。"毛传："覃，延也。"缘于吻之形。唐·沈仲昌《状江南·仲秋》："江南仲秋天，鳣鼻大如船。"黄佐《粤会赋》："鲟鳇龙喙，鲨鳐虎质。"方言称象鱼、象鼻鱼、剑鱼、琵琶鱼、琴鱼、柱鲟鳇、朝剑鱼等。

异称鮥鳏（gēng méng）。《史记·司马相如传》："蛟龙赤螭，鮥鳏渐离。"颜师古注引李奇曰："周、洛曰鮪，蜀曰鮥鳏，出巩山穴中。"《玉篇·鱼部》："鮚，鮥鳏，鮪也。"鮥从恒，意形貌奇伟；鳏从蠠，意晦暗无光貌。

方言环雷鱼。南朝宋·沈怀远《南越志》："鮪鱼，南越谓之环雷鱼，长二丈，其鳞皮有珠文可以饰刀剑。"

喻称长鼻鱼。《经典释久·尔雅音义下》："鳣，《字林》云，长鼻鱼也，重千斤。"

俗称黄鱼、玉板。宋·李石《续博物志》卷二：："鳣黄鱼，口在腹下，无鳞，长鼻，软骨，俗称玉板，长二三丈，江东呼为黄鱼。"唐·杜甫《黄鱼》诗："日见巴东峡，黄鱼出浪新。"玉板有云指鮪之软骨，亦有谓鮪别名。

喻称鹳嘴鱼。清·历荃《事物异名录·水族部·鲟鳇》："《山堂肆考》："鳣……鼻长如鹳嘴，故名鹳嘴鱼。'"因其吻如鹳嘴之故。

单称鮥（luò）、鰤（sī）。《说文·鱼部》："鮥，叔鮪也。"明·李时珍《本草纲目·鳞四·鲟鱼》："黄鱼，蜡鱼，玉板鱼……玉板，言其肉色也。"称鮥，是方言，意小。叔鮪，是按伯、仲、叔、季排列的老三。《古今图书集成·禽虫集·杂鱼部》引《正字通·杂鱼释》："鰤，音斯，鱼名。一曰鮪别名。按，鮪，江淮曰鮛，伊洛曰鮪，海滨曰鮥。"又引明·顾起元《鱼品》："江东，鱼国也，有鲟，鼻长与身等，口隐其下，身骨脆美，可啖（即吃），为鲊良。其鳃曰玉梭衣。"

别名淫鱼。《古今图书集成·禽虫典·杂鱼部》引《淮南子·说山训》云："瓠巴鼓瑟，而淫鱼出听。注：淫鱼喜音，出于水而听之。"又《尔雅》疏："伯牙鼓琴，鳣鱼出听。"三国魏·曹丕《善哉行》："淫鱼乘波听，踊跃自浮沉。"古时"淫"、"游"字可互换。

蒙语译称乞里麻鱼。明·顾起元《鱼品·卷第三》："乞里麻鱼，味甘，平，无毒。利五脏，肥美人。脂黄肉稍粗。脆亦作臕。其鱼大者，有五六尺长，生辽阳东北海河中。"

方言道士冠。光绪《丹徒县志》："鮪，土人谓之道士冠。"

白鲟2～3月产卵。《埤雅·释鱼》："鮪鱼……岫居至春始出。"《尔雅翼·释鱼一》云："鳣鮪之类，虽食于水，而不正饮水。《淮南子》曰：'鹈鹕饮水数斗而不足，鳣鮪入口若露而死。'故鳣鮪不善游，冬乃岫居，入河而眩浮。"白鲟靠口膜的伸缩将水生昆虫、软体动物和小鱼等吸入口内，故称饮而不食。《文选·左思〈蜀都赋〉》："吹洞箫，发擢讴，感鳣鱼。"擢为古棹字，意船桨，此处意划船；讴为歌唱或歌曲，即吹着洞箫，划着船，唱着歌，召应鮪鱼。明·杨慎《异鱼图赞》卷一："鲟鳇逆流，不过锁江。滩崩秭归，又隔巫阳，鱼官空设，玉板不尝。"秭归，县名，位于湖北省西部；巫阳，即巫山。

其肉白色，味鲜美，为名贵食品。白鲟属软骨硬鳞鱼类，骨骼为软骨。加工过的鲟鱼干，称玉板鲊。宋·梅尧臣《和韩子华寄东华市玉版鲊》诗："客从都下来，远遗东华鲊。荷香开新包，玉脔识旧把。色絜（洁）已可珍，味佳宁独舍。莫问鱼与龙，予非博物者。"元·刘应李《新编事文类聚翰墨大全》："江东人以鲟鳇作鲊，名片酱，亦名玉板鲊也。"鲊是经过加工的鱼类食品，如腌鱼、糟鱼之类。鲟鱼的卵也是美味食品《岳阳风土记》："岳州人极重鳇鱼子，每得之，瀹（yue，煮）以皂角水少许，盐渍之即食，味甚甘美。"古代对白鲟存有许多迷信之处。唐·段成式《酉阳杂俎》："蜀中每杀黄鱼，天必阴雨。"《括异志》："人有以黄鱼与彘（zhi，至，意猪）肉同食，立遭雷震。"当然，此说无据。

白鲟为我国特产，约起源于1亿年前的白垩纪末期，学术上有重要价值，我国列为一级保护动物。

中华鲟

鳣　黄鱼　鲟鱼　牛鱼　阿八儿忽鱼　玉板　鲟鳇鱼　食宠侯　添厨大监　膗鱼　含光　鲟龙鱼　蜡　著甲鱼黄　鳟

中华鲟 *Acipenser sinensis* Gray，隶于鲟形目鲟科。体延长呈亚圆柱形，平均体长2米，重86千克，最大体重560千克；腹部较平，头大平扁，吻长而尖，体裸无鳞，被五纵行骨板；体背青灰褐，腹白。最长寿命达40年。主要分于长江干流，赣江、珠江、洞庭湖、钱塘江，黄河也有。为底层性洄游或半洄游性鱼类，平时海栖，秋季溯河产卵，肉食性。方言鲟鱼、大癞子、黄鲟、着甲、黄腊子。

图11　鳣（明·王圻等《三才图会·鸟兽五》）

古称**鳣**（zhān），始见于先秦典籍。《诗·周颂·潜》："有鳣有鲔，鲦鲿鰋鲤。"陆玑疏："鳣，身形似龙，锐头，口在颔下，背上腹下皆有甲，纵广四五尺……大者千余斤。"甲指其骨板；鳣，字从亶，意天生的，平坦，广大貌，示其体延长。

黄鱼。《尔雅·释鱼》："鳣。"郭璞注："鳣，大鱼，似鲟（即白鲟）而短，鼻口在颔下，体有邪行甲，无鳞，肉黄，大者长二三丈，今江东呼为黄鱼。"

又邢昺疏："郭义具注：陆机云：'鳣出江海，三月中从河下头来……今于盟津东石碛上钓取之，大者千余斤。'"唐·杜甫《又观打鱼》诗："日暮鲛龙改窟穴，山根鳣鲔随风雷。"黄鱼，谓其肉黄。

指称鲟鱼。宋·陆游《入蜀记》："过谢家几，金鸡洑洑中，有聚落，如小县，出鲟鱼，居民率以卖鲊为业。"《集韵》："鲟，鱼名。"

宋代又有牛鱼异称，似与白鲟有混，但从所述其他特征看，应指中华鲟。宋·程大昌《演繁露·牛鱼》："《燕北录》云：'牛鱼，嘴长，鳞硬，头有脆骨，重百斤，即南方鳣鱼也。'鳣、鲟同。"鲟，制字从寻。寻，意延长，汉·杨雄《方言》卷一："寻，长也……凡物之长曰寻。"

蒙语译称阿八儿忽鱼。元·和斯辉《饮膳正要》云："辽人名阿八儿忽鱼。"阿八儿忽鱼，蒙语音译，又可译作哈八儿鱼，来源于其产地名阿八剌忽者，即肇州，今黑龙江肇州县东南松花江北岸八里城。

别名玉板。《埤雅·释鱼》："鲔肉白，鳣肉黄。鳣，大鱼似鲟，口在颌下，无鳞，长鼻，软骨，俗谓之玉板。"

俗称鲟鳇鱼。明·李时珍《本草纲目·鳞四·鳣鱼》："鳣出江、淮、黄河、辽海深水处，无鳞大鱼也……其食也，张口接物，听其自入，食而不饮，蟹鱼多误入之。昔人所谓'鳣鲔岫居'，世俗所谓'鲟鳇鱼吃自来食'是矣。"《丹徒县志》云："鲟出扬子江中……两颊有肉，名鹿头，土人呼为鲟鳇鱼。"清·王士祯《西陵竹枝四首》："江上夕阳归去晚，白苹花老卖鲟鳇。"

图 12　中华鲟（仿伍献文）

戏称食宠侯、添厨大监。清·历荃《事物异名录·水族部·鲟鳇》："《水族加恩簿》：'食宠侯，宜授添厨大监。'按：谓鲟鳇也。"

异名膈鱼。《临海水土异物志》："含光鱼，一名膈鱼，黄而美，故谓之膈，有光照烛。"膈（音 gé，又读 là），古同腊。

异名含光。明·廖文英《正字通·鱼部》："鳣，《异物志》谓之含光，言脂肉夜有光。"含光，谓脂肉夜有光。

喻称鲟龙鱼。清·屈大均《广东新语》卷二二《鳞语·鱼》："鲟鱼多产端州……一曰鲟龙鱼，长至丈，有甲无鳞，鱼之至贵者也。"

单称鱲(liè)。清·李元《蠕范·物性》："鳣，鳇鱼也，鱲也，含光也。玉版也。"鱲（音 liè），本为一种鲤科小鱼之名，此处或取为蜡的谐音字，即蜡鱼。

俗名著甲鱼黄。道光《江阴县志》："鳣，鼻口在项下，无鳞，大者长二三丈，俗名著甲鱼黄。"著甲鱼黄，应为著装黄甲之鱼。

单称鳇。清·何绍章《丹徒县志》："鱣……今江东呼为黄鱼，黄一作鳇。"

鲟靠口膜的伸缩将水生昆虫、软体动物和小鱼等吸入口内，故食而不饮。鲟为大型珍贵鱼，肥硕多脂，肌肉、卵子的脂肪、蛋白质含量很高。

鲟最早出现于23000万年前，此为白垩纪残留下来的孑遗种类，是世界现存鱼类中最原始的种类之一。我国曾在辽宁北票晚侏罗纪（距今14 000万年前）地层中发现过鲟类化石，名北票鲟。中华鲟为我国特有的古老珍稀鱼类，称作"活化石"，学术研究上具重要价值，国家一级保护动物。

鳇 鱼

牛鱼　黄蜡鱼　横鱼　黄鱼　玉版鱼

鳇鱼 *Huso dauricus*（Georgi），鲟形目鲟科。体延长呈圆锥形，最大个体长5米以上，重1000千克，寿命可达百年。渔获物中一般长1～3.4米。吻突出呈三角形，体裸露无鳞，被五列菱形骨板，歪形尾。分布于我国东北黑龙江流域，以鱼等为食。方言颇多，赫哲语称阿静（或阿真），满语称阿真，济勒弥人通呼为麻勒特或麻特哈鱼，过去还称嶂鳇鱼、鲜鳇鱼、秦王鱼、秦皇鱼、鳣鳇、腊子等。

早在辽金时代就已盛行称**牛鱼**。《说文·鱼部》："鮥，叔鲔也。"段玉裁注："按，今川江中尚有鮥子鱼，昔在南溪县、巫山县食之。"宋·周麟之《海陵集》记："牛鱼出混同江，其大如牛。"《通雅·动物·鱼》："牛鱼，即北方之鲔类也。"明·严从简《残城周咨录》卷二十四："牛鱼，混同江出，大者长丈三尺，重三百斤，无鳞骨，肉脂相间，食之味长。"牛鱼，示其体大如牛，吻长如角。混同江系指松花江（亦有指黑龙江者）。

异称**黄蜡鱼、横鱼、黄鱼、玉版鱼**。唐·刘恂《岭表录异》卷上："黄蜡鱼即江湖之横鱼，头嘴长而鳞皆金色。"明·李时珍《本草纲目·鳞四·鳣鱼》："黄鱼，蜡鱼，玉版鱼。时珍曰：'肥而不善游，有遄（音zhàn，意难行）如之象。曰黄曰蜡，言其脂色也。玉版，言其肉色也。'"《正字通·鱼部》："鳇，鳣也，今俗名鳇鱼。"清·纪昀《阅微草堂笔记·姑且听之一》："金重牛鱼，即沈阳鲟鳇鱼，今尚重之。"

鳇鱼，乃黄鱼音之讹，缘其脂黄。牛鱼，示其体大。鳇鱼别称10余种，以牛鱼一称使用最广。

清·徐珂《清稗类抄·动物》："奉天之鱼，至为肥美，而鳣鳇尤奇。巨口细睛，鼻端有角，大者丈许，重可三百斤，冬日可食，都人目为珍品。出黑龙、混同等江，非钓所能得，捕之以网，围之岸边，伺鱼首向岸，挽强射之。鱼负痛，一跃而上。既至陆地，即易掩取。或凿冰以捕，则必系长绳于箭以掣取之。"清·弘历《御制诗集》卷五十二《咏鳣鳇鱼》："有目鳔而小，无鳞巨且修。鼻如矜翁戟，头似戴兜鍪（áo，即胄，古代头盔名）。一雀安能啮，半豚底用投。伯牙鼓琴处，出听集澄流。"

珍贵食用鱼，历史上曾用作贡品或奖品。宋·周必大《二老堂杂志》："金主爱之，享以所钓牛鱼……金人甚贵此品，一尾之值与牛同。"《金史·地理志》载：会宁府"岁贡秦王鱼"。鳇鱼皮做衣物历史很早。明·张缙彦《宁古塔山水记》："鱼皮部落，食鱼为生，不种五谷，以鱼皮为衣，暖如牛皮。"其鱼卵和软骨都是美味食品。

鳗 鲡

鳗　鲡　鲡鱼　鳖鱽　鳗鱽　鳗鲢　鳗鳘　白鳝　蛇鱼　泥里钻　箭鳗　风鳗
海龙　鳗线　鳗鳝　花鳗鲡　芦鳗　舐鳗　糍鳗　溪巨

鳗鲡 *Anguilla sinensis* McClelland，鳗鲡目鳗鲡科。体如长蛇，尾部稍侧扁，长可达 60 厘米。口大而阔，齿钝圆锥状。体背暗褐或灰黑，侧面微绿，腹面银白。体黏滑多脂，被细鳞埋于皮下，排列如席状。分布很广。

古称鳗、鲡。《说文·鱼部》："鳗，鳗鱼也。从鱼，曼声。"又"鲡，鲡鱼也。从鱼丽声。"段玉裁注："此即今人谓鳗为鳗鲡之字也。"鳗，字从曼，意长也；鲡，字从丽。鲡与骊同，"纯黑曰骊"（汉·毛亨传语），"鳗鲡"为长黑鱼之意。

图13　鳗鲡（仿张春霖）

《埤雅·释鱼》卷二："鳗无鳞甲，白腹，似鳝而大，青色。焚其烟气辟蠹（dù，蛀虫）。有雄无雌，以影漫鳢而生子。"明·屠本畯《闽中海错疏》卷上引《赵辟公杂说》曰："有鳗鲡者，以影漫于鳢鱼。则其子皆附鳢之鬐鬣而生，故谓之鳗鲡也。""影漫于鳢"生子之说，属凭空杜撰，此误又被多人承袭。"有雄无雌"之说亦误。实则，它是海中生殖。每年秋末冬初，性成熟的鳗在河口聚成大群，游向深海，在北纬 20°～28°，深 400～500 米海区产卵。

鲡鱼。汉·韩婴《韩诗外传》卷七："南假子过程本子，本为之烹鲡鱼。"

别名鲡鳞（lí lái）、鳗鳞。《尔雅·释鱼》："鲡鳞。"清·郝懿行义疏："《广韵》：鳗鳞，鱼名。鳗鳞即鲡鳞，《本草》、《别录》作鳗鲡。"清·李元《蠕范·物匹》："鳗鲡，鲡鳞也，蛇鱼也，白鳝也。"鲡鳞与鳗鳞、鳗鳍，皆为鳗鲡的谐音字。

别名鳗鳞。唐·释道世《法苑珠林》卷五一《敬塔·故塔》："寺北二里有圣井，其实深，池中有鳗鳞鱼。"鳗鳞同"鳗鲡"。

别名鳗鳍。宋·徐铉《稽神录》卷三"渔人"："因取置渔舍中，多得鳗鳍鱼以食之。"鳗鳍同"鳗鲡"。

俗称白鳝、蛇鱼。明·李时珍《本草纲目·鳞四·鳗鲡鱼》："白鳝，蛇鱼，干者名风鳗。鳗鲡，其状如蛇，背有肉鬣连尾，无鳞，有舌，腹白。大者长数尺，脂膏最多。"因其形似鳝似蛇，而称白鳝、蛇鱼。

方言泥里钻。清·郝懿行《记海错》："鳗鲡鱼，似鳝而腹大……善钻泥淖，能攻堤岸，沟渠中亦喜生之，俗人呼之泥里钻，盖鳗鲡之声转为泥里也。"

大者称箭鳗、风鳗。《直省志书》："鳗大者为箭鳗，八月最肥，俗呼为风鳗。"《直省志书·乌程县》云："鳗寄生乌鳢鬣上，春深有细花，即鳗。稍能游泳即脱去。"

喻称海龙。清·陈方瀛《川沙厅志·鳞之属·鳗鲡》："生海中者大，俗呼海龙，又呼海狗，恒盐藏之。"

别名鳗鱓。光绪《沛州志》："鳗鲡，即鳗鱓。"

幼鳗称鳗线。卵经孵化、变态后而成幼鳗，形似柳叶，称柳叶鳗，江浙俗称鳗线。明·浙江《山阴县志》："鳗线，鳗之初生者数寸，莹白如线，产三江，惟清明后十日有之。味美鲜。"叶鳗期长可达三年，变态后溯河到淡水发育。

鳗肉质细嫩，味道鲜美，是上等食用鱼，且有很高药用价值，能主治风湿、骨痛、体虚、结核等病。宋·徐铉《稽神录》："瓜村有渔人妻得劳瘵疾，转相传染，死者数人。或云取病者生钉棺中弃之，其病可绝。顷之，其女病，即生钉棺中，流之于江。至金山，有渔人见而异之，引之至岸，开视之，见女子犹活，因取置渔舍中，多得鳗鱼以食之。久之病愈，遂为渔人之妻。"

古人对鳗鲡的看法也不尽相同。明·李时珍《本草纲目·鳞四·鳗鲡鱼》："（孙）思邈曰：大温。（陈）士良曰：寒。（寇）宗（奭）曰：动风。吴瑞曰：腹下有黑斑者，毒甚。与银杏同食，患软风。（汪）机曰：小者可食，重四五斤及水行昂头者不可食。尝见舟人食之，七口皆死。时珍曰：按《夷坚续志》云：四目者杀人。昔有白点无鳃者，不可食，妊娠食之，令胎有疾。"实际上，鳗鲡在世界不少国家都很受欢迎。

鳗鲡血清有毒，生饮鳗血有时可引起中毒，能毒害神经系统，产生痉挛、心脏衰弱，致使呼吸停止而死亡，还能产生溶血现象，损伤肾脏产生血尿症。

花鳗鲡 *Anguilla mauritiana* Bennett。为鳗鲡的一种，体较大，长者 2 米，

重30～35千克，俗称鳝王。体色灰褐，具不定形黑褐色斑。性凶猛，以鱼、贝甚至蛇为食。分布广，东海及长江以南各水域均有之。每年3～9月在山涧溪流和水库乱石洞中穴居，10～11月降河洄游。

芦鳗。清·《仙游县志》云："芦鳗，有两耳，身有花纹。伏深潭中，夜则上山食芦笋，形短而肥。土人以灰掺土，俟下山擒之。冬则以杨梅枝为篮取之。"清·李调元《然犀志》曰："鳗鲡……往往随潮陟山。人知之，布灰于路。体黏灰则涩不能行，乃击杀之。"因食芦笋而称芦鳗。

方言**舐鳗、糍鳗、溪巨**。清·周学曾等《晋江县志》卷六十九·鳞之属："芦鳗一名舐鳗，土人名曰糍鳗。大如升，长四五尺，能陆行，食芦笋。其有耳者，名溪巨。鱼之腴者，莫过于此。"据连横《台湾通史·虞衡志》卷二十八："鳗……别有芦鳗，产内山溪中，专食芦茅，径大及尺，重至数十斤，力强味美。"糍，是用糯米做成的食品，黏性大，糍鳗，示其体黏如糍。福建称溪滑，亦意溪中粘滑之鳗。因体大而称溪巨，溪中之巨。舐鳗，示其性凶猛，捕食如舐。

其肉极为鲜美，珍贵食用鱼，可作滋补食品，与川芎炖食，可治头晕、头痛等病。

海鳗与海鳝

狗鱼　慈鳗　锅狗鱼　海鳝　海鲜　狼牙鱼　海狼　鳟

海鳗 *Muraenesox cinereus*（Forskl），鳗鲡目海鳗科。体近长圆柱形，长者80厘米，重15～20千克。口大，牙强大而锐利，体无鳞，性凶猛，游泳迅速。栖于深50～80米的泥沙底海区，以虾、蟹及其他鱼为食。

图14　海鳗（仿张春霖等）

明·李时珍《本草纲目·鳞四·海鳗鲡》海鳗鲡："《日华》曰：'生东海中。类鳗鲡而大，功同鳗鲡。'"

方言称**狗鱼**。《通雅·动物·鱼》："广州海鳗最大曰狗鱼，其涎即能杀虫。"狗，音同勾，示其牙大如钩，如山东称即勾、狼牙，河北、辽宁称狼牙鳝、勾鱼等。

方言**慈鳗、锅狗鱼**。明·屠本畯《闽中海错疏》卷上："鳗，似鳝而腹大，有黄色，有青色。春生者毒，产海中者相类而大，土人名慈鳗，又名锅狗鱼。海鳗之大者百余斤，小者二三斤。"慈音糍，糯米糍，示其体黏；锅狗是钩的一种，地方土语。

海鳗是我国古时使用较多的海生药物，《食疗本草》载："疗湿，脚气腰肾间湿，风痹，常如水洗。以五味煮服，甚补益。患诸疮瘘疬肠风人，宜常食之。"其脑、卵及脊髓可用以防治脂肪肝和滋补强壮，治疗面神经麻痹、疖肿、胃病、气管炎、关节肿痛等疾病。肉质细嫩鲜美，含脂量高，上等食用鱼。浙江风干海鳗，久负盛名。经济鱼，年产4万吨。

海鳝，则是海鳝科鱼类的通称。体延长如蛇，长一般不超过1.5米。头小，口裂大，具锐锯齿状或犬牙状牙，多无胸鳍。皮厚，无鳞，多具鲜艳

图15　海鳝（仿张春霖等）

的体色或斑纹。全海栖，喜栖珊瑚礁中。种类较多，如海鳝属 *Echidna*，裸胸鳝属 *Gymnothorax* 等，隶于鳗鲡目鯙科。

古称海鳝、狼牙鱼、海狼。清·郝懿行《记海错》："海鳝（同鳝）鱼，体圆，青色，略似河鲜（即黄鳝），锐头大口。利齿如锯，两边绝无，乃在中央，一道锋芒，直入咽喉，巨鱼遭之，迎刃立断。肉虽腴美，骨刺纤长，须防作鲠……鱼大者长四五尺，阔可尺许，为性悍猛，钓者惮之，呼之狼牙鱼，或曰海狼。"狼牙鱼或海狼，均示其性凶猛如狼。鳝字从善，善与单通，如《前汉·匈奴传》："单于曰善于。"海鳝可为海鳝，鳝为黄鳝，意其形似鳝。

鯙（chún），《集韵·谆韵》："鯙，鱼名。"鯙，字从享，或意其潜伏珊瑚礁中等猎物自投，坐享其成。

鲥　鱼

鲥鱼 *Tenualosa reevesii*（Richardson），隶于鲱形目鲱科。体长而侧扁，侧面观呈椭圆形。六龄雌鱼长近60厘米，雄鱼50厘米，一般重0.5～1千克，大者3千克。吻尖，口大，口裂斜。脂眼睑发达，圆鳞大而薄。体背暗绿，侧和腹面银白。中上层洄游性鱼，平时海栖，生殖期溯河入

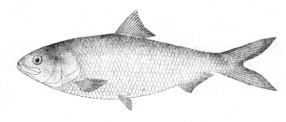

图16　鲥鱼（仿王文滨）

珠江、钱塘江、长江等。滤食性鱼，以浮游生物为食。产卵前，丰腴肥硕，属鱼之上品。在我国，分布较广，北起辽东、南达两广，西至川黔。

古称鮥（jiù）、当魱（hū）。《尔雅·释鱼》："鮥，当魱。"郭璞注："海鱼也，似鳊而大鳞，肥美多鲠，今江东呼其最大长三尺者为当魱。"鮥如纠集，意大群来游。鮥，字从咎，《说文·人部》："咎，灾也。"段玉裁注："引申之凡失意自天而至曰灾。"此处有天降之意，意鱼群骤来如由天降。互，古代挂肉的木架，《周礼·牛人》："共其牛牲之互。"郑玄注："互，若今屠家县肉格。"互加鱼字偏旁，应意挂鱼之架。当，则意适时，当互应是"长三尺者"之珍品上架之时。

喻称**箭鱼**，言其腹下棱鳞似箭。明·冯时可《雨航杂录》卷下："箭鱼即鲥鱼也。腹下细骨如箭簇，首夏以时至而得名。"清·曹秉仁《宁波府志》："箭鱼即江湖鲥鱼，海出者最大，甘美异常，腹下细骨如箭镞，俗名箭鱼。味甘在皮鳞之交。"明·王圻《三才图会·鸟兽五》："鲥鱼一名箭鱼。腹下细骨如箭镞。"

时鱼或鲥。宋·戴侗《六书故·动物四》："魱，鱼似鳊而大，生江海中，四五月大上，肥美而多骨，江南珍之。以其出有时，又谓之时鱼。"明·李东纂修、何世学增纂《丹徒县志》云："鲥，本海鱼，季春出扬子江中，游至汉阳生子化鱼而复还海。"鲥平时海栖，每年农历四至六月，溯河生殖，后返大海，来去准时，而得名。

三鯬、**三鯠**之称，亦由鲥鱼的来去（洄游）规律而得。明·冯时可《雨航杂录》卷下又记："鯬，音黎，鲥别名。广州谓之三鯬之鱼。"又"鯠，音来，鲥鱼别名。"鲥鱼在珠江下游每年从初夏起，有三次大群游来，故称三来。因广东鯬、鯠发音相似，三来也说成三鯬。明·黄省曾《养鱼经》："鲥鱼盛于四月，鳞白如银，其味甘美，多骨而速腐，广州谓之三鯬之鱼。"清·全祖望《说鲥》："谚曰：'三鯬不上铜鼓滩。'谓粤鲥不过浔州也。"浔州，明代改为府，相当今广西之平南、贵县。

拟称**时充**、**诸衙效死军使**。宋·陶谷《清异录》："鲥名时充。"宋·毛胜《水族加恩簿》："令珍曹必用郎中时充，铠材本美，妙位无高，宜授诸衙效死军使、持节雅州诸军事。"时，同鲥；充，"长也，高也。（《说文》）"时充，或意大鲥鱼。

贬称**瘟鱼**。鲥速腐多刺，为美中不足。明·李时珍《本草纲目·鳞三·鲥鱼》："鲥，形秀而扁，微似鲂而长，白色如银，肉中多细刺如毛，其子甚细腻。"因此，江以西之人颇不尝识。隋唐以前，习惯上称长江下游北岸淮水以南地区为江西。明·杨慎《异鱼图赞》："时鱼似鲂，厥味肥嫩，品高江东，价百鳣鲔。界江而西，谓之瘟鱼，弃而不饵。"因其出水即死，极易腐败变质。鲥鱼在江东身价百倍，而在江西却被当做瘟鱼，连当年苏东坡吃过鲥鱼后也恨它刺太多。

拟称**鱼舅**。明·杨慎《异鱼图赞》："嘉州鱼舅，载新厥名，鳞鳞迎媵，夫岂其甥，其文实鲻，江图可征。"媵（yìng），意随嫁。

方言**小麦鱼**。万历《绍兴府志》卷十一："鲥鱼，余姚之梅奥溪，小麦熟时有，亦名小麦鱼。"

方言**香鱼**。乾隆《福宁府志》卷十二："鲥鱼，青脊燕尾，亦曰香鱼。"

宋·王安石《后元丰行》："鲥鱼出网蔽江渚，荻笋肥甘胜牛乳。"清·谢塘《鲥鱼》："网得西施国色香，诗云南国有佳人。朝潮拍岸鳞浮玉，夜月寒光尾掉银。长恨黄梅催盛夏，难寻白雪继阳春。维时其矣文无赘，旨酒端宜式燕宾。"意为：网得美名西施的鲥鱼如国色天香，诗经赞如南国佳人。早晨潮水拍岸鲥鱼像漂浮的美玉，晚上月洒江天尾如拨动的白银。常抱怨黄梅过早的催来盛夏，难以寻找白雪延续阳春。就抓紧这个时间无须累赘，滋味美酒宴朋宾。清·黄钺《食鲥鱼》："风定扁舟两桨飞，雨余新水一江肥。银鳞网出心先醉，便为鲥鱼也会归。"东汉名士严子陵，当光武帝刘秀派人来请他入朝为官时，他竟因舍不得家乡的鲥鱼而拒绝了。据说富阳地区的鲥鱼尤以唇有红点者为上品，相传是严子陵用朱笔点过的。

鲥鱼甚惜其鳞，一旦触网，为避伤鳞，不作挣扎。古时以丝织挂网捕捞。明·李时珍《本草纲目·鳞三·鲥鱼》："腹下有三角硬鳞如甲，其肪亦在鳞甲中，自甚惜之。其性浮游，渔人以丝网沉水数寸取之，一丝挂鳞，即不复动。"明·彭大翼《山堂肆考》："鲥鱼味美在皮鳞之交，故食不去鳞，而出富阳者尤美。此东坡有鲥鱼多骨之恨也。"带鳞鲥鱼，以清蒸为最佳。明·高濂《遵生八笺》："鲥鱼去肠不去鳞，用布拭去血水，放荡锣内，以花椒砂仁酱擂碎，水洒葱拌匀其味，和蒸去鳞供食。"味道鲜美，营养丰富，让人食而不忘。清·李调元《南越笔记》卷一："取鲥鱼以泼生钓，以轻丝为之，往来游，则不损其鳞。"鲥之味美亦在鳞。清·屈大均《广东新语·鳞部》卷二十二："鱼生以鲥鱼为美。他鱼次之。渔歌调《行香子》云：'第一鱼鲃，第二鱼王，第三鱼是马膏鲫。潮咸潮淡，一任渔郎。喜春风来，黄花短，白花长。江水鱼香，鱼子滋阳，大罾船满载盐霜。罛公罛姥，两两开洋。更鲮鱼寒，鲈鱼热，鲙皆良。'"

鲥过去一直是皇族高级食品，故价格昂贵，非一般人所能享用得起。清·黎士宏《仁恕堂笔记》记："鲥鱼初出时，率千钱一尾，非达官巨贾，不得沾箸。"清·陆以《冷庐杂识》记："杭州鲥鱼初出时，豪贵争以饷遗，价值贵，寒不得食也。凡宾筵，鱼例处后，独鲥先登。胡书农学士诗云：'银光华宴催登早，腥味寒家馈到迟。'"鲥鱼长期被用作贡品。明·何景明《鲥鱼诗》："五月鲥鱼已至燕，荔枝庐橘未应先。"五月荔枝、枇杷还未上市，鲥鱼便已送到京城。明·于慎行《赐鲜鲥鱼》："六月鲥鱼带雪寒，三千里路到长安。"六月里的鲥鱼，还带着霜雪的寒意，经过三千里路的长途跋涉，被送到京城长安。

因鲥出水易烂，难久存。为及时送达京城，陆路驿传鲥鱼，马不停蹄，日夜兼程。清·沈名荪："百千中能选几尾，每尾鱼装银色铝，钲声远来尘飞扬，行人惊避下道旁，县官骑马鞠躬立，打叠蛋酒俱冰汤。"钲（zhēng），古代行军时用的打击乐器，形状像钟。为供上用，捕鲥扰民，清·吴嘉纪《打鲥鱼》："打鲥鱼，供上用，船头密网犹未下，官长已备驿马送。"富阳地区更是重灾区，《沂阳日记》记明代："韩苑洛性刚直……（时任浙江按察金事）目击其患。作歌曰：富阳山之茶，富阳江之鱼，茶香破我家，鱼肥卖我儿。采茶妇，捕鱼夫，官府拷掠无完肤。皇天本至仁，此地独何辜？鱼兮不出别县，茶兮不出别都！富阳山何日颓，富阳江何日枯？山颓茶亦死，江枯鱼亦无。山不颓，江不枯，吾民何日苏？"

鲥鱼进贡，持续200余年。至清康熙二十二年，山东按察司参议张能麟上《代请停供鲥鱼疏》曰："……鲥产于江南之扬子江，达于京师，二千五百余里。进贡之员，每三十里立一塘，竖立旗杆，日则悬旌，夜则悬灯，通计备马三千余匹，夫数千人。东省山路崎岖，臣见州县各官，督率人夫，运木治桥，石治路，昼夜奔忙，惟恐一时马蹶，致干重谴。且天气炎热，鲥性不能久延，正孔子所谓鱼馁不食之时也……"康熙见后，遂下令"永免进贡"，才结束了鲥贡。

鳓 鱼

勒鱼　雪映鱼　肋鱼　鲏鱼　白鳞鱼　鲞　鲞鱼

鳓鱼 *Ilisha elongata*（Bennett），鲱形目鲱科。体甚侧偏，大者长45厘米，重1千克。口大，上斜，被圆鳞。体色银白。近海洄游性中上层鱼类。游泳迅速。以鱼和头足类为食。

鳓鱼一称，缘于其腹部的锯齿状棱鳞。旧题周·范蠡《养鱼经》："鳓鱼，腹下之骨如锯可勒，故名。"鳓，制字从勒，意割或划，能勒人。明·李时珍《本草纲目·鳞三·勒鱼》："鱼腹有硬刺勒人，故名。勒鱼出东南海中，以四月至。渔人设网候之，听水中有声，则鱼至矣。有一次、二次、三次乃止……肉甘平无毒，开胃暖中，作鲞尤良。"鳓鱼汛期各渔场不同，舟山为四到七月，广东万山

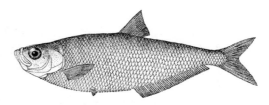

图17　鳓鱼（仿王文滨）

三到五月，渤海四到六月等。主要用流刺网、手钓、延绳钓等渔具捕捞。鲥以生殖期前肥。《正字通·鱼部》："鲥鱼以四月至海上，渔人听水声取之。状如鲂鱼，小首细鳞，腹下有硬刺，干曰鲥鲞。头上有骨，合之如鹳喙形，盖鳠鱼之一种也。"鲞（音 xiǎng），意干鱼、腊鱼；鳠为石首鱼，鲥非其一种。

美名**雪映鱼、肋鱼**。明·陈仁锡《潜确居类书》："肋鱼似鲂而小，身薄骨细，冬月出者名雪映鱼，味佳；至夏则味减矣。"雪映鱼，意其鳞白如雪。明·胡世安《异鱼图赞补》："勒鱼，东南海中，初夏谡谡（挺拔）。渔人设网，伺鲥次逐。状刺如鲂，冰鲜是鬻（音 yù，意卖）。甜瓜若生，骨蒂寻熟。"甜瓜若未成熟，鲥鲞骨插入瓜蒂，一夜便可成熟。

异称**鲡（lì）鱼**。清·郭柏苍《海错百一录》卷一："鲡鱼，又呼白鲡，多鲠似鲂而薄小，《闽书》鲥鱼似鲂……苍按：海产之白鳓，出于春末，至暑渐灭，其状与《闽书》所称鲥鱼正合。"勒，福建读作力，鲥鱼福建称白力鱼，鲡与力同音。

俗称**白鳞鱼、鳛（jiù）**。光绪《日照县志》卷三："鲥，俗呼白鳞鱼，故名鳛。"

代称**鲞鱼**。光绪《重修常昭合志·物产》："鲥，即鲞鱼。"鲞鱼，本意鱼干，此处寓意美味之鱼，后俗写为"鲞"。宋·范成大《吴郡志·杂志》："美下着鱼，是为鲞字。"

捕捞鲥鱼至今已有 5 000 多年历史。山东胶县三里河遗址墓中四次发现鲥鱼骨，废坑中又有成堆的鳞片，说明鲥鱼在新石器时代就成为主要经济鱼，活着时爱吃，死后随葬。鲥鱼肉嫩味美，营养价值很高，适于体质虚弱、营养不良、心血管疾病患者食用。清·王士雄《随息居饮食谱》："鲥鱼，甘平，开胃，暖脏，补虚。鲜食宜雄，甚白甚美雌者宜鲞，隔岁尤佳。"鲥仍为我国主要经济鱼之一，年产可达 34 000 吨。除鲜销外，主要制成咸干品，广东曹白鱼鲞、浙江的酒糟鲞均负盛名。鲥之方言，广东称曹白鱼，江浙称鲞鱼，河北、辽宁称鲙鱼和快鱼，又因其汛期藤萝开花，故又名藤香等。

刀鲚鱼

鲚鱼　鳠　鱴刀　鉥鱼　刀鱼　望鱼　鳡鱼　鲚鱼　母鲚　骨鲠卿　白圭夫子
鮆　鳊鱼　刀鲚　刀鳠　刀鲚　江鲚　凤尾鱼　刺鱼　鉥鲚　黄雀鱼　杉木屑
聚刀鱼　毛花鱼　螳螂子

刀鲚鱼 *Coilia ectenes* Jordan *et* Seale，鲱形目鳀科。体长一般 20 厘米，体被大而薄的圆鳞。体背青石板色或呈金黄，或青黄交杂，又有青背、黄背和花背之称。腹侧银白，沾青、蓝或淡黄荧光。"扬子江头雪作涛，纤鳞泼泼形如刀（清代诗人清端句）"。口上缘一对颌骨延伸游离于口后部。胸鳍上缘有七条游离的丝状鳍条，长若麦芒，最长的向后可超过肛门。我国东海、黄海资源丰富，沿海各大江河口附近均有分布。方言凤尾鱼，崇明叫子鱼，上海称烤子鱼，还有野毛鱼、毛花鱼、子鲚、河刀鱼、黄齐、毛鲚、刀鞘、海刀鱼等。

古称鮆（cǐ）鱼，始见于先秦典籍。《山海经·南山经》:"〔浮玉之山〕……苕水出于其阴，北流注于具区，其中多鮆鱼。"郭璞注:"鮆鱼狭薄而长头，大者尺余，太湖中今饶之，一名刀鱼。"东坡诗曰:"知有江南风味否，桃花流水鮆鱼肥。"明·屠本畯《闽中海错疏》卷上云:"鮆，头长而狭，腹薄而腴，多鲠，脊如刀刃，故谓之刀鮆。"清·郭柏苍《海错百一录》曰:"鮆，身狭长如弯刀，鳃下有长刺如麦芒，其鲠微弯。"

鮤（liè）、鱴（miè）刀、魛（dāo）鱼、刀鱼。《尔雅·释鱼》:"鮤，鱴刀。"郭璞注:"今之鮆鱼也，亦呼为魛鱼。"《说文·鱼部》:"鮆，饮而不食，刀鱼也。"段玉裁注:"刀鱼，以其形像刀也。俗字作魛。"鮤、鱴刀、鮆、魛鱼等几称相互诠释，其意相似。刀鱼缘于其形，体侧扁，形若蔑刀，腹缘有棱鳞而得。魛则是刀的俗字；鱴，制字从篾（音 mie），是竹子劈成的薄片，含薄刀之意；鮆与鲚同音，是鲚的古称；鮤或来于裂，亦刀之功能。

异称望鱼、鳝（qiú）鱼、鲚鱼、母鮆。宋·廖文英《正字通·鱼部》:"《魏武四时食制》谓之望鱼，一名鳝鱼，又名鲚鱼。春到，上侧薄，类刀，大者曰母鮆。"鳝鱼源于神话传说。明·李时珍《本草纲目·鳞三·鲚鱼》引《异物志》云:"鱼初夏从海中溯流而上，长尺余，腹下如刀，肉中细骨如毛，云是鳝鸟所化，故腹内尚有鸟肾二枚。其鸟色白如鸥，群飞至夏，鸟藏鱼出，变化无疑。"此说实误，此鱼非鸟所化，腹内无鸟肾。明·杨慎《异鱼图赞》卷二:"望鱼，明都滏泽，望鱼之沼，形侧如刀，可以刈草。"明都是古泽薮名，薮是生长很多草的湖；滏（音 fu）是古水名。

拟人称骨鲠卿、白圭夫子。宋·毛胜《水族加恩簿》:"令惟尔白圭夫子，貌则清臞，材极美俊，宜授骨鲠卿。"

别名鮍（pí）、鲗（zhì）鱼。明·冯时可《雨航杂录》:"鮆鱼即刀鱼，一名鮍，腹背似刀，又名鲗鱼。"鲗鱼亦为青鳞小沙丁鱼之古称。

俗称刀鲚。明·魏浣初《望江南》诗:"江南忆，佳味忆江鲜。刀鲚霜鳞娄水断，鲀雪乳福山船，齐到试灯前。"鲚，犹如剂，意剪断、割破。刀鮆是刀鲚古称。清·历荃《事物异名录·水族》:引《养鱼经》:"鮆鱼狭薄而首大，其形如刀，俗呼刀鲚。"

刀鳡。《古今图书集成·禽虫典》引《江宁府志》:"刀鳡鱼出水而死，类鲥鱼，头有二长鬣。"此鳞与鲚同音。

异称江鲚。明·许恕《故国》诗："河鲀羹玉乳，江鲚脍银丝。"

美称凤尾鱼。清·王士雄《随息居饮食谱》云："凤尾鱼味美而腻，与病无忌。"因其尾分叉，尖端狭长，呈红色，状如凤尾，故称。

方言刺鱼。嘉庆《元嘉庆霄厅志》："鲥鱼……漳以多刺名刺鱼。"

俗名刀鲚、黄雀鱼。光绪《通州直隶州志》"刀鲚，俗名刀鱼，在海名黄雀鱼。"黄雀鱼，亦为黄鲫之俗称。

代称杉木屑。清·朱希白《孝感县志》："鱼刀，俗呼杉木屑。"

俗名聚刀鱼。光绪《黄州府志》："鲥鱼，俗名聚刀鱼，形薄似刀。"

俗名毛花鱼。清·邹遐龄《武昌县志》："鲥，俗名毛花鱼，多骨而鲜嫩。"有考者谓此指短颌鲚 *Coilia brachygnathus*，纯淡水鱼。

其卵子古时谑称螳螂子。明·陶宗仪《辍耕录·食品有名》："鲚鱼子名螳螂子，及松江之上海，杭州之海宁，人皆喜食。"

刀鲚为洄游性鱼类，平时多栖于外海，每年二到三月间春末夏初则由海入江，在江河的中下游的淡水入口处作产卵洄游。晋·郭璞《江赋》："介鲸乘涛以出入，鲛鲥顺时而往返。"鲛即石首鱼，言石首鱼和刀鲚均循一定季节准时往返。明·钱载《江居什兴》："绿波春水没渔家，杨柳青青拂钓槎，三月江南春雨歇，双双子鲚上桃花。"钓槎，亦作钓差，即钓舟，渔舟。俗云"河鲀来看灯，刀鲚来踏青"，说明刀鲚在河鲀之后溯河。宋·梅尧臣《雪中发江宁浦》诗："鲥鱼何时来，梅花吹茫茫。"元·贡师泰《送东流叶县尹》诗："荻笋洲青鸥鸟狎，杨花浪白鲚鱼鲜。"荻是多年生草本植物；狎是不庄重的接近，即鸥鸟嬉戏。荻笋发芽，沙洲变青，杨树开花，风吹浪白时，鲚鱼正鲜。清·潘高《寒食》诗："黄鸦谷谷雨疏疏，燕麦风轻上鲥鱼。"黄鸦咕咕育雏，细雨霏霏，燕麦飘香时节，鲚鱼溯河而来。 进入长江的刀鲚，可上溯达洞庭湖一带，距海约 1400 千米，此时不摄食或很少摄食。4 月产卵，3～5 月为渔汛期，以刺网、围网、张网、罾网等缉之，长江最盛产，年产可达 700 多万斤。长江中下游清明前的凤尾鱼质量最好。幼鱼 11 月降河入海。由海入江生殖者，除刀鲚外，也包括凤鲚 *Coilia mystus* Linnaeus。

刀鲚肉嫩，脂多，味珍，可以鲜食，江南佳品之一。常吃刀鲚，还对消化功能紊乱、消化不良、身体虚弱者有调节和补偿作用。吃鲚鱼无须刮鳞破肚，只要由口中掏出内脏，洗净晾干，用油一炸，香味扑鼻，连骨刺一起嚼碎，酥脆可口。除鲜食外，还常用于制作罐头，俗称"银鱼柳"。

宋·刘宰《走笔谢王去非遗馈江鲚》："环坐正无悰（cóng，即心情），骈头得嘉馈。鲜明讶银尺，廉纤非蚤（dǔn，蝎类毒虫）尾。肩耸乍惊雷，腮红新出水。芼（mao，择取）以姜桂椒，未熟香浮鼻。鲀愧有毒，江鲈惭寡味。更咨座上客，送归烦玉指。钉饾（ding dòu，意堆栈食品）杂青红，百巧出刀匕。翩翩鹤来翔，粲粲花呈媚……"刘宰，宋代金坛人，著有《漫塘文集》36卷等。

鲱形目鱼类

太平洋鲱鱼　青鱼　中华青鳞鱼　鳓　青鲫　青鳞　青鳀　青脊　鲭鳀斑鳀　黄鱼　金色小沙丁鱼　鳁　青鳞小沙丁鱼　鲥鱼　柳叶鱼　鳀鱼离水烂　黄鲫　黄炙　宝刀鱼　狮刀

鲱形目鱼种较多，分布广，有些鱼体较小，但数量多，在渔业上及海洋生态中有重要的作用。著名的如以下几种：

太平洋鲱鱼 *Clupea pallasi* Cuvier et Valenciennes，鲱形目鲱科。体长而侧扁，长25～35厘米。被圆鳞，体背蓝黑，腹白。以浮游生物为食，冷水性中上层鱼类。分布广，我国黄、渤海都有。

《集韵·未韵》："鲱，海鱼名。"

图18　太平洋鲱鱼（仿孟庆闻）

鲱，犹如菲薄之菲，意鱼体侧扁而薄。鲱，制字从非。非有超乎寻常之意。意其数量之多，超乎寻常。

亦称**青鱼**。清·郝懿行《记海错》："青鱼大者长尺许，腹背鳞色俱青，以是得名。冰解春融，海鱼大上，挂网之繁，无虑千万，货者贱之。"鲱鱼喜集群，数量之多，鱼群之密，无与伦比，是世界上数量最多的重要经济鱼类之一。但洄游数量不稳，时多时少。清·王培荀《乡园忆旧录》卷八："青鱼，至期驾潮而上，海水为赤，鱼眼射波红也。价低而别味，比户皆买，如杜诗所谓'顿顿食黄鱼'者。"道光二十五年（1845）边象曾《招远县续志·物产》卷一："青鱼……其来最早，为群甚多，亦渔家之大利也。"清·宋婉《青鱼》诗："枕上春莺向晓鸣，故园风物最关情。青鱼白胜西施乳，堪笑河豚浪得名。"鲐鱼、鲭鱼也有青鱼之异称，并非同鱼，系一名多用。青鱼之称述其体色。

中华青鳞鱼 *Harengula nymphaea*（Richardson）。体侧扁，侧面观呈长椭圆形，长9～13厘米。具脂眼睑，被圆鳞，无侧线。体背青绿，腹白。近海小型鱼类。

古称鳔、青鲫、青鳞，始见于南梁时典籍。《三才图会·鸟兽五》："有一种名鳔，如鲋而小，鳞青色，俗呼青鲫，又名青鳞。按：鳔，四明奉化具有之，鳞脊具青，故名青鲫，冬月味甘腴，春月鱼首生虫，渐瘦不可食。"

青鲦、青脊。明·冯时可《雨航杂录》卷下："青鲦，冬月肥美，海错之佳者。"明·胡世安《异鱼图赞补》卷上："青脊非鲫，而有鲫名，身扁鳞白，腴美可鲭，清明改侯，脑内虱生，肉瘦味减，不中炊烹。《海味索隐》有《青鲫歌》：'探茅积，得元鲫，颜如漆，味如腊。煮白石，防中咽，啖蟠桃，吐昆核。比五荤，是鸡肋。中间弃之殊可惜。'"

脊鳞具青，应称青脊，古称青鲫，又言非鲫。鲫、鲦，与脊同音，用作脊的替代之字。鱼在繁殖期间，肥美甘腴，以后肉瘦味减，青鳞鱼亦然，其脑生虱之说实误。

别名鲭鯤。明·屠本畯《闽中海错疏·鳞下》："鲭鯤，背青，身长。一名青鱼。"

斑鰶 *Clupanodon punctatus*。体长椭圆形（侧面观），长可达20多厘米。背鳍最后一鳍条延长成丝状，鳃盖后上方有一黑斑。喜群游，性活泼。以硅藻为食，分布很广，次要经济鱼类。广东称黄流鱼、黄鱼，山东称扁鲦、古眼鱼，河北称气泡子，方言还有刺儿鱼、磁鱼、春鲦、鲮鲦鱼等。

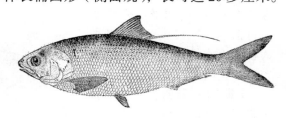

图19　斑鰶（仿王文滨）

《玉篇·鱼部》："鲦，鱼名。"康熙版《招远县志·物产》卷五："鲦鱼，麦黄时始肥，八月尤美。"

黄鱼。明·屠本畯《闽中海错疏》卷中："黄鱼，身扁薄而多鲠，色黄。"清·郭柏苍《海错百一录》卷一："黄鱼，身扁薄，多鲠多油，腌食可口。福州呼油鰶。"

其体色黑绿，称黄鱼似不甚恰切。鲦，字从祭，示其体色美。《谷梁传·成公十七年》："祭者……荐其美也，非享味也。"鲦音脊，斑鰶，示其脊背有斑。称鲦似与中华青鳞鱼相混，但此鱼八月而非冬月肥美。

金色小沙丁鱼 *Sardinella aurita* Cuvier et Valenciennes，沙丁一称，是英语sardine 的音译。体呈圆柱形，略侧扁。长17厘米。鳞片近六角形，有5～6条横沟线，腹部有棱鳞。体背青绿，腹部银白，体侧上方有一淡黄色纵带。以小虾为食。见于我国东海、南海。汕尾称黄泽，广东称泽鱼，亦称青鳞。产量不多。

古称鳊。明·屠本畯《闽中海错疏》卷中："鳊，似马鲛而小。有鳞，大者仅三四寸。"明·胡世安《异鱼赞闰集》："鳊鱼，身圆鳞厚，长数寸。"鳊如榅，

《玉篇·木部》："榅，柱也。"其体呈圆柱形，故称鰛。

青鳞小沙丁鱼 *Sardinella zunasi*。体长椭圆形（侧面观），侧扁而高。长 12 厘米，头中大。被圆鳞，鳞片具 1 ~ 8 条连续沟，1 ~ 7 条中断沟，腹部具棱鳞。体背青褐，腹白，鳃后具一黑斑。沿海常见中上层小型鱼。

古称**鯯鱼**。南朝宋·刘义庆《世说新语纰漏》："虞啸父为孝武侍中。帝从容问曰：'卿在门下，初不闻有所献替。' 虞家富春，近海，闻帝望其意气。对曰：'天时尚澳，鯯鱼虾鳝未可致，寻当有所上献。' 帝抚掌大笑。"《太平御览》卷九百三十八引《临海水土异物志》云："鯯鱼至肥，炙食甘美。谚曰'宁去累世宅，不去鯯鱼额'。"宋·陆游《秋日杂咏》："白蟹鯯鱼初上市，轻舟无数去乘潮。"明·杨慎《异鱼图赞》卷三："鯯鱼之味，其美在额。古嗛有之，价蕞世宅。鳣腮沙刺，黄骨鲍脊。"鯯字从制，《说文·手部》："制，断也。"示其腹部棱鳞锋利，具割裂作用。蕞，音 qīng。

俗称**柳叶鱼**。清·郝懿行《记海错》："柳叶鱼，鱼体似鲂而狭长，不盈五寸，阔几二寸，厚半分许，海人为其轻薄，形如柳叶，因被此名矣。腌藏而脯干，可以饷远。炙食甚佳。莱州街市编为四五，草束而货之，有野素之风。"

鳀鱼 *Engraulis japonica*（Houttuyn），鳀科。体细长，被薄圆鳞，一般长 8 ~ 12 厘米，体重 5 ~ 15 克。温带海洋中上层小型鱼类，分布广泛。喜群栖。多为经济鱼类的饵食。方言海蜒、烂船丁、老雁食、黑背鰛。鳀，制字从是。《说文》："是，直也。"鳀，意长形。

称**离水烂**。清·郝懿行《记海错》："离水烂，无名小鱼也。渔者为细网，海边撩取之，长数寸许，圆体饶肪。逡巡失水，便致糜烂，海人为难于收藏，腌以为酱，鲜美可啖，经典所称鱼醢（hǎi，鱼酱）当指此而言。"

黄鲫 *Setipinna taty*（Cuvier et Valenciennes），鳀科。体甚侧扁，长 16 厘米。腹缘具棱鳞，胸鳍上部第一鳍条延长为丝状。喜栖于近海中下层，泥沙底海区。体小肉薄，但产量尚不少。广东称黄只、薄口，山东称毛口、黄尖子，河北称麻口。俗称薄雀，黄雀鱼。

古称**黄炙**。明·屠本畯《闽中海错疏》卷上："黄炙，似鲫而小，多鲠细鳞，味不甚佳。"鲫从即，《说文》："即，就食也。"又"炙，炮（当作灼）肉也。从肉，在火上。"意此鱼体小而薄，宜即烤即食。

宝刀鱼 *Chirocentrus dorab* Forskal；wolfherring，宝刀鱼科。清·郭柏苍《海错百一录》："狮刀，形如刀……台海白水杂鱼。"体长而侧扁，状似刀。最长 3.6 米。体背蓝绿，体侧银白。方言西刀。

大麻哈鱼

达法哈鱼 达布哈鱼 答抹哈鱼 大发哈鱼 打法哈

大麻哈鱼 *Oncorhynchus kete*（Walbaum），隶于鲑形目鲑科。体长而侧扁，最大重 7.5 千克。洄游性鱼，生于江，长于海，死于河。每年暮春，江河冰解，小鱼乘流冰入海，3～5 年，体重 2 千克左右达性成熟，便成群结队由日本海、鄂霍次克海，逆流进入黑龙江。一路闯险滩、过激流，奋力拼搏，达其出生地，产卵后死亡。

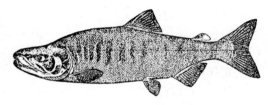

图20 大麻哈鱼（仿孟庆闻等）

方言**达法哈鱼、达布哈鱼、答抹哈鱼**。清·徐珂《清稗类钞·动物类》："达法哈鱼，岁八月，达法哈鱼自海入江，积数至众，或有履鱼背而渡者。宁古塔、黑龙江土人每取鱼炙腊，积以为粮。"宁古塔位于黑龙江省宁安县。清代《呼兰府志》："达布哈鱼……每岁由海入江，由江入河，秋末大木兰达河左右极多，水浅则止不行，或腾踔岸上，如积薪然。"《黑龙江志稿》："答抹哈鱼，临江府之赫哲人腌制为粮，染采鱼皮为衣……此鱼繁殖于兴凯湖中，待夏初，乌苏冰泮，则乘流而下，其数不知纪极，松花江下游恒至挤塞断流，如架梁焉。"

大麻哈鱼一称来自赫哲语 daoimaha，清朝人译为大麻哈鱼。满语为刀依嘛哈，意其来有时，或称达莫泥玛哈，亦为戴伊蚂哈之音转。伊彻满语，鱼统称伊蚂哈，戴为过路之意，或云远处来的。当地人谓鱼跃曰果多，转为孤东，故达法哈鱼有孤东鱼之号。其俗称还有达抹哈、答抹哈、达不害、达巴哈、庄鱼、达乌、果多等，多因音转或谐音而成。

大麻哈鱼为黑龙江、乌苏里江及松花江的珍贵名优鱼种，经济价值很高，在我国最高年产 100 万尾。"海外鱼来亿万浮（清·朱履中句）"，述其数量之巨。除食用外，大麻哈鱼皮厚而柔软，用于制作衣袍曾是最普遍的，一年四季都可穿用。

又称**大发哈鱼、打法哈**。清·杨宾《柳边纪略》卷三："大发哈鱼，一作打法哈。子若梧桐子，色正红，噉之鲜水耳。其皮色淡黄，若文锦，可为衣，为裳，为履，为袜，为线。本产阿机各喀喇而走山及宁古塔之贫者多服用之。"

乌稽人着大麻哈鱼皮制成的衣服及袜履登山，俗呼乌稽鞑子。赫哲人以其为衣食的主要来源，称其为鱼皮鞑子。珍贵食用鱼，肉泽鲜艳丰满，江鱼海鱼味道兼而有之。其卵子含有丰富的蛋白质，更是名贵食品。

哲罗鱼

哲罗鱼　遮鲈鱼　赭鲈　细鳞　哲禄鱼　赭禄鱼　细鳞鱼

哲罗鱼 *Hucho taimen*（Pallas），隶于鲑形目鲑科。冷水性淡水凶猛鱼类，分布于我国境内的黑龙江、图们江、额尔齐斯河等水系，栖于15℃以下的低温、水流湍急的溪流里。体呈圆柱形，最大长2米，一般个体重3千克以上，大者可达100千克。头平扁，鳞极细小，背部青褐，体侧银白，有"十"字形黑斑。大型经济鱼。

古称**遮鲈鱼、赭鲈、细鳞**。清·方式济《龙沙纪略》："遮鲈鱼，类白鱼，而首锐无骨，味若鲈，一名赭鲈，一名细鳞。岁贡百尾。九月，栖江滨，捕而畜之。"清·徐珂《清稗类钞·动物类》："遮鲈，宁古塔之川有鱼，其取之也，不网而刀。月明燎火，棹小舟，见鱼而揕之。有遮鲈，大可百余斤，有骨而无刺，如内地之鳇，味更胜。"

又称**哲禄鱼、赭禄鱼**。清·阿桂等纂修《盛京通志》："哲禄鱼，似鲈鱼，色黑，味美而不腥，出宁古塔、黑龙江。"清·长顺等修《吉林通志》记载："遮鲈鱼，大可百余斤，有骨而无刺，如中华之鲤，而其味更胜。赭禄鱼，细鳞鱼，头尖色白。"

哲罗，黑龙江产所谓五罗鱼（即哲罗、法罗、雅罗、胡罗、铜罗）之一，源于方言。遮鲈、赭鲈、哲禄、赭禄，皆为哲罗之谐音字。

肉味鲜美、细嫩，为高寒地区特产，为产区内珍贵的食品。因其体大而皮厚，哲罗鱼皮被赫哲人用来做衣裤和靴鞋。哲罗鱼，赫哲语称撒卡那，方言还有者罗鱼、折罗鱼，新疆称大红鱼。

细鳞鱼 *Brachymystax lenok*（Pallas），亦隶于鲑形目鲑科。体长而侧扁，最大重8克。鳞细小，背部黑褐，体侧银白或黄褐、红褐色，有不规则黑斑。分布于黑龙江、辽河上游、河北滦河及白河上游、秦岭地区渭河和汉水的支流等水域。冷水性鱼，多栖息于水温较低、水质清澈的流水中。是我国高寒地区特有名贵经济鱼之一。方言，有山细鳞鱼、东北江细鳞鱼、闾鱼、闾花鱼、金板鱼、陕西花鱼、甘肃梅花鱼、新疆小红鱼。

清·查慎行《人海记·细鳞鱼》："细鳞鱼，产滦河中，旁近溪涧多有之。重唇，鳞如鲂，中有黑斑，大者一头重斤许，味极鲜腴。"

银 鱼

银刀　银釽　龙头鱼　水晶鱼　挨水啸　吴王余鲙　脍残　王余鱼　王余　大银鱼　面条鱼　安氏新银鱼　冰鱼　黄瓜鱼　白肌银鱼　面条　白饭鱼　短尾新银鱼　白小　小银鱼

银鱼体细长而圆，细嫩而透明，且色白如银而得名。明·彭大翼《山堂肆考·鳞虫》："银鱼身圆如筋，洁白无鳞，目两点黑，形如面条而纯白色。"明·屠本畯《闽中海错疏》卷中："银鱼，口尖身锐，莹白如银条。"明·黄省曾《鱼经》："银鱼其形纤细，明莹如银，太湖之人多鲭（鱼干）以鬻焉，长者不过三寸。"

银刀之称缘其形如银刀。宋·苏轼《赠孙莘老七绝》："今日骆驼桥下泊，姿看修网出银刀。"骆驼桥，位于湖州，以其形穹若骆驼背而得名。宋·杨万里《垂虹亭观打鱼斫鲙》诗："一声磔磔（象声词）鸣榔起，惊出银刀跃玉泉。"鸣榔，渔民捕鱼时用长木板敲打船舷，发出根根的声音，使鱼受惊而入网，故也作鸣木根。

又称**银釽**。元·王恽《捕鱼歌》："纵横张网截两浚，挺叉远混惊银釽。"银釽，同银刀。

方言**龙头鱼、水晶鱼**。银鱼因产地等不同，而有不同的名称。明·廖文英《正字通·鱼部》："银鱼形如残，海中出者曰龙头鱼，福州一种曰水晶鱼。"

戏称**挨水啸**。清·历荃《事物异名录·水族部》："《养鱼经》：残鱼状如银鱼而大，冬月带子者，谓之挨水啸。"

银鱼又有**吴王余脍、脍残、王余鱼**等称，源于传说有三。其一，晋·干宝《搜神记》卷十三："江东名余脍者，昔吴王阖闾江行，食脍有余。因弃中流，化悉为鱼。"脍指切细的鱼肉；阖闾，春秋末年吴国君，一名阖庐。晋·张华《博物志》："吴孙权尝江行，食脍弃，其余悉化为鱼。其长数寸，大如箸，犹脍条，因名吴余脍。"其二，宋·高承《事物纪原·虫鱼禽虫部·脍残》："越王勾践之保会稽也，方斫鱼为脍，闻有吴兵，弃其余于江，化而为鱼，犹作脍形，故名脍残，亦曰王余鱼。"保会稽，旧称佣工；斫（zhuó），意用刀斧砍。郭璞注："斫，为削鳞也。"唐·皮日休《松江早春》诗："稳凭船舷无一事，分明敷得脍残鱼。"其三，《尔雅翼·释鱼二》："《高僧传》则云：'宝志对梁武帝食鲙，帝怪之。志乃吐出小鱼，鳞尾亦然。今金陵尚有鲙残鱼。'二说相似，然吴王之传，则自古矣。此鱼与比目不同。"又："王余，长五六寸，身圆如筋，洁白而无鳞，若已鲙之鱼。"皆说把尚未吃完或未做完的鱼倒入江中，遂变成银鱼。所以银鱼洁白透明，尚保持着像切细的鱼肉一样。当然，这是神话传说，不足为凭。比目鱼古时也有王余之称。清·谢辅绅《银鱼》诗："黑点为睛玉为肤，如银如面总相符。吴都误认王余片，不信小名小白呼。"

银鱼隶于鲑形目、银鱼科。种类较多，我国有15种，特有种6种。分布于山东至浙江沿海及长江、珠江等河流的入海处，尤以鄱阳湖、长江口崇明等地为多，江苏太湖也盛产。据《太湖备考》记，自吴越春秋时期，太湖就盛产银鱼。太湖银鱼有4种，如太湖短吻银鱼、大银鱼等。清康熙年间，太湖银鱼就被列为贡品，与鲚、白虾并列为太湖三宝。

大银鱼 *Prolosalanx hyalocranius*（Abbotta）。此为银鱼中最大的一种，体长可达28厘米，体无鳞而透明。一年生短周期经济鱼类。又俗称才鱼、黄瓜鱼、面杖鱼、泥鱼。可栖于淡水和半咸水。

古称**面条鱼**。清·郝懿行《记海错》："银鱼体白而狭长，可六七寸许，曝干爝唻及瀹汤，味清而腴，不逮冰鱼远矣。海人为其纤而修长如切汤饼之状，谓之面条鱼。"

安氏新银鱼 *Neosalanx andersoni*（Rendahl）。长约20厘米，重100克，全身腊白如玉。

古称**冰鱼**。清·郝懿行《记海错》："冰鱼体狭而长，可四寸许，鳞细而白，肌肤洞彻，骨体莹明，望若镂冰矣。"冬季鲜肥满籽，溯河产卵。河面薄冰初复，渔民破凌，以罾网之，用冰封藏，运之远方，故名冰鱼。

又称**黄瓜鱼**。清·王培荀《乡园忆旧录》卷八："冰鱼，隆冬雪盛乃出。粗如指，长三四寸，身通明洞彻，除脊骨外，无刺亦无鳞。"又黄瓜鱼："冬日始有，明透如冰鱼。远贩者必浇以水，水冻，包裹如檐溜间冰笋，不见鱼也。食之，味如黄瓜。"黄瓜鱼和冰鱼属同一种鱼，只是封冻方法不同，加之出售时，雌雄配对，衬托菜叶，白绿分明，有一股黄瓜的清香味，故名。清·周楚良《津门竹枝词》："银鱼绍酒纳于觞，味似黄瓜趁作汤，玉眼何如金眼贵，海河不如卫河强。"

白肌银鱼 *Leucosoma chinensis*（Osbeck）。体细长，长15厘米。体无鳞，白色半透明。近内海河口的小型中上层鱼。

古称**面条、白饭鱼**。明·屠本畯《闽中海错疏》卷中："面条，似银鱼而极大，一名白饭鱼。"《古今图书集成·禽虫典·杂鱼部》引顾起元《士鱼品·面条鱼》："江东，鱼国也……有面条鱼。

图21　白肌银鱼（仿王文滨）

身狭而长不逾数寸，银鱼之大者也。"又云："宝坻县生银鱼，曰面条鱼。"

短尾新银鱼 *Neosalanx tangkahkeii*（Wu），古称白小、小银鱼。明·张存绅《雅俗稽言》卷三六："白小，银鱼也，小于面条。"明·屠本畯《闽中海错疏》卷中："浆，似面条而嘴小。"因体小，长9厘米，色白而称白小。体无鳞，白色透明。近内海河口小型中上层鱼。俗称小银鱼，福建称银纤仔。唐·杜甫《白小》诗："白小群分命，天然二寸鱼。细微沾水族，风俗当园蔬（靖州之俗，凶事不食酒肉，以鱼为蔬，名鱼菜）。入肆（商店）银花乱，倾箱雪片虚。生成犹拾（一作舍）卵。尽取意何如。"意为：二寸小鱼，各分一命。虽为水族，视如菜蔬。进入商店，如银花纷乱；倒入箱中，似雪片飞舞。犹如岸边拾卵石，尽取会有何感想？

燕窝系银鱼之初生者，海燕衔以结窝，故曰燕窝。《古今图书集成》引《书传》："正误燕窝海粉二物，俗以为海味之素食，误也。燕窝系银鱼之初生者，海燕衔以结窝，故曰燕窝。海粉是海鱼口吐之物。"明·屠本畯《闽中海错疏》卷中："相传冬月英子衔小鱼入海岛洞中垒窝，明岁春初燕弃窝去，人往取之。"据传，燕窝最早是明初三宝太监郑和七下西洋时带回来的。明·李时珍《本草纲目》燕窝："味甘淡平，大养肺阴，化痰止咳，补而能清，为调理虚损老痰之圣药。"明·吴伟业《燕窝》："海燕无家苦，争衔小白鱼。却供人采食，未卜汝安居。味入金齑美，巢营玉垒虚。大官求远物，早献上林书。"金齑，切成细末的精美食物；大官，即太官令，是掌管御食的官员。道出了燕窝之珍贵，为朝官进贡，御膳之珍品。明清两代的地方志《广东通志》上也有《海燕窝》诗："海燕大如鸠，春回巢千古。岩危壁茸垒，乃曰海菜也。岛彝伺其秋，去以修竿接，铲取而鬻之，谓之海燕窝，随舶至广贵，家宴品珍之。"

宋·唐庚《白小》诗："二年遵海滨，开眼即浩渺。谓当饱长鲸，饷口但白小。百尾不满釜（古代炊器），烹煮等芹蓼。咀嚼何所得，鳞鬣空纷扰。向来巨鱼戏，海面横孤峤（孤立的高山）。噞喁（鱼口开合貌）喷飞沫，白雨散晴晓。终然不省录（省察），从事此微眇（卑下、低贱）。短长本相形，南北无定表。泰山不为多，毫末夫岂少？词雄两月读，理足三语妙。人生一沤发，谁作千岁调。安能蹲会稽（吴越故地），坐待期年约。"意为两年生活在海滨，睁眼就见大海浩渺。说是应当饱食长鲸，但糊口的却只有白小。百条鱼都满不了锅，烹调如同煮芹蓼。嚼在嘴里吃不到什么，倒是些鳞刺令人烦恼。向来是大鱼戏水，如横海之山又尖又高。小鱼浮头张口喘气，飞沫如白雨飘散晴晓。最终还是未被重用，做的事情如此渺小。长短本是比较而言，南北并无统一定标。泰山虽大并不为多，毫末虽小岂能说少。雄辩之词可读两月，理由充足三句话就妙。人生犹如水中浮泡，谁能做千年推敲。安能蹲在会稽之处，坐等约定期年到。

银鱼可炸、可炒、可蒸、可汤，吃法很多。除鲜食外更多的是晒成鱼干外销，称"燕干"。银鱼干的营养丰富，其蛋白质含量很高。宋·张先"春后银鱼霜下鲈"，将银鱼与鲈鱼并列为鱼中珍品。燕窝味甘淡平，大养肺阴，化痰止咳，补而能清，为调理虚损老疾之圣药。

香　鱼

鳠鱼　记月鱼　国姓鱼

香鱼 *Plecoglossus altivelis* Temminck et Schlegel，鲑形目香鱼科。体略细长，长一般 18 ～ 25 厘米，长者 30 厘米，重 0.5 千克。头小，口大，被细鳞。体背青灰，腹部银白。以底栖硅藻、蓝藻等为食。溯河性中小型鱼类。九到十月由海入淡水产卵，生殖以后亲鱼死亡。分布于东海、黄海、渤海及华北、华东的通海河流中。福建称溪嚼、时鱼，乐青县称鲶鱼、

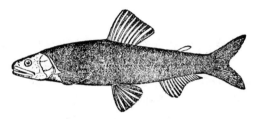

图22　香鱼（仿孟庆闻等）

海胎鱼，辽东半岛称秋生鱼，还有的称油香鱼、留香鱼、山溪缸、溪鲤、瓜鱼等。

古称鳠（wān）**鱼**，始见于三国时典籍。宋·李昉《太平御览》卷三十九引三国吴·沈莹《临海水土异物志》："鳠鱼，三月生溪中，裁长一寸，至十月终，东还归于海。香气闻于水上，到时月辄后更生。"明·万历《温州府志》记载，香鱼"长三四寸，味佳而无腥，生清流，惟十月时有，与乐产少异"。《雁荡山志》又载："凡荡水所入处皆有之，荡水西流永楠溪，则自枫林、档溪、下潭、古庙潭诸处亦有之。"明·胡世安《异鱼图赞补》卷上："雁珍维五，香鱼殿供。丰美拔萃，五斗曷庸。月增一寸，自春徂冬。"意，雁山五珍，香鱼排第五。味道鲜美，令人可为其弃官。如明代朱谏云"岂以五斗，易我香鱼。"鳠，制字从宛，宛意释散。《庄子》："纷乎宛乎。"成玄英疏："纷纶宛转，并释散之貌也。"意释散香气之鱼。因肉有香味，称香鱼；生命周期仅一年，俗称年鱼。

异称**记月鱼**。明·冯时可《雨航杂录》卷下："雁山五珍（包括雁茗茶、香鱼、观音竹、金星芹、山乐官）有香鱼，鳞细，不腥。春初生，月长一寸，至冬月长盈尺。则赴潮际生子，生已辄槁，惟雁山溪间有之，他无有也。一名'记月鱼'。"香鱼并非雁山独有。月长一寸，称记月鱼。

尊称**国姓鱼**。明朝郑成功率兵驱逐荷倭，把香鱼带至台北市溪碧潭放养成功，被称为国姓鱼。由此，台湾也盛产香鱼。据连横《台湾通史·虞衡志》卷

二十八云：“俗称国姓鱼，亦曰香鱼，产于台北溪中，而大嵙崁尤佳。”

《古今图书集成·禽虫典·杂鱼部》引《乐清县志》：“香鱼香而无腥，以火焙之如黄金。”明·乐清进士朱谏《寄香鱼与赵云溪》诗：“雁山出香鱼，清甜味有余。”清·连横（台湾诗人）：“香鱼上钩刚三寸，斗酒双相去听鹂。”浙江雁荡香鱼，用火焙干成金黄色鱼干。香鱼被誉为淡水鱼之王，价格昂贵素有“斤鱼斗米”之说，足见其经济价值之高。

遮目鱼

麻虱目　麻萨末　国姓鱼　虱目鱼

遮目鱼 *Chanos chanos*（Forskal），鼠鱚目遮目鱼科。体长最大 1.7 米。口小，无齿，以海藻和无脊椎动物为食，又称海草鱼。体色银白，体背灰棕，被小圆鳞，尾鳍甚大。属广盐性热带、亚热带鱼类，5～6 月来台湾海峡东南产卵，在我国分布于黄海、台湾沿海。我国台湾早在 17 世纪就开始养殖。

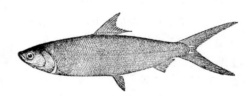

图23　遮目鱼（仿王文滨）

代称麻虱目、麻萨末、国姓鱼。清·郭柏苍《海错百余录》卷一：“麻虱目，身长，鳞细，四鬐，塭中所产尤多。台湾以为美品。”据连横《台湾通史·虞衡志》卷二十八：“麻萨末，清明之时，至鹿耳门网取鱼苗，极小……至夏秋间，长约一尺，可取卖。入冬而止，小者畜之，明年较早上市，肉幼味美。台南沿海均畜此鱼，而盐田所饲者尤佳。然鱼苗虽取之鹿耳门，而海中未见，嘉义以北无饲者，可谓台南之特产，而渔业之大利也。”又：“台南沿海素以畜鱼为业，其鱼为麻萨末，番语也。或曰，延平入台之时，泊舟安平，始见此鱼，故又名国姓鱼云。”

脂眼睑发达，几遮盖整个眼，故称遮目鱼。亦有称虱目鱼，虱目或为失目之谐音。麻萨末一说是荷兰语，虱目鱼可能是荷兰语的转音。比较合理的推测是台湾西拉雅族语。亦有传说，郑成功登陆台湾时，士兵因食无鱼而苦恼，国姓爷指海曰：“莫说无，此间举网可得也。”“莫说无”谐音为麻虱目，久传而成虱目鱼。在我国台湾民间俗称麻虱目仔鱼，台南称安平鱼、国姓鱼、塞目鱼、麻虱目，东港地区称海草鱼，台中呼为杀目鱼。

遮目鱼肉质肥腴细腻，营养价值高，素有“台湾家鱼”、“台湾第一鱼”之称。清·蔡如笙《国姓鱼》：“莫说无名得大名，长留绝岛纪延平；细鳞亦有英雄气，抵死星星眼尚明。"1998 年广东省汕头等地区试养成功。

海　鲶

海鲶 *Arius thalassinus*（Rüppell），鲤形目海鲶科。体长形，后部侧扁，长达 32 厘米。头较大，宽而平。口大，小须三对，体裸无鳞。体背青黑褐，腹部淡黄。分布很广。

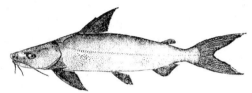

图24　海鲶（仿张春霖等）

古称鳠鱼。《山海经·东山经》："旄山无草木，苍体之水出焉，而西流注于展水，其中多鳠鱼。其状如鲤而大首，食者不疣。"鳠字从羞。羞古同馐，意精美食品。清·郭柏苍《海错百一录》卷一："鳠鱼……诸书皆以此鱼为供馐食，故称之为鳠。"

鱅。《六书故·动物四》："鱅，今海鱼，肉如彘（音 zhí，意猪），谓之鱅。"明·李时珍《本草纲目·鳞三·鱅鱼》藏器曰："鳠鱼……海上鱅鱼，其臭如尸，海人食之。"鱅，从庸，意平庸，"似池鱅"，意庸常如淡水之鱅；但此鱼"臭如尸"似不符。或其音修，意体修长。

别名松鱼、海鱅。明·屠本畯《闽中海错疏》卷中："鱅，雌生卵，雄吞之成鱼。青色无鳞，一名松鱼。"《重纂福建通志》："海鱅俗呼松鱼，色青头大，目旁有骨，似池鱅而无鳞。"松鱼，其肉可为肉松的鱼。

方言鲹鱼。清·屈大均《广东新语》："盖鲹鱼放卵，雄者为雌者含卵口中，卵不分散，故类繁。"鲹示红色，方言亦称赤鱼，但此鱼色不赤。

鱵

宽吻鱵 *Hemirhamphus guoyi*，隶于颌针鱼目鱵科。体长而侧扁，长达 22 厘米。头较小，眼较大，吻较短，下颌延长成一短粗平扁的喙，上颌三角形，其状像针。被圆鳞。体背青绿，侧及腹面银白，喙尖鲜红。

箴鱼、箴梁鱼，缘于其颌形如针，最早见于先秦典籍。《山海经·东山经》："〔枸状之山〕只水出焉，而北流注于湖水，其中多箴鱼。其状如儵，其喙如箴，食之无疫疾。"郭璞注："出东海，今江东

图25　宽吻鱵（仿张春霖）

水中亦有之。"郝懿行注："今登莱海中有箴梁鱼，碧色而长，其骨亦碧，其喙如箴，以此得名。"箴（zhēn）意针。明·屠本畯《闽中海错疏》卷中："鱵状如儵，其喙如针。"鱵鱼一称至今袭用。

　　针口鱼。明·彭大翼《山堂肆考·鳞虫》："针口鱼，口似针，头有红点，腹两旁自头至尾有白路如银色，身细，尾岐，长三四寸，二月间出海中。"鱵，针之古字。现有些地区俗称仍为箴梁鱼、针良鱼、钱串、针扎鱼、单针鱼、针嘴鱼、针工鱼等。

　　铜㕭鱼一称也是因颌而得。三国吴·沈莹《临海异物志》："铜㕭鱼，长五寸，似儵鱼。"铜如筒；㕭（chuò），古同啜，本意吃、喝。意以筒状嘴吃食。

　　姜公鱼之称缘于传说。姜太公，周武王大臣，钓于渭河，用直钩，不用饵，称愿者上钩。宋·乐史《寰宇记》："鱼生江湖中，大小形状并同鲙残（即银鱼）。但喙尖有一细黑骨如针，是异耳。俗云姜太公钓鱵所化，又名姜公鱼。"此是海鱼，"生江湖中"之说不妥。明·李时珍《本草纲目·鳞四·鱵鱼》："鱵鱼、姜公鱼、铜㕭鱼，时珍曰：'此鱼喙有一鱵，故有诸名。俗云姜太公钓针，亦傅会（谓虚构或歪曲事实，强加比附）也。'"明·胡世安《异鱼图赞补》卷上："箴鱼，喙有箴纹，字曰鱵鱼，形同鲙残，疫疾用除，钓咸所化，俗说堪㕭（yū、笑貌）。"

　　喻称铖口鱼、骂婆鱼。《江都续志》："鱵鱼即铖口鱼，又名骂婆鱼。"骂婆鱼一称源于民间故事。说一媳妇辱骂婆婆成性，一日，当其生母之面脱口又骂，生母气急，用大针戳女儿的嘴，以示教训，针再拔不出，女儿羞愧跳水，后变为鱵鱼。

　　小鳞鱵 *Hemirhamphus sajori*（Temminck et Schlegel）。体长40厘米，下颌延长成喙，上颌成三角形。体宽稍大于体高。4～7月近岸海藻处产卵，常在水面跳跃。分布近海，供食用。

　　古称钱串、青针。明·屠本畯《闽中海错疏》卷中："钱串，身长而小，嘴长五六寸，青色，亦名青针。"明·彭大翼《山堂肆考·鳞虫》："针口鱼口似针，头有红点，腹两旁自头至尾有白路如银色，身细，尾岐，长三四寸，二月间出海中。"明·黄省曾《鱼经》："有针口之鱼，首戴针芒，身长五六寸，土人多取为鱐（su，意鱼干）。"钱串，原指成串的铜钱，此意喙如穿过铜钱的针。因

其味清香，颇似黄瓜，故名黄瓜鱼，或简称瓜鱼。

人们多取为鲱，即鱼干。宋·梅尧臣《箴口鱼赋》："有鱼箴喙形甚小，常乘春波来不少。人竞取之，一掬不重乎铢秒。其为箴也，颖不能刺肌肤，目不能穿丝缕。上不足以附医而医疾，下不足于因工而进补。以口得名，终亲技女。大非脍才，唯便鲊，烹之则易烂，储之则易腐。嗟玉色之可爱，聊用实乎雕俎。过此已往，未知其所处。"掬，双手捧；铢秒，一铢一秒，比喻微小；雕俎，一种雕绘的木制礼器，古代祭祀、设宴时用以载牲；技女，工于针黹的妇女，泛指家庭主妇。古人把它贬得如此之低，实在有失公允，颌针鱼还是美味食品。

飞　鱼

鳐　文鳐鱼　文鳐　鲱鱼　飞鱼　燕儿鱼　薑鱼　鸡鱼　赢鱼　文鱼　飞鳞　燕鳐鱼　翱翔飞鱼　鸢鱼　鸡子鱼

飞鱼，属飞鱼科，种类很多，全世界有 50 多种，热带及暖温带水域集群性上层鱼类，以太平洋种类为最多，在我国临近海域有 38 种，以南海种类为最多。

飞鱼的特点是胸鳍特别大，向后伸达尾基，状如鸟翅，薄似蝉翼，

图26　燕鳐鱼（仿张春霖）

可作滑翔之用，飞则凌空，沉泳海底。有些种类具双翼，即仅胸鳍较大；有些则有四翼，即胸、腹鳍都很大。尾鳍叉形，向后伸展，犹如船舵，用以控制前进的方向，也是它滑翔的飞行器。滑翔距离可达 200 ～ 400 米。

先秦时代称鳐。《吕氏春秋·本味》："薑水之鱼名曰鳐，其状若鲤而有翼。"《山海经·西山经》："泰器之山，观水出焉，西流注于流沙，是多文鳐鱼，状如鲤鱼，鱼身而鸟翼，苍文而白首，赤喙，常行西海，游于东海，以夜飞。"

别名**文鳐鱼**。《说文·新附》："鳐、文鳐。"晋·左思《吴都赋》："精卫衔石而遇缴，文鳐夜飞而触纶。"精卫，是神话中的鸟名，源于《精卫填海》的故事；缴是系在箭上的丝绳，射鸟用；纶是钓丝。

称**鲱鱼**。《尔雅翼·释鱼三》："文鳐鱼，出南海。大者长尺余，有翅，与尾齐，一名飞鱼，群飞水上。"明·屠本畯《闽中海错疏》："海燕形如飞燕，有肉翅，能奋飞海上。又：飞鱼头大尾小，有肉翅，一跃十余丈。"明·何乔远《闽书·鲱鱼》："飞鱼头大尾小，有翅善飞，福人名鲱鱼，以其色红如绯。"

指称**飞鱼**。宋·罗愿《尔雅翼》卷三十"鳐":"文鳐鱼,出南海,大者长尺余,有翅,与尾齐,一名飞鱼。群飞水上,海人候之,当有大风。"

别名**燕儿鱼**。清·郝懿行《记海错》:"(燕儿鱼)体长五六寸,色黑如燕,鬐长解飞,不能赴远,浮游水面,不过数武,翩然而下,如燕子投波,味酸不中啖。"

亦称**鳠**(yàn)**鱼**。宋·李昉《太平御览》卷四十引《临海异物志》云:"鳠鱼长五寸,阴雨起飞高丈余。"

俗称**鸡鱼**。乾隆《龙溪县志》:"鳐鱼,俗名鸡鱼,有翅能飞。"称鸡鱼比喻不甚恰切。

异称**赢鱼**。清·方旭《虫荟4·文鳐鱼》:"文鳐鱼……即赢鱼也。"此称源出于《山海经》:"赢鱼,鱼身而鸟翼,音如鸳鸯,见则其邑大水。"

飞鱼胸鳍很大,向后达尾鳍末端,"鱼身而鸟翼","形似鹢"(鹢是鸟类),堪比水中之鹢;制字从鹢,从而有鳐、文鳐、海鳐等称,或似燕,如鸢,而有鸡子鱼、海燕、鸡鱼等似鸟之称,又因其能"群飞海上"而称飞鱼。甚至"飞鱼,有两翼,传为沙燕所化。(《海错百一录》)"此说误。

飞鱼有时为避风险,掠水凌空,甚至急不择路,误入渔舟,成了人们的盘中餐,或成为海鸟的口中食。清·南怀仁(西人)《坤舆图说》:"海中有飞鱼,仅尺许,能掠水面而飞。狗鱼(即鲯鳅)善窥其影,伺飞鱼所向先至其所,开口待啖,恒追数十里,飞鱼急上舟,为舟人得之。"飞鱼具有趋光性,夜晚若在船甲板上挂一盏灯,成群的飞鱼就会寻光而来,自投罗网撞到甲板上。明·孙作《飞鱼》:"飞鱼集樯舵,翅尾错珍贝,初疑燕雀翻,复骇蝗螟坠……"樯,帆船上挂风帆的桅杆,引申为帆船或帆。意为飞鱼云集在船的桅杆周围,起初疑似燕雀降落,进而又怀疑是蝗螟坠地,其气势何等壮观。

代称**文鱼**。文鳐鱼经常出现于古神话中。《楚辞·九歌·河伯》:"乘白鼋兮逐文鱼,与女游于河之渚。"《文选·曹植〈洛神赋〉》:"腾文鱼以警乘。"李善注:"文鱼有翅,能飞。"警乘,警戒车乘,为车乘警卫;文鱼,为文鳐鱼之省称;文,意体有斑纹。

代称**飞鳞**。《文选·曹植〈七启〉》:"寒芳苓之巢龟,脍西海之飞鳞。"李善注:"西海飞鳞,即文鳐鱼也。"寒,"渍肉谓之寒,盖韩国事馔",寒与韩同,如曹植《乐府》:"寒鳖灸熊蹯(即熊掌)。"芳苓,苓与莲同。明·杨慎《异鱼图赞》卷二:"飞鱼身圆长丈余,登云游波形如鲋(即鲫鱼),翼如胡蝉翔泳俱,仙人宁封曾饵诸,青萰灼烁千载舒。"尺许小鱼,何会"长丈余"?宁封是古代传说中的仙人,是黄帝时掌管烧陶事务的官员,叫陶正,是第一个发明制陶的人。他修炼成仙,能积火自焚,随烟气而上下;饵诸,即道教辟谷服饵诸术,不食五谷，吐纳气功；青蘽，生长在浩然沙海深处的石蘽，也叫青蘽，是凡间难得一见的奇珍药材；灼烁，鲜明、光彩貌。东晋·王嘉《拾遗记》："轩辕黄帝时，仙人宁封食飞鱼而死，二百年更生。"神话而已，不足为信。

飞鱼肉质鲜嫩，特别鲜美，是上等菜肴。北魏·郦道元《水经注·巨洋水》："小东有一湖，佳饶鲜徇（同笋），匪（同非）直（意不只）芳齐苟药，寔（实）以洁并飞鳞。"晋·郭璞《鲦鱼赞》："见则邑穰，厥（其）名曰鲦。经营二海，娇翼闲宵。唯味之奇，见叹伊疱。"闲宵，寂寞无聊的夜晚；疱，厨师。每年清明前后，是飞鱼的产卵季节，也是捕捞飞鱼的汛期。

燕鳐鱼 *Cypselurus agoo*，隶于颌针鱼目飞鱼科。体略呈圆柱状，长约 35 厘米，古称海燕，方言燕儿鱼、飞鱼。明·屠本畯《闽中海错疏》卷中："海燕，形如飞燕，有肉翅，能奋飞海上。"

翱翔飞鱼 *Exocoetus volitans*，颌针鱼目飞鱼科。长 15 厘米，吻短钝。眼大，上侧位。圆鳞易脱，体背蓝黑，腹白。分布南海中上层。供食用。

古称**鸢鱼、鸡子鱼**。《太平御览》卷九百四十引《临海水土异物志》："鸢鱼，状如鸢，唯无尾足，阴雨日亦飞高数丈。"明·胡世安《异鱼图赞补》卷上："风雨鱼"条引《雨航杂录》："海鳐鱼，亦文鳐类也。形似鹞，有肉翅能飞上石头，齿如石板，出主风。"唐·刘珣《岭表录异》卷上："鸡子鱼，口有觜如鹞，肉翅无鳞，尾尖而长，有风涛即乘风飞于海上。"古"鸢"、"鹞"或通。

历史传说。《古今图书集成》文鳐鱼部纪事："歙（shè）州图，经歙州赤岭下有大溪。有人造横溪鱼梁。鱼不得下，半夜飞从此梁过。其人遂于岭上张网以捕之。鱼有越网而过者，有飞不过而变为石者。今每雨，其石即赤，故谓之赤岭，而浮梁县得名因此。"歙州，州名；置，治；休宁，即今休宁县东万安，后移治安徽歙县。意思说，歙州赤岭下有一条大溪，有人造一座桥横过该溪，阻挡了鱼往下的去路，鱼就半夜飞过桥梁。于是有人就在岭上张网捕鱼。鱼有的飞过桥梁，有的飞不过去就变成石头。每到下雨时，石头就变红，所以那里就叫赤岭。浮梁县也是因此而得名。

海马与海龙

日本海马　水马　鲡　刁海龙　鳞烟管鱼　鲻

日本海马 *Hippocampus japonicus* Kamp，海龙目海马科。体侧扁，腹部凸出，尾细长，常卷曲，头部弯曲与躯干部成直角，体长可达 10 厘米。体无鳞，外包骨质环，躯干部有 10～12 节骨，吻呈管状。雄性尾部腹面具育儿囊。栖近海。此科，我国现记 8 种。

古称水马。明·李时珍《本草纲目·鳞四·海马》："水马。弘景曰：'是鱼虾类也，状如马形，故名。'藏器曰：'海马出南海。形如马，长五六寸，虾类也……'宗奭曰：'其首如马，其身如虾，其背伛偻，有竹节纹，长二三寸。'……时珍曰：'海马，雌者黄色，雄者青色。'"因头形似马而得名，水马与海马意同。此属鱼类，而非虾类。

图27　海马（仿张春霖）

单称䲷（mǎ）。《广韵·马韵》："䲷，鱼名。"《正字通·鱼部》："䲷，此即海虾名水马者。俗作䲷。"古籍中多将鱼虾归于同一大类，且海马体包骨质环，颇类虾，故误被当做虾类。此指海马，而非海虾。

海马无食用价值，可药用。又《本草纲目》："妇人难产，带之于身，甚验。临时烧末饮服，并手握之，即易产。"清·李调元《然犀志》卷上："海马，有鱼状如马头，其喙垂下，或黄或黑，海人捕得，不以啖食，暴干之，以备产患，凡妇人难产割裂而生者，手持此虫，即如羊之易产也。"功能夸大，言过其实。清·赵学敏《本草纲目拾遗》卷十引《百草镜》："海马，中等长一二寸，尾盘旋作圈形，扁如马。其性温，味甘，暖水脏，壮阳道，消瘕块，治疗肿产难血气痛。"据连横《台湾通史·虞衡志》卷二十八："海马，亦产澎湖，状如马，颈有鬃，四翅，渔人网之，以为不祥。"海马具有补肾壮阳、镇静安神、散结消肿、舒筋活血功能，现用以治疗阳痿、不育、虚烦不眠、跌打损伤、难产、乳腺癌等症。

海龙与海马是同一目，但不同科。海龙种类较多，在我国有 25 种，常见的如低海龙、蓝海龙、冠海龙等，南海较多。其体细长，全身被膜质骨片，吻管状。雄性体腹面具育儿囊，卵或幼鱼在囊中孵化。

刁海龙 *Solenognathus hardwickii*（Gray），隶于海龙科。体长 47 厘米，躯干四棱形，体无鳞，全被包于骨环之中。吻特别延长，口小。在我国分布于南海。药用海龙仅此一种，用作强身补肾、消炎、止痛等。现在试验证明其治疗难产效果确比海马好。

图28　海龙（仿张春霖）

清·赵学敏《本草纲目拾遗》卷十"介部"引《赤嵌集》曰："海龙，产彭湖澳，冬日双跃海滩，渔人获之，号为珍物。首尾似龙，无牙爪。大者尺余，海龙入药。此物有雌雄，雌者黄，雄者青。"又引《百草镜》："海龙，乃海马中绝大者，长四五寸至尺许不等，皆长身而尾直，不作圈，入药功力尤倍……此物广州南海亦有之。体方，周身如玉色，起竹节纹，密密相比，光莹耀目，诚佳品也。"海龙并非海马中之绝大者。连横《台湾通史·虞衡志》卷二十八："海龙：产于澎湖，首尾似龙，无足，长及尺，冬日双跃海滩，以之入药，功倍海马。"海龙并非只产于澎湖。清·孙元衡《赤嵌集·海龙》："澎岛渔人乞我歌，海龙双跃出盘涡。爪牙未具空麟鬣，直似枯鱼泣过河。"

鳞烟管鱼 *Fistularia petimba* Lacépède，隶于海龙目烟管鱼科。长 18～41 厘米。稍平扁，头甚长。吻延长成管状，口开于管前端。体裸无鳞。尾鳍叉形，中间鳍条延长成丝状。分布广，热带、亚热带深海鱼。

古称鮹（shāo），始见于梁。《玉篇·鱼部》："鮹，鱼名。"《广韵·平肴》："鮹，海鱼，形如鞭鞘。"明·李时珍《本草纲目·鳞四·鮹鱼》藏器曰："出江湖，形似马鞭，尾有两歧，如鞭鞘，故名。"此系海鱼，非出江湖。鮹，述尾形，尾末有一长丝，形如鞭梢；烟管，述吻形如烟管。

鲻 鱼

子鱼 鯔 黑鯔 鮻鮋 浪鲤 滑鱼 鮒鮥 乌鱼 梭鱼 赤目乌 杪鱼

鲻鱼 *Mugil cephalus* Linnaeus，隶于鲻形目鲻科。体延长，前部圆柱状，后部侧扁。长达90厘米，重5～6千克，大者达12千克。吻短钝，头背宽扁。鳃耙细密，被弱栉鳞。体背灰青，腹面银白。其胃壁很厚，肌肉发达，呈砂囊状，肠很长。以硅藻、绿藻、蓝藻和底泥中的小动物为食，其肠道内总含很多

图29 鲻鱼（仿张春霖等）

沙。宋代就知其"性喜食泥"，至今沿海渔民还以为鲻吃"油泥"。明·冯时可《雨航杂录》："鲻鱼似鲤，生浅海中，专食泥。身圆口小，骨软肉细。"

方言**子鱼**。鲻鱼一称缘于其体色。明·李时珍《本草纲目·鳞三·鲻鱼》："鲻，色缁黑，故名。粤人讹为子鱼。生东海，状如青鱼，长者尺余。其子满腹，有黄脂味美。"《京口录》："鲻鱼，头扁而骨软。惟喜食泥。色鲻黑，故名。"鲻，同缁，缁意黑色。俗称或因其色黑而称乌支、乌头、乌鲻、黑耳鲻。支是鲻的谐音，或因其他特点而称大头鲻、脂鱼、田鱼、九棍、白眼、葵龙等。

鯔（zi）、**黑鯔**。《玉篇·鱼部》："鯔，黑鯔也。"《六书故·动物四》："鯔，按：

今生咸淡水中者，长不过尺，抟身椎首而肥，俗谓之鲻，海亦有之。"明·屠本畯《闽中海错疏》卷中："鲻，头微而小扁。"

异称**鯔鮐、浪鲤、滑鱼**。清·李元《蠕范·物食》："鲻，鮏也，黑鯔也，鯔鮐也，浪鲤也，滑鱼也，似鲤，身圆头扁，口小目赤，鳞黑骨软，具子满腹，生江海浅水中，好食泥。"

拟称**鰤舅**。清·吕辉斗等《丹徒县志》云："鯔，身圆头扁，谓之蛇头鯔。生江中，味埒（liè，等同）鰤鱼，谓之鰤舅。"鰤舅，谓之鰤医。

方言**乌鱼**。清·施鸿保《闽杂记·乌鱼》："鯔鱼出海中者，闽人谓之乌鱼。"

鯔味美，殷墟中有鯔鱼化石，说明 3 000 多年前鯔已成王公贵族食品之一。清·王士祯《顷和子文蜀姜诗，殊非本意再成一首为寄》："蜀味初赏万里余，子姜作脍忆鯔鱼。"子姜，是生姜的嫩芽。鯔肉气味甘平无毒，还可治开胃，利五脏，令人肥健，鯔鱼子更无与伦比。明·孙文恪《鯔鱼》诗："思归夜夜梦乡居，何事南宫尚曳裾？家在越州东近海，鯔鱼味美胜鲈鱼。"南宫，尚书省；裾（jū），衣服的大襟；越州，今浙江绍兴。明·张如兰《鯔鱼颂》："驾青虬，骖元螭，肥而痴，涅而缁。似乌鰂比黑。鱼，不嫌入淤而食泥，犹堪哺糟与啜醨。"驾青虬骖元螭，出自屈原"驾青虬兮骖白螭"，意为驾青龙傍着元龙。螭乃无角之龙；涅，矿物名，古代用作黑色染料。哺糟与啜醨（chuò lí），意吃酒糟，喝薄酒。明·姚可成《食物本草》:吃鯔鱼"助脾气，令人能食，益筋骨，益气力，温中下气。"明·谢文正《鯔鱼》诗："我家旧住东海滨，盘餐市远惟鲜鳞。腐儒粗粝自安分，筵前不慕罗奇珍。十年谬窃黄扉禄，堂膳虚叨大官肉。大牢滋味违贱肠，翻忆鱼羹常不足。秋风萧瑟吹早寒，莼鲈野性归张翰。盐梅调剂邈无效，回思鼎耳殊汗颜。江湖悠悠隔霄汉，从今取足鱼羹饭。食芹知美敢忘君，欲献无由发长叹。"腐儒，陈旧之儒；粗粝，粗而不精细；食芹，谦词。

鯔鱼养殖在我国有 400 多年历史。明·徐光启《农政全书·牧养·鱼》："鯔鱼，松之人于潮泥地凿池。仲春，潮水中捕盈寸者养之，秋而盈尺。腹背皆腴，为池中之最。是食泥，与百药无忌。"鯔对盐度的适应范围很广，喜栖于河口附近咸淡水相交汇的水域，是沿海海水养殖和咸淡水池塘养殖的主要鱼类。鯔每年 11 ~ 12 月生殖，在岩礁性沿岸水域产卵。幼鱼随潮水群游河口浅水港湾索饵。放子于石罅，仍引子归原港，盖如燕之客而翼卵也。鯔鱼性惠，不入网罟，海人长网围之，俟潮退取之。

南朝·梁吴均（469 ~ 520 年）撰的志怪小说集《续齐谐记》："魏明帝游洛水，水中有白獭数头，美静可怜，见人辄去，帝欲见之，终莫能遂。侍中徐景山曰：'獭嗜鯔鱼，乃不避死。'画板作两生鯔鱼，悬置岸上。于是，群獭竞逐，一时执得。"于是，画两鯔鱼于画板，挂在岸上。成群的白獭争先恐后地来抢，都被捕获。獭嗜鲻如命，竟真假不顾，令人可笑；画画的人水平太高，竟画得以假乱真，令人可敬。

晋·葛洪《神仙传·介象》："吴主共论脍鱼何者最美，象曰：'鲻鱼脍为上。'吴主曰：'要论近处鱼，此出海中，安可得耶？'象曰"'可得。'乃令人于殿中作方坎，汲水满之，并求钩。象起饵之，垂纶于坎，须臾，果得鲻鱼。"介象，三国时期吴国著名的隐士、方士，隐术鼻祖，是吴王尊敬的仙人；坎即坑。说吴王问介象："何种脍鱼最美？"象答曰："鲻鱼脍最好。"吴王说："要说近处的鱼，你说的鱼出之海里，那能得的到？"象答曰："能得到。"于是让人在殿内挖坑，灌上水，要来鱼钩，起身去钓鱼，钓线放到水里，不一会儿，果真钓上了鲻鱼。

上述"介象钓鲻"与"左慈钓鲈"的故事情节几乎完全相同，只是钓的鱼不同。一个故事，两种表述。后者源出干宝的《搜神记》。两书的作者干宝与葛洪都是东晋初期人，不知是谁受了谁的影响。

梭鱼 *Mugil soiuy* Basilewsky，与鲻同类。体长 60 厘米，重 2 ~ 3 千克，大者达 10 千克。栖近海，可进入江河、海湾。

古称**赤目乌、杪鱼**。明·何乔远《闽书》云："赤目乌，此鱼产江南大江中。春时群来湖打子。盖鱼须跳击乃出，大江无石，澎湖海石廉外，于此犯击方得出子。"清·郝懿行《记海错》记："鲻之言缁也，其色青黑而目赤青。又有杪（suō），其形与鲻同，唯目作黄色为异，当是一类二种耳。其肉作鲙竝（并）

图30 梭鱼（仿张春霖等）

美。"又云："杪鱼，出文登海中者尤佳。以冰洋时来，彼人珍之开凌杪。"体细长，形"如织梭"（《海错百一录》），称梭鱼，眼有红色称赤目乌，杪与梭同音。南方俗称赤目鲻、红眼鲻、斋鱼，北方称肉棍子。山东文登一带俗名青眼鲻、黄眼梭鱼，渤海渔民把春季海冰初融时捕到的梭鱼叫凌梭、开冰梭。

肉味虽略逊于鲻，仍很可口。山东胶县三里河一处新石器时代大汶口文化遗址中，出土有梭鱼头骨，推算长 80 厘米，重 6 ~ 8 千克。说明早在 5 000 年前该鱼就被食用。

棱 鲻

子鱼 鮹鱼 鳌 拨尾 鲐 粗鳞鲻 鲐

棱鲻 *Mugil carinatus* Cuvier *et* Valeneiennes，隶于鲻形目鲻科。体长20厘米以上，形似鲻。口小、亚腹位。体背暗灰青，微红，腹面银白。被弱栉鳞，无侧线。山东俗称隆背鲻，绍安呼尖头鱼，闽、广称尖头或尖头鲻。分布于我国沿海及咸淡水交汇处，是重要港养鱼之一，生长快，一年即可成熟。

古称子鱼，最早见于宋代典籍，其一，缘于产地名。宋·庄绰《鸡肋编》："通应江水咸淡得中，子鱼出其间者，味应珍美。上下数十里，鱼味即异，颇难多得。故通应子鱼，名传天下。"《通雅·四十七》："泉州有通应侯庙，其下临海，出子鱼甚美，世呼通应子鱼者，记所出也。"《遁斋

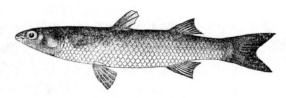

图31 棱鲻（仿张春霖等）

闲览》："莆阳通应子鱼名著天下，盖其地有通应侯庙，庙前有港，港中鱼最佳。"由此看，产于福建莆田县通应港者称子鱼。其二，缘于繁殖期。宋·王得臣《麈史·诗话》："闽虫鲜食最珍者，所谓子鱼者也。长七八寸，阔二三寸许，剖之，子满腹，冬月正其佳时。"明·屠本畯《闽中海错疏》卷上："鮹鱼，似乌鱼而短，身圆口小，目赤鳞黑，一名鲻。味与鲫相似。冬深脂膏满腹；至春渐瘦无味，一名鲐。"又："拨尾，鮹鱼之小者。鮹鱼以子月肥极，故云，其子尤佳。莆田县东北五十里迎仙桥下潭所产极为珍味。"农历正月为"子月"，子鱼因1～4月生殖期即子月肥美而得名。

棱鲻属鲻类，且子鲻同音，故有"一名鲻"。拨尾，示小型鱼之活拨状；鲐，则示鱼斑如老人之背。子鱼与鲻又有别。黄任等《泉州府志》云："子鱼，俗名鳌鱼，与乌鱼（即鲻鱼）形同。但乌鱼头大，子鱼头小；子鱼有鬐，乌鱼无之。"鳌，子之音讹。乌鱼即鲻鱼，鬐或为鬣，指棱鲻第一背鳍至眼间隔，背中线有一纵行隆起脊，棱鲻因以而得名。明·胡世安《异鱼图赞补》卷上引《渔书》："子鱼，似青鱼而小。"又："此种海上多有之，惟咸淡水之交，其品独擅。"宋·梅尧臣《和答韩子华饷子鱼》诗："南方海物难具名，子鱼珍美无与并。"

宋·王巩《续闻见近录》云："蔡君谟重乡物，以子鱼为天下珍味，尝遗先公，

多不过六尾。云：所与者不过谏院故人二三公耳，今子鱼盛至京师，遗人或至百尾，由是子鱼价减十倍。"蔡君谟，亦名蔡襄，宋朝天圣进士，累官知谏院，直史馆。

宋·司马光《类书》："秦桧之夫人常入禁中，显仁太后言，'近日子鱼大者绝少。'夫人对曰，'妾家有之，当以百尾进。'归告桧之，会之咎其失言。与馆客谋，进青鱼百尾。显仁抚掌笑曰，'我道这婆子村（蠢），果然。'"就是说，南宋秦桧的老婆常到宫里去，一次，显仁太后说，近来大的子鱼不多见，桧老婆忙献殷勤，说我家有，送一百条来。回去秦桧怪她说漏了嘴，和谋客商议送了百条青鱼去。太后抚掌大笑曰："我说这婆子蠢，果然如此。"秦桧连百条子鱼都舍不得拿出来，真是太奸了。

粗鳞鲻 *Mugil* sp，鲻形目鲻科，古称鲯。清·郭柏苍《海错百一录》卷一云："海鲯（音 shè）色微黑，形似草鱼，肉厚多油。不论四时，随潮群至，一渔得则群渔皆得。咸淡水者名潮鲯。以暑月美。凡海鲯、潮鲯、江鲯及江塘之鲯，蛋腹中皆有二圆盂，肥美。海人呼为胗。"公元 1933 年陈子英在《福建省渔业调查报告》中称鲯为棱鲻，又称胗为鲻（ *Mugil oeur* ）的一种。实则胗指胃，是闽南地区方言，即鲻鱼胃幽门部特化的球形肌胃，并非鱼名。再者鱼以生殖季节时味最美，棱鲻肥于子月，鲯是以暑月美，说明生殖季节不同。由此看鲯不是棱鲻，而是粗鳞鲻。此鱼二龄个体重 360 克，7 ~ 9 月生殖，生长迅速。

真 鲷

过腊　嘉鱲鱼　棘鬣　髻鬣　橘鬣　奇鬣　家鸡鱼　魟鱥　大头鱼　海鲫鱼

鲷科鱼种类较多，分布范围较广，多为我国沿海重要经济鱼类，属于高级的食用鱼类，具高经济及商业价值。

真鲷 *Pagrosomus major* （ Temminck et Schlegel ），隶于鲈形目鲷科。体侧扁，长椭圆形，长者达 40 厘米。口小，上下颌两侧各具二列臼齿，背鳍棘强大。体色淡红，背部散布有若干鲜蓝色小斑点。近海暖水底层鱼类，分布于南海、东海、黄海海区。寿命很长，最长可达 30 年，渔获物中以 2 ~ 10 龄鱼居多。

古称过腊，缘于来去福建之时

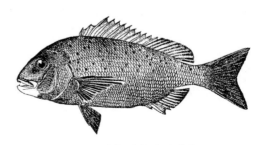

图32　真鲷（仿成庆泰）

间。明·屠本畯《闽中海错疏》卷上："过腊，头类鲫，身类鳜，又类鲢鱼。肉微红，味美。尾端有肉，口中有牙如锯，好吃蚶蚌。以腊来春去，故名过腊。"真鲷在福建沿海是每年农历十月下旬至十二月上旬来近岸产卵，形成渔汛，产卵后离去，即腊来春去。当然全国各地不尽相同。

方言**嘉骐鱼**。宋·庞元英《文昌杂录》卷二："登州有嘉骐鱼，皮厚于羊，味胜鲈鳜，至春乃盛，他处则无。""他处则无"之说不妥，此鱼分布很广。

方言**棘鬣、橘鬣、髻鬣、奇鬣**。缘于其形色特征。清·郭柏苍《海错百一录》云："过腊，按福州呼棘鬣，以其鬣如棘也。兴化呼橘鬣，以其鬣红紫也。泉州呼髻鬣，又呼奇鬣。"鬣，原意毛，此指鱼鳍及鳍棘。真鲷的背鳍棘强硬，有"棘鬣"之称。"橘鬣"是红紫色的鳍，"髻鬣"是鳍状如发髻。

俗称**家鸡鱼、鲴鳛**，缘于其肉似鸡肉。《古今图书集成·禽虫典·杂鱼部》引《省直志书》："鲴鳛，俗作家鸡鱼。传记无考，以肉洁白似鸡。"加吉鱼、加级鱼、嘉鳛，与家鸡鱼音同，或许是人们为图吉利，借用其谐音而来。如加级鱼，古时谓吃了此鱼可官升一级；加吉鱼，谓吃了吉利，能给人带来好运；嘉鳛，也是美好之意。至今不少地区仍俗称加吉鱼，两广还称红鲹（体侧有若干粒斑），浙江叫铜盆鱼，福建还称赤板、加拉鱼（有刺割破之意），山东称嘉鳛鱼。称鲷是因其牙有锯口有力，猛似雕。

称**大头鱼、海鲫鱼**。清·郝懿行《记海错》云："嘉鳛鱼，登莱海中有鱼，厥体丰硕，鳞鬣紫赪，尾尽赤色。啖之肥美，其头骨及目多肪腴有佳味。率以三四月间至，经宿味辄败。京师（首都的古称）人将冰船货到都下，因其形象谓之大头鱼，亦曰海鲫鱼，土人谓之嘉鳛鱼。"

该鱼色艳味美，是筵客佳肴，属名贵食用鱼类。其"味丰在首，首丰在眼。十月蒸葱酒尤珍（《海错百一录》）"。民间有"加吉头，鲅鱼（马鲅）尾，鳞刀（带鱼）肚子，鳍鳍（斜带刺鲈）嘴"之说。莱州湾是真鲷产卵场之一，生殖期五到七月。产卵前，最为肥美。当地有"立了夏，鲅鱼加吉抬到家"的谚语。清·郭麟《潍县竹枝词》："梨花才放两三枝，名蟹佳虾上市时。但年椿芽和一寸，争分垛子运嘉鳛。"自注："俗谓驴上负曰垛子。潍谚：椿芽一寸，嘉鳛一垄。"椿芽，是香椿树的嫩芽。过去以黄、渤海盛产，现已开展人工养殖。

黑　鲷

乌颊　海鲋

黑鲷 *Sparus macrocephalus*（Basilewsky），隶于鲈形目鲷科。体长椭圆形（侧

面观），侧扁，长可达 40 厘米，重近 1 千克。头大，两颌具 4 ~ 5 行臼齿。极贪食，以其他小鱼、小虾等为食。浅海底层鱼。幼时雌雄同体，至五六岁两性方能区别开。因与真鲷相近，广东称黑立，山东称黑加吉。

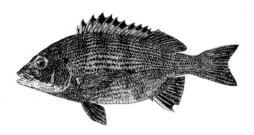

图33　黑鲷（仿成庆泰）

　　古称乌颊。明·屠本畯《闽中海错疏》卷上："乌颊，形与奇鬣（指真鲷）相似，二鱼俱于隆冬大寒时取之。然奇鬣之味在首。"明·胡世安《异鱼赞闰集》："乌颊身狭，侧视之则稍员。厚鳞少骨，多处水崖中，渔人以钓得之。色近黑，脊上有刺数十枝，长二三寸，或亦借此以防患者。"乌颊指其颊黑。明·冯时可《雨航杂录》："乌颊，身短阔，其颊乌，故名。"

　　方言海鲋。清·宋琬《海鲋》："海中之鲫也，巨口大眼，鱼目之美无逾此者，土人呼为佳季，不知何指？其来以三月上旬，谚云：'椿牙一寸，佳季一阵。'惟登州四时有之。蓬莱阁下多怪石，渔人垂纶其上，一掣而得之。千寻巨浪之中，好事者掬海滨之水就烹之，不加盐豉，其味愈鲜好。"淡水鲫鱼名鲋，其状如淡水之鲫，名海鲋，方言海鲫子。

　　山东胶县三里河的新石器时代大汶口文化遗址中，出土有该鱼的脊椎骨和大量鳞片，说明早在 5 000 年前的新石器时代，该鱼已被我国人民食用。

黄　鲷

赤鯮　赤鲸　交鬣　红翅　红鱼

黄鲷 *Taius tumifrons*（Temminck et Schlegel），鲈形目鲷科。体椭圆形（侧面观），侧扁，长 21 厘米。头大，额高起，两颌前端具 4 ~ 6 枚犬牙，被大的弱栉鳞。体色淡红，上部有金色光泽，腹部银白。底栖性食用经济鱼类之一。

　　古称赤鲸、交鬣。明·胡世安《异鱼赞闰集》："赤鲸，一名交鬣。似乌颊而稍短。结阵而至，大小交错，因名交鬣。色浅绛，故又名赤鯮。味不下乌颊，黑赤之分，众寡之异，小者名红翅，盖其子也。"明·屠本畯《闽中海错疏》卷上："似棘鬣而大，鳞鬣者皆红色。宋志云，棘鬣与赤鯮味丰在首，首味丰在眼，葱酒蒸之为珍味，十月此鱼得时，正月以后，则味拗不可食。"

　　别名红鱼。清·李调元《然犀志》卷下："赤鯮鱼，《琼府志》云，鳞鬐皆红色，俗谓之红鱼，可作脯，出儋州昌化（旧县名，位浙江省西部，1960 年并入临安县）

者佳。"

鬃，鬣，原意马等兽类的颈部长毛，此指背鳍之强棘，因体色红，是故称赤鬃、赤鯮、红翅、交鬣等。方言赤宗鲅、波鲛。

石首鱼

> 石头鱼　鲞　石首鲞　白鲞　鮸　石首　黄瓜鱼　金鳞　鲛鮋　元镇
> 新美舍人　洋山鱼　菩萨鱼　江鱼　黄鱼　横鱼　横三

石首鱼系石首鱼科鱼的通称。体稍长而侧扁，口大。头骨具黏液腔，体被栉鳞。耳石很大，因以得名。鳔发达，多变化。肉食性下层鱼类。

石首鱼一称源于传说。唐·陆广微《吴地记》云："阖庐十年（公元前505年），东夷侵吴，吴王亲征之，逐之入海，据沙洲上，相守月余。时风涛，粮不得渡，王焚香祷之。忽见海上金色逼海而来，绕王所百匝，所司捞得鱼，食之美。三军踊跃，夷人不得一鱼，隋降吴王……鱼作金色，不知其名，见脑中有骨如白石，号为石首鱼。"此是传说，说此鱼见王焚香而来，夷人不得一鱼，显然是古人的一种美好祝愿。石首鱼一称至今沿用。此石为耳石，位于鱼内耳中，用于身体平衡。其他鱼也有，只是石首鱼的耳石特大罢了。

俗称**石头鱼**。《正字通·石部》："石首鱼，《岭表录》谓之石头鱼，《浙志》谓之江鱼。"石头鱼与石首鱼义同。

俗称**鲞**（xiǎng）、**石首鲞**、**白鲞**，意干鱼或鱼干。宋·范成大《吴郡志》："吴王回军，会群臣，思海中所食鱼，问所余何在。所司奏云：并曝干。吴王索之，其味美，因书下着鱼，是为鲞字。"明·王士性《广志绎》："此鱼俗称鲞，乃吴王所制字，食而思其美，故用'美'头也。"明·李时珍在《本草纲目·鳞三·鲞鱼》中则另有一种解释："鲞能养人，人恒想之，故字从养。罗原（宋《尔雅翼》的作者）云诸鱼烤干皆为鲞，其美不及石首，故独得专称。"晋·王羲之《杂帖五》："石首鲞，食之消瓜成水。"清·王士雄《随息居饮食谱》云："石首鱼，腌而腊之为白鲞，性即和平，与病无忌。煮食开胃，醒脾，补虚，活血，为病人、产后食养之珍。"《梦粱录》中记有南宋时杭州城内外有上百家的鲞铺，专门出售"郎君鲞、石首鲞、黄鱼鲞"10多种海鱼鲞。

三国时还称**鮸**（zōng）。《广雅·释鱼》："石首，鮸也。"王念孙疏证引《字林》云："鮸鱼出南海，头中有石，一名石首。"明·李时珍《本草纲目·鳞三·鮸鱼》云："鮸性唳鱼，其目朡视，故谓之鮸。"案《俗称》卷十："朡，凡相窥视，南楚谓之窥或谓之朡。"石首鱼眼视物，像窥视，故曰鮸。此说似太牵强。

　　方言**黄瓜鱼、金鳞**。明·屠本畯《闽中海错疏》卷上云："石首，鲮也，头大尾小，无（论）大小，脑中俱有两小石如玉。鳔可为胶。鳞黄，璀璨可爱，一名金鳞。朱口肉厚，极清爽不作腥，闽中呼为黄瓜鱼。"瓜乃闽中花音之讹。

　　异称鲅鮍（suō pí）。《博物志》："鲅鮍，即石首鱼。"

　　拟人称元镇、新美舍人。北宋·陶谷《清异录》："石首名元镇。《水族加恩簿》云：'区区枕石，子孙德甚富焉，宜授新美舍人。'"元镇，元，首；镇，压物之石。战国楚·屈原《九歌·湘夫人》有"白玉兮为镇。"舍人，古代豪门贵族家里的门客或官名。

　　方言**洋山鱼**。石首鱼系洄游性鱼类，按一定季节往返。晋·郭璞《江赋》："介鲸乘涛以出入，鲮鲨顺时而往返。"鲨为刀鲚。宋·范成大《晚春田园》诗："荻芽抽笋河鲀上，楝子花开石首来。"宋代《宝庆四明志》云："三四月，业海人每以潮汛竟往采之，曰洋山鱼（因主产洋山海域）；舟人连七郡出洋取之者，多至百万艘，盐之可经年。"明·慎懋官《华夷花木鸟兽珍玩》："石首鱼，海郡民发巨艘入洋山竞取，有潮汛往来，谓之洋山鱼。"

　　僧人美称菩萨鱼。明·冯时可《雨航杂录》卷下："鲮鱼即石首鱼也……诸鱼有血，石首独无血，僧谓之菩萨鱼，至有斋食而啖者，盖亦三净肉之意。"僧人认为石首鱼没有血，到吃斋饭时，不吃其他动物肉，但可以吃石首鱼，把它当成菩萨鱼。其实，石首鱼是有血的。三净肉，即眼不见杀，耳不闻杀，不疑杀。

　　方言**江鱼**。清·王士雄《随息居饮食谱》："石首鱼，一名江鱼、黄鱼，以之煨肉，味甚美。"

　　方言**横鱼、横三**。清·李元《蠕范·物产》："曰横鱼，黄腊鱼也，长嘴金鳞，其骨肉干，夜有光如烛，出南海。"福建一带横读黄，福州人称黄鱼为横三，也意农历三月大量上市。

　　石首鱼能用鳔发强烈声音，渔民往往根据其声音来判断黄鱼的出没。明·彭大翼《山堂肆考·鳞虫》："石首鱼能鸣，网师以长竹筒插水听之，闻声则下网，每获至千余。"明·李东阳《佩之馈石首鱼有诗次韵逢谢》："夜网初收晓市开，黄鱼无数一时来。"《初学记》："石首……鱼鳞色甚黄如金，和莼菜作羹，谓之金羹玉饭，蔍而食之名为鲞。"蔍（kao），干的食品。《随息居饮食谱》："石首鱼甘温开胃，补气填精。"黄鱼的鱼鳔，可补气血、治疗虚劳，与中药配合，可治消化性溃疡、肺结核、风湿心脏病、再生障碍性贫血等病，还可制食用的筒胶、片胶和工业用长胶。其鳔的干制品为名贵的食品——鱼肚。鱼子制鱼子干，鳞制鱼鳞胶和盐酸鸟粪素，鱼肉制鱼松和罐头等。黄鱼的耳石、鳔、肉、胆、精巢均可入药。唐《海药本草》载："主治蚀疮、阴疮、痔疮，并烧灰用。"现代医学上用处仍很广。明·李时珍《本草纲目·鳞三·鳔鲩》载："鳔，止折伤血出不止；鳔胶，烧存性，治妇人产难，产后风搐，破伤风痉，止呕血，散瘀血，消肿痛。"明·屠本畯《闽中海错疏》卷上："黄鱼首有二白石如棋子，医家取以治石淋，肉能养胃，鳔能固精，腌糟食之已（治）酒病。"据研究，如将耳石研成细末，每次服用 5 克左右，用根草冲服，可治肾结石、胆结石、输尿管结石、膀胱结石等。

黄鱼也曾被古代贪官用作搜刮民财的工具。《吴志·薛综传》综上孙权疏曰："交州刺史会稽朱符，多以邻人虞褒、刘彦之徒，分作长吏侵虐百姓，强赋于民黄鱼一枚，收稻一斛，百姓怨叛……"交州是东汉建安八年（公元 203 年）改交趾刺史为交州，治广信（今广西梧州）、番禺（今广州市）。斛是旧量器，口小底大。容量本为十斗，后改为五斗。用一条黄鱼就要收取十斗稻谷。

石首鱼的耳石古人认为"服其石能下石淋"，有人认为"石首鱼至秋化为凫，凫顶中尚有石"。明·杨慎《异鱼图赞》："南有鱼凫国，古蜀帝所都。娄县石首鱼，至秋化为凫。鱼凫之名义，溯此可求诸。"鱼凫即鱼老鸹、野鸭，古称凫，是一种捕鱼的水鸟，它是神话中蜀人祖先，是古蜀鱼凫部落崇拜的图腾。距今约 4 500 年，生活于岷江上游的鱼凫氏族，进入成都平原，而为蜀王，史称鱼凫王。诗中所说的南有鱼凫国等，就是这个意思。但说凫是娄县石首鱼秋天所变，当然不足为信。还有的将耳石用作酒筹。唐·刘恂《岭表录异》："石子如荞麦粒，莹白如玉。有好奇者，多市鱼之小者，储于竹器，任其坏烂，即淘之，取其鱼顶石，以植酒筹。"就是说，在市场上买小鱼，放在竹器内，待其腐烂后，即淘出耳石，当作酒筹。酒筹就是饮酒时用以计数的骰子。

石首鱼成员

大黄鱼　同罗鱼　洋生鱼　桂花石首　雪亮　小黄鱼　郎君　黄衫　春鱼　鲜子　小鲜　梅童鱼　踏水　梅鱼　口水　黄灵鱼　鳂鱼　鲽鱼　梅首　大头鱼　小黄瓜鱼　鮨　梅大头　新妇啼　鲵鱼　茅狂　鳖鱼　石头鱼　茅鲵　鲵姑　米鱼　鲡鱼　白米子　黄姑鱼　白姑鱼　鲯

石首鱼种类很多，我国有记录的达 37 种之多，居世界首位。有些种系我国最重要的经济鱼类，产量可达全国年总渔获量的 40%。下述几种均隶于石首鱼科。

大黄鱼 *Pseudosciaena crocea*（Richardson）。体长可达 76 厘米，重 3.8 千克。体长椭圆形（侧面观），头大，口宽。喜群游，以小型鱼和甲壳动物为食，东

海春季、南海秋季产卵。为重要
经济鱼，年产量 10 万 ~ 18 万吨。
广东称大鲜、金龙、黄纹、黄花、
红口、红口线、大仲，福建名黄
瓜鱼，浙江曰桂花黄等。

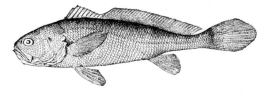

图34　大黄鱼（仿成庆泰）

　　古称同罗鱼。《广雅·释鱼》：
"今石首供食者有二种，小者名黄花鱼，长尺许，大者名同罗鱼，长二三尺。
皆生海中，弱骨细鳞，首函二石，鳞黄如金，石白如玉也。"

　　方言洋生鱼、桂花石首、雪亮。明·屠本畯《闽中海错疏》卷上："四明（今
宁波）海上以四月小满为头水，五月端午为二水，六月初为三水，其时生者名
洋生鱼；其虆鲞也，头水者佳，二水胜于三水，八月出者名桂花石首，腊月出
者为雪亮。"

　　小黄鱼 *Pseudosciaena polyactis* Bleeker。似大黄鱼而小，长 25 厘米。重要
经济鱼类，为我国四大渔产之一，
年产达 15 万吨。福建称小黄瓜，
江浙称小鲜，山东称小黄花、黄
花鱼、花鱼、大眼。

　　古称郎君、黄衫、春鱼、鲜子、
小鲜。《台州府志》卷六十二："'石
首'其小者曰'郎君'，曰'黄衫'，

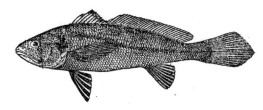

图35　小黄鱼（仿成庆泰）

又其次盛于春者曰'春鱼'，仅尺许。案：石首俗呼'黄鱼'，其小者曰'鲜子'。
《老子》所谓'小鲜'也。"鲜子、小鲜，意海鲜。春鱼、春来，意春捕者。郎
君、黄衫，借用官方之名。此鱼体色金黄，犹被皇赐黄衫，因以称黄衫、郎君。

　　梅童鱼 *Collichthys lucidas*(Richardson)。体长椭圆形，长 6 ~ 16 厘米。头大，
表面松软。吻宽圆，眼小，口甚斜。
体色淡黄褐，侧线以下各鳞下有
发达的金黄色皮质发光腺体。近
海小型食用鱼。俗称黄皮狮头鱼、
黄皮。

　　古称踏水、梅鱼、口水。《格
致镜原·水族三》引《异物志》云：

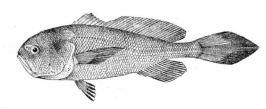

图36　梅童鱼（仿成庆泰）

"石首，小者名踏水，即梅鱼也。似石首而小，黄金色，味颇佳，头大于身，
人呼为梅大头。出四明梅山洋，故名梅鱼。或云梅熟鱼来，故名。又踏水一名
口水。"

别名**黄灵鱼**。《正字通》："梅似鰺而小，一名黄花。《温海志》名黄灵鱼。"

别名**鰺鱼**、**鰇（mǒu）鱼**、**梅首**。明·冯时可《雨航杂录》卷下："鰺鱼，即石首鱼也，小者曰鰇鱼，又名踏鱼，最小者名梅首，又名梅童。"

俗称**大头鱼**、**小黄瓜鱼**。明·屠本畯《闽中海错疏》卷上："黄梅，石首之短小者也，头大尾小，朱口细鳞，长五六寸，一名大头鱼，亦名小黄瓜鱼。"

单称**鰳**、**梅大头**。明·方以智《通雅·动物·鱼》："鰳，福、温多有之，即黄花鱼。"清·李元《蠕范·物名》："鰳，梅童也，梅大头也，黄花鱼也，似鰺而小，朱口细鳞，长五六寸，小首，首有石，以梅熟时来，故名。"

代称**新妇啼**。乾隆《马巷厅志》卷十二："石首……其小者为黄梅，俗号大头丁，又曰新妇啼，以难烹调，过烂则釜无全鱼。"

梅童鱼与黄花鱼都属石首鱼类，形相近，但属不同种，不能以大小来分类。梅，意"梅熟鱼来"；童，意体小头大，形如童年之躯，合之而称梅童鱼。梅大头，大头鱼，梅首，鰳，意同。踏字从酋，《博雅》："酋，熟也。"《扬子·太经》："酋……夏也，物皆成象而就也。"意随梅熟而聚也。口水，乃酋水之谐音。

鮸鱼 *Miichthys miiuy*（Basilewsky）。鮸鱼体稍侧扁，长不逾1米，重5千克以内。头小而尖，被栉鳞。暖水性底层鱼，以其他小鱼为食，我国近海都有。属名贵鱼，产量尚多，年产达8000多吨。鱼鳔可制高级食品鱼胶。

古称**鳘鱼**、**茅狂**。明·冯时可《雨航杂录》卷下："鮸鱼，状似鲈而肉粗……《乐清志》：'所谓鳘鱼是也，一曰茅狂。'"明·屠本畯《闽中海错疏》卷上："鳘，形似鲈，口阔肉粗，脑腴骨脆，而味美。按：鳘身类鲈，口类石首，大者长丈许，重百余斤。四明谚云'宁可弃我三亩稻，不可弃我鳘鱼脑'，盖言美在头也。""长丈许"及"重百余斤"之说失实。

代称**石头鱼**。《正字通·释鮸》："鮸，音免，石首鱼，一名鳘，《岭表录》谓之石头鱼。"又："鳘与鮸同。"清·王士雄《随息居饮食谱》第七："鮸，形似石首鱼而大，其头较锐，其鳞较细……鮸音免，今人读如米。其鳔较石首鱼大且厚，干之以为海错（海味泛称）。"

别名**茅鮸**、**鮸姑**。《宁波府志》："鮸鱼状似鲈而肉同粗，三鳃曰鮸，四鳃曰茅鮸，小者曰鮸姑。"据连横《台湾通史·虞衡志》卷二十八："敏鱼，俗称鮸鱼。春、冬盛出，重二十余斤。台南以鱼和青檨煮之，味极酸美。"

别名**米鱼**。明·王圻《三才图会》："米鱼亦海中出，细鳞微黑，状如石首。"

方言称**鳑（mìng）鱼**。清·郭柏苍《海错百一录》卷一："鳑鱼，似黄花鱼而差大……古无鳑字，海人呼敏音。"鳑为鳘的谐音，义同。

鳘与鮸同，鮸，制字从免。免的金文字形，下面是人，上面像人头上戴帽形，是冠冕的冕，意美在其头。茅鮸，乃鮸之贬称。茅，原意茅草。山东、河北俗称敏子、敏鱼，福建称辩鱼。清·方文《品鱼·上品·》诗题注中云："鮸，即石首鱼，脑中有二石子。每岁四月从海上来，绵亘数里，其声若雷，渔人以淡水洒之，即圄圄无力，任人网取。软免同音，故名"。圄圄（yǔ yǔ），困而未舒貌。此处免意软弱无力。

方言白米子。此鱼腮边之肉整块无骨刺，很适合儿童和老人食用，或以此而认为此鱼美在其头。但清·郝懿行《记海错》则认为："鳘鱼，鳞肉纯白，渔人或呼白米子，米鳘声转耳……此鱼之美乃在于鳔。"郝之说更合理。

黄姑鱼 *Nibea albiflora*（Richardson），似黄花鱼。体长 20 ~ 30 厘米，体背色浅灰，两侧浅黄，方言黄姑子、铜罗鱼、花鲗鱼、黄婆鸡、黄鲞等。我国沿海均产。

白姑鱼 *Argyrosomus argentatus*（Houttuyn），体长 20 厘米。栉鳞，体侧色灰褐，腹部灰白。方言白姑子、白姑鱼、白眼鱼、白花鱼、白鳘子等。在我国沿海均产。

古称鮛。《集韵·职韵》："鮛，鱼名。"鮛，音 xu，示其体有斑纹。康熙《招远县志》卷五："黄骨鱼在鱼中为下品，又有白者，名白骨鱼。"同治十年《黄县志》卷三："黄鲗鱼，色黄，长尺许……此鱼腹中多脂，渔人练取黄油，作灯。"又"白鲗鱼，似黄鲗而小，色白"。姑，有写作骨、鲗者，音同。清·郝懿行《记海错》："海上人名黄姑鱼，又名白姑、红姑、黑姑，皆因色为名耳。"姑，拟其叫声咕咕；黄或白，依其体色。

带 鱼

珠带　带丝　银花鱼　鳞刀鱼　裙带鱼　银刀　恶鱼　刀鱼　白带　小带鱼　带柳

带鱼 *Trichiurus haumela*（Forskal），鲈形目带鱼科。体延长如带，尾末细如鞭，长 1.5 米，重 1 千克。大者如 1996 年浙江渔民捕到一条长 2.1 米，重 7.8 千克的大型个体。口大，牙锐利。性凶猛，以其他鱼为食。中上层结群洄游性鱼，分布广。我国主要经济鱼类，四大渔产之一，年产 20 多万吨，东海产量最高。方言有鞭鱼、柳鞭鱼、牙鱼、裙带鱼、带柳，广东称牙带、青宗带，福建、浙江称白带鱼，山东称刀鱼等。

《镇海县志》："（带鱼）无鳞，身带

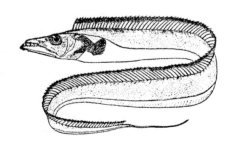

图37　带鱼（仿张春霖等）

长可四五尺，故名。”明·屠本畯《闽中海错疏》卷中云：“带鱼身薄而长，其形如带，锐口尖尾，只一脊骨，而无鲠无鳞，入夜烂然有光，大者长五六尺。”带鱼一称缘其体延长如带而得。鲠是鱼的肌间小骨，入夜烂然有光，是指带鱼体表有一层银膜，夜晚升至水面时发出的磷光。

亦称**珠带、带丝**。明·胡世安《异鱼赞闰集》:“带鱼，佩带谁遗，皑如曳练，奇其说者，原始仙媛。带鱼生深海中，阔二三寸，长可数尺。色白如银，无鳞刺。骨中有珠者名珠带，小者名带丝，皆因其状似。而或云西王母渡东海，侍女飞瑶腰带，为大风所飘，化此鱼。”意为带鱼，是谁遗留的佩带，白如飘动的丝绢。有人说得更奇，说她是原始仙女，或者说西王母渡东海时，侍女飞瑶的腰带被大风吹起，落入海中化为带鱼。此乃神话传说。清·王莳蕙《带鱼》:“可准探衣就制裁，素绅三尺曳皑皑。波臣新授银台职，袍笏龙宫奏事来。”

别名**银花鱼、鳞刀鱼**。清·王培荀《乡园忆旧录》卷八:“此鱼初名银花鱼……俗呼鳞刀,银、鳞声相近。又形长而尾尖体薄,取名以形似也。”光绪《文登县志·土产》卷十三：“今海人以其状如带，故名带鱼，亦似刀，故名鳞刀鱼。”

方言**裙带鱼**。清·徐珂《清稗类钞·动物类》:“裙带鱼，产海中，宁波甚多，可食，大者长五尺许。状如带，至尾而尖，无鳞，有强齿，背鳍连续甚长，背淡青，腹白。”

美称**银刀**。清·宋琬《安雅堂未刻稿》入蜀集卷上：“带鱼，鱼无鳞鬣……色莹白如银，爚爚有光彩，若刀剑之初淬者然，故又谓之银刀。”

贬称**恶鱼**。清·郭柏苍《海错百一录》卷一：“滨海呼大北风为恶风，诸鱼皆匿，独带鱼上钩，故泉州、兴化呼恶鱼，台湾呼银刀，小者名带柳。”《闽产诸鱼》:“带鱼……北风严寒，其来尤盛，一钓则衔尾而升。泉人以大北风为恶，亦曰恶鱼。”带鱼惠益千家万户，称它恶鱼似有失公道。

俗称**刀鱼**。清·柏如亭《大刀鱼》诗：“折刀百万沉沙去，一夜东风尽作刀。”又宋琬《刀鱼》诗：“银花烂漫委筠筐，锦带吴钩总擅长。千载专诸留侠骨，至今匕箸尚飞霜。”

别名**白带**。《水族志》:“带鱼，一名白带。”

清·雍正《玉环志》:“带鱼首尾相衔而行。钓法：用大绳一根，套竹筒作浮子顺浮洋面，缀小绳百二十根，每小绳头拴铜丝一尺，铜丝头拴铁勾长三寸，即以带鱼为饵。未得带鱼之先，则以鼻涕鱼（即龙头鱼）代之。凡钓海鱼皆如此。约期自九月起至次年二月止，谓之鱼汛。”

带鱼口大吻尖，饕餮成性，甚至同类相残。捕捞带鱼时网获物中常有部分带鱼首尾相咬的情况，有时渔网外的鱼咬住网内的鱼，也一起被捕上来，渔民钓带鱼时，也确有“衔尾而升”，一提一大串的现象。俗话说：“带鱼两头红，一连十八条。"清·赵学敏《本草纲目拾遗》卷十引《物鉴》云："带鱼形纤长似带，衔尾而行，渔人取得其一，则连类而起，不可断绝，至盈月溢载，始举刀割断，舍去其余。""不可断绝"之说显然言过其实了。

带鱼肉嫩体肥、味道鲜美，食用方便，营养丰富，有滋阴、养肝、止血之功效。急慢性肠炎蒸食，能改善症状。适宜久病体虚，血虚头晕，气短乏力，食少羸瘦，营养不良及皮肤干燥者食用。但明·谢肇淛《五杂组·物部一》云："闽有带鱼，长丈余，无鳞而腥，诸鱼中最贱者。献客不以登俎，然中人之家用油沃煎，亦甚馨洁。"俎，音 zǔ，设宴时用以载牲的礼器。

小带鱼 *Trichiurus multicus* Gray。带鱼的近似种，沿岸小型带鱼。体长一般不超过 40 厘米。

古称**带柳**，明·屠本畯《闽中海错疏》卷中："带柳，带之小者也，味差不及带。"

马鲛鱼与鲐鱼

章鲧　章胡　社交鱼　马交鱼　摆锡鲛　青箭　马膏鱼　鲅鱼　阔腰青贯　马胶鱼　马噪　溜鱼　膏鲫　鲌　鲸鳙　鲐鱼　四指马鲅　知更鱼代漏龙

马鲛鱼 *Scomberomorus niphonius*（Cuvier *et* Valenciennes），隶于鲈形目鲅科。体长而侧扁，长可达 1 米，重 4.5 千克以上。口大，牙强大，性凶猛，以上层群游鱼为食。尾柄细，游泳敏捷。暖水大洋性鱼，分布广，东、黄、渤海均产。经济鱼之一，鲜食，肝可制鱼肝油。浙江称马交，山东、河北称鲅鱼、燕鱼。

其称始见于唐代典籍，称**章鲧**（gǔn）、**章胡**。唐·段成式《酉阳杂俎·闽产诸鱼》："马鲛鱼，青斑色，无鳞，有齿，又名章鲧，连江志（福建县名）谓之章胡。闽人名言，山食鹧鸪鹿獐，海食马鲛鲳，盖兼美之。"章，指花纹，如白质而黑章。鲧，从玄，意黑色。章鲧，意黑斑鱼。章胡，胡，古指兽颈下的垂肉，此意鱼肥。

又称**社交鱼**、**马交鱼**。《格致镜原·水族类四》引《宁波府志》："马鲛鱼，形似鳙，其肤似鲳而黑斑，最腥，鱼品之下。一曰社交鱼，以其交社而生。"社，古时祭祀土神，一般在立春、立秋后第五个戊日，一次是二月初二，一次是八月十五。"交社而生"，应指在两社相交的时间，蓝点鲅四至六月在渤海湾产卵。清·李元《蠕范》卷八："曰马交鱼，社交鱼也……逢春社而生。"春社而生，时间太早。

别名**摆锡鲛**、**青箭**。《事物原始》："马鲛色白如锡，俗名摆锡鲛。连头尖骨夹（软），味甜，无鳞。小满至及夏至隐于海中。其小者名曰青箭。"颜料中加锡绘画称摆锡画。摆锡鲛，示其腹部色白如锡，摇尾而游，形如摆锡。青箭，亦为一种中草药植物名，此处青，或述其色，箭表达其游速如箭。

异称**马膏鱼**。清·李调元《然犀志》卷下："马膏鱼，即马鲛鱼也。皮上亦微有珠。"《古今图书集成·禽虫典》引《肇庆府志》："马膏鱼，出阳江，恩平，俗呼马鲛，行水中捷如马，剖之多膏，故名。"

俗称**鲅鱼**。清·郝懿行《记海错》："登莱海中有鱼，灰色无鳞，有甲，形似鲐而无黑文，体复长大，其子压干可以饷远，俗谓之鲅鱼。"鲅从发，古同拔、跋，示其身体挺拔，游泳快速。

代称**阔腰**、**青贯**。清·郭柏苍《海错百一录》卷二："马鲛，即章鲩……又一种名阔腰，一种名青贯。"阔腰，述其形；青贯，述其色。

异称**马胶鱼**。乾隆《金山县志》："马胶鱼，身长而青。"马胶乃马鲛的谐音字，意同。

别名**马鲛**、**溜鱼**。《松江府志·鳞之属·马鲛》："《鸟兽续考》：马鲛切成手臂大块，淡晒干，仓屋收贮，各国亦贩买他卖之，名曰溜鱼，一名马鲛。"马鲛亦为马鲛的谐音字，意同。

方言**膏鯏**。嘉庆《新安县志》："马鲛，即膏鯏也。"

方言**鲌**、**鲅鳣**。光绪《日照县志》卷三："鲌，音杷，或作鲅鳣，今呼马鲛鱼。"鲌、鳣，鲅的谐音字。马鲛也称马鲅。

山东胶县三里河大汶口文化遗址中出土有该鱼的骨骼，说明在 5 000 年前的新石器时代，我国人民就食用该鱼了。

鲐鱼 *Pneumatophorus japonicus*（Houttuyn），隶于鲈形目鲭科。体呈纺锤形，最大个体尾叉长 50 厘米。头大，锥状。尾柄结实，游泳力强。体背青蓝，具不规则深蓝色斑纹。肉结实，含脂丰富。重要经济鱼，在我国最高年产 40 万吨。俗称青鲦、鲭鱼、花池鱼，辽宁、山东称青花鱼、鲐巴鱼，江浙称油胴鱼、鲭鲦。

别名**鲐**。明·吴雨《毛诗鸟兽草木考》："台鱼也，生海中，状如蝌蚪，大者尺余，腹下白，背上青黑有黄文，性有毒，虽小，獭及大鱼不敢唊之。蒸者饫之肥美。"

《史记·货殖传》："鲐鲞千斤，师古曰鲐，海鱼。"师古，意效法古代。《说文·鱼部》："鲐，海鱼也，从鱼台声。"《古今图书集成·禽虫典·杂鱼部》引直省志书《招远县》："鲐鱼似鲅鱼而小，味微酸。"又《瑞安县》："时鲐鱼味如马鲛。"

何以称鲐？《尔雅·释诂·鲐背疏》："老人皮肤消瘠，背若鲐鱼皮也。"

老人皮肤瘦而斑驳曰鲐，鲐鱼皮有斑纹，状如老人皮，故称鲐。

四指马鲅 *Eleutheronema tetradactylum*（Shaw），鲈形目马鲅科。体延长，一般长 30 ～ 50 厘米，重 800 ～ 1300 克，被大而薄的栉鳞，体背灰褐，腹部乳白，胸鳍位低，下方有 4 条游离的粗丝状鳍条，似马颈下的饰丝状，因以得名四指马鲅。喜栖于沙底海区，有时也进入淡水，我国沿海均产。方言马友、午鱼、牛笋、祭鱼、鲤后。

清·李元《蠕范·物产》："鲅，知更鱼也，代漏龙也，赤色似鲤，一更一跃。"知更鱼，元末明初陶宗仪《说郛》卷三一引宋·无名氏《采兰杂志》："薛若社好读书，往往彻夜……僧因就水中捉一鱼，赤色，与薛曰：'此谓知更鱼。夜中每至一更则为之一跃。'薛 畜盆中，置书几。至三更，鱼果三跃，薛始就寝。更名曰'代漏龙'。"知更，意知更而跃，可以代替打更；代漏龙，可以代替计时的漏壶。此不足为信。

此鱼 1955 年《黄渤海鱼类调查报告》中称作四指马鲅，隶于马鲅目，以后不少文献均沿用此称，但 1987 年出版的《中国鱼类系统检索》中却改为鲅字。而上述之马鲛鱼，不少人也称马鲅，易致混乱。台湾沈世杰 1984 年《台湾鱼类检索》中称作四指马鲅。有学者认为，马鲅即马鲅，较马鲛类原始，且习性不同。为避免以讹传讹，建议马鲅名限于马鲅亚目，而马鲅、马鲛用于鲭科、鲅科成员为好。

银 鲳

> 鲳 鲳鳙鱼 鯧 斗底鲳 黄蜡鳟 鲐鱼 狗瞌睡鱼 昌鼠 鲳鳊 镜鱼
> 莲房 子鲳 篦子鲳 车片 乌轮

银鲳 *Stromateoides argenteus*（Euphrasen），鲈形目鲳科。体侧扁近菱形，长者 36 厘米，重 1.7 千克。头小，吻略突，眼小。食道有侧囊，体被细小圆鳞。分布广，近海中上层，不甚活跃。体色银白。方言昌鱼、白鲳、长林，江浙称车片鱼，山东、河北称镜鱼、平鱼等。

其称鲳，始见于南朝梁作品。《玉篇·鱼部》："鲳，鱼名。"

别名鲳鳙鱼。《广韵·平阳》："鲳，鲳鳙，鱼名。"明·李时珍《本草纲目·鳞三·鲳鱼》："昌，美也，以味名。或云：

图38　银鲳（仿成庆泰）

鱼游于水，群鱼随之，食其涎沫，有类于娼，故名。闽人讹为鲹鱼，广人连骨煮食，呼为狗磕睡鱼。"鲹字从侯。侯意美，如《诗·郑风·羔裘》："洵直且侯。"鲳鲹鱼，也意美鲳鱼。

别名**鱎、斗底鲳、黄蜡鳟、鲓**（cāng）。明·屠本畯《闽中海错疏》卷上："鱎，板身，口小项缩，肥腴而少鲠。鱎之小者，其形匾，曰鲳，鲳之小者，其形圆，曰斗底鲳。黄蜡鳟，亦鲳也。鳞金点而差厚（即稍厚）。按，鱼以鲳名，以其性善淫，好与群鱼为牝牡，故味美，有似乎娼，制字从昌。"又"鲓似鳊，脑上凸起，连背而圆，身肉白而甚厚。尾如燕子，只一脊骨而无他鲠。"称鱎，是它"状若锵刀"。锵刀是磨剪子锵刀匠人刚锵出的刀，平而光亮，鲳鱼"身扁而锐"颇似锵刀。斗底鲳，斗底是斗下倾斜的部分，鲳鱼小者，"身有两斜角"，颇似斗底之形，故称。鲓鱼，鲓，是闽人鲳音之讹。或"以其首锐，腹广，细如镖鲓故名。（郭柏苍《海错百一录》）"。"鳞金点"似黄蜡，体光如章鱼，而称黄蜡鳟。但此鱼银白，并无金点，故此称不合理。

俚语**狗瞌睡鱼**。唐·刘恂《岭表录异》卷下："形似鳊，鱼脑上突起连背，身圆肉厚白如鳜肉，只有一脊骨，若治之以葱姜，焦（原注：音缶，蒸也）之以粳米，其骨亦软而可食……鄙俚（即庸俗之意）谓之狗瞌睡鱼，以其犬在盘下，难伺其骨，故云狗瞌睡鱼。""狗磕睡鱼"意人吃鲳鱼连肉带骨头统统食之，狗无一得，只好打起瞌睡。

别名**昌鼠**。清·曹寅《和毛会候〈席上初食鲥鱼〉韵》："昌鼠黄华争臭味，伊舫洛鲤贵牛羊。"

异称**鲳鳊、镜鱼**。清·李调元《然犀志·鲳鱼》："鲳鱼，即鲓鱼，一名镜鱼，有乌白二种，小者名鲳鲹，身正圆，无硬骨，炙味美。"因体侧扁形如鳊鱼，而称鲳鳊。镜鱼，是因其体扁平似镜，且呈银白色，有光泽之故。

异称**莲房、子鲳**。清·郭柏苍《海错百一录》卷一："鲳鱼，似鳊而鳞特小，白色，皮细者肉嫩，曰斗底；皮厚者肉粗，曰莲房；小者曰子鲳。"莲房，原指荷花的莲蓬，此处喻鱼体洁白无瑕。

方言**篦子鲳**。光绪《日照县志》："鲳，或作鲓，形亦似鳊，而脑上突起，俗呼篦子鲳。"篦子，竹子制成的梳头用具。述其"脑上突起"，形如梳起之头。

方言**车片、乌轮**。光绪《川沙厅志》："鲳鱼，身正圆而扁，炙食至美，俗呼大者为乌轮，小者为车片。"乌轮，原为太阳故称，此借以比鱼之形。

至清代仍认为鲳鱼与诸鱼群交。《事物异名录·水族部》："《宁波府志》云：鲳鱼，一名鱎鱼，身扁而锐，状若锵刀，身有两斜角，尾如燕尾，细鳞如粟，骨软，肉白，其味甘美，春晚最肥，俗又呼为娼鱼，以其与诸鱼群（交），故名。"清·郭柏苍《海错百一录》："凡鱼孕子者，鱼男感气追逐，争唼其子。鲳鱼带子时，一艋（小船）所得多牡鱼，是知其杂牡群曰鲳者贱之也。"此说误多，雄鱼追逐孕子雌鱼，是为给卵授精，而非唼其子，一船所捕鱼的雌雄数量之比并不说明其一定与群鱼交。与诸鱼群交、群鱼食其涎沫及"鲳鱼为众鱼所淫"之说属误解，应予正名。因此说影响颇甚，直至现代结婚筵席，忌让鲳鱼登场。

银鲳为名贵鱼类，产量亦大。鲳鱼性味甘、平、温，有益气养血、柔筋利骨之效，对贫血、消化不良、血虚、筋骨酸痛、神疲乏力、四肢麻木等有医疗作用。其肉厚白如鳜，味道鲜美。无论红烧、干烧、薰制、醋溜、清蒸皆可，作羹至美，属宴宾佳品。清·潘朗《鲳鱼》诗："梅子酸时麦穗新，梅鱼来后梦鳊陈，春盘滋味随时好，笑煞何曾费饼银。"

鰕虎鱼

刺鰕虎鱼　鲨　鮀　重唇鮥　魦　沙沟鱼　鮥鲨　重唇鱼　呵浪鱼　鮀鱼吹沙　沙鰛　吹魦　新妇臂　破浪鱼　阿浪鱼　浪柳鱼　皮鯑鱼　吻鰕虎鱼　石鮀

鰕虎鱼，隶于鲈形目鰕虎鱼科。种类较多，在我国记录有 130 多种。体较小，性情温和，喜生活于清澈流动而底质为砂、砾石的水环境中。多数鰕虎鱼的腹鳍愈合成吸盘状，可以吸附在岩石上，而避免被水冲走。

何以称作鰕虎鱼？明·王稚登《虎苑》："禽虫之善搏者多称虎，如……守宫曰蝎虎，土附曰虾虎，鸤鹠剖苇食虫曰芦虎，皆以其善食是物而有是名。"此鱼"善食虾"，而称鰕虎鱼。《汇苑详说注》："鰕虎鱼类土附，而腥红若虎；善食虾，俗谓之新妇鱼。"

刺鰕虎鱼 *Acanthogobius flavimanus*（Temminck *et* Schlegel），体长 10～15 厘米，头大吻长，体大部被栉鳞。体背黄绿，下部较淡，体侧有一纵列不明显的大型暗色斑点。分布近海及河口下层，以虾、小鱼等为食。俗称鲨、吹沙、沙竹、光鱼、油光鱼等。

古称鲨、鮀。《尔雅·释鱼》："鲨，鮀。"郭璞注："今吹沙小鱼，体圆而有点文。"汉·张衡《西京赋》："鳢鲤鲂鲖，鲔鲵鯦魦。"

别名重唇鮥。晋·陆玑《毛诗草木鸟兽虫鱼疏》卷下："魦，吹沙也，似鲫鱼狭而小，体圆而有黑点，一名重唇鮥。魦常张口吹沙。"

俗称**沙沟鱼**。《正字通·鱼部》："鲨，溪涧小鱼，体圆鳞细，与海鲨殊类，俗呼沙沟鱼，又名呵浪鱼。"

别名**鮥鲨**、**重唇鱼**。清·李元《蠕范·物食》："鲨，鮥鲨也，沙鰛也，鮀鱼也，沙沟鱼也，重唇鱼也，呵浪鱼也，吹沙鱼也。"龠（yuè），原意古代管乐器，像编管之形。此示其嘴形。

俗称**呵浪鱼**。明·李时珍《本草纲目·鳞·鲨鱼》："鲨鱼，此非海中沙鱼，乃南方溪涧中小鱼也。居沙沟中，吹沙而游，咂沙而食……俗呼为呵浪鱼。"

别名**鮀鱼、吹沙、沙鰛**。明·李时珍《本草纲目.鳞三.鲨鱼》："释名鮀鱼、吹沙、沙沟鱼、沙鰛。时珍曰：'此非海中沙鱼，乃南方溪涧中小鱼也。居沙沟中，吹沙而游，咂沙而食。'集解时珍曰：'鲨鱼，大者长四五寸，其头尾一般大。头状似鳟，体圆似鳝，厚肉、重唇、细鳞、黄白色，有黑斑点文，背有刺甚

图39 鲨鱼（明·王圻等《三才图会·鸟兽五》）

硬，其尾不岐。'"因其喜贴沙而栖，其异称如"沙沟"、"吹沙"多缘于此，沙鰛，原意沙滩上呈现的纹理，此示其贴沙而动的状态。鮀鱼，示其体形似蛇，即"体圆如鳝"。

代称**吹鲦**。明·屠本畯《闽中海错疏》卷上："吹鲦大如指，狭圆而长，身有黑点，常张口吹沙。按：吹鲦小鱼也。味甚美，故鱼丽之诗（诗经）称焉。罗愿曰'非特吹沙，亦止（只）食沙。大者不过二斤，江南小溪中每春鲦至甚多，土人珍之。夏则顺水而下。'""大如指"，岂能重二斤？

方言**新妇臂**。清·陈元龙《格致镜原》卷九二《水族类·吹沙鱼》引明·田艺蘅《留青日札》："吹沙鱼，《尔雅》名鲦、鮀。海滨人呼曰新妇臂，以为珍品。"

别名**破浪鱼、阿浪鱼、浪柳鱼**。清·汪曰桢《湖雅》："鲨，即破浪鱼……亦呼阿浪鱼。亦呼浪柳鱼。"

俗称**皮鳞鱼**。光绪《日照县志》："鲨，一名鮀。吹沙小鱼也……俗呼皮鳞鱼。"

有谓此指鲤科鱼类鳅鮀 *Gobiobotia*。该属12种，鳅鮀为其通称。长10余厘米，小型鱼类，即"大如指"；体亚圆筒形，即"狭圆而长"。分布很广，栖于山涧急流中，即"江南小溪中"。啄食石砾，滤食其中的藻类及有机碎屑，即"食沙"。但此鱼尾歧，与"其尾不岐"不符，应予舍弃。

吻鰕虎鱼 *Rhinogobius giurinus*（Rutter）。体长而侧扁，头钝。体大部被圆鳞，腹鳍左右愈合在一起。肉食性小型鱼类，多栖息于沿岸浅海岩石泥沙中，俗称庐山石鱼。

其称始见于先秦典籍。《诗·小雅·鱼丽》："鱼丽于罶，鳢鲨。"毛传："鲨，

鲨也。鱼狭而小，常张口吹沙，故又名吹沙。"陆德明释文："鲨音沙，亦作鲹。鲨也，今吹沙小鱼也。体圆而有黑点文，舍人云，鲨，石鲨也。"丽，通"罹"，遭遇。罶（liǔ），《释训》注郭璞引《诗传》曰："罶，曲梁也。凡以薄取鱼者，名为罶也。"亦为竹制捕鱼工具。罶置石中拦鱼，鱼进去出不来。《文选·张衡〈归田赋〉》："落云闲之逸禽，悬渊沈之魦鳎。"李善注："毛苌诗传曰：'魦，鲨也。'"《后汉书·马融传》："鳏鲤鳣魦，乐我纯德，腾踊相随。"李贤注："魦或作鲨。郭义恭《广志》曰：'吹沙鱼，大如指，沙中行。'"唐·柳宗元《设鱼者对智伯》："始臣之渔于河，有魦鲔鳣者，不能自食，以好臣之饵，日收者百焉。"

鲨，字从它，它为古蛇字，或意其匍匐沙底或吸附于石上，如蛇之匍匐而行。新妇鱼，其体色"腥红"，如艳装之新妇。

弹涂鱼

闰胡　跳鲩　胡兰　跳鱼　泥猴　江犬　跳跳鱼　超鱼　大青弹涂鱼　白颊

弹涂鱼 *Periophthalmus cantonensis*（Osbeck），鲈形目弹涂鱼科。沿岸小型鱼类，体长不超过15厘米，重约50克。头略大，眼高位。胸鳍基底长，臂状，富有肌肉，在滩涂上或爬或跳，能像蜥蜴一样活泼运动。体色青蓝，布淡蓝色小星点。以底栖藻类为食。

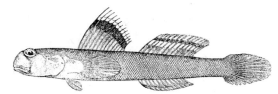

图40　弹涂鱼（仿成庆泰）

古称**闰胡**。《三才图会·鸟兽》云："弹涂，一名闰胡，形似小鳅而短，大者长三五寸。潮退千百为群，扬鬐跳掷海涂中，作穴而居。以其弹跳于涂故云。"弹涂鱼，因常弹跳于滩涂而得名。

代称**跳鲩**。弹涂鱼凭胸鳍之匍匐而爬，受惊吓会远跳。这利其迅速避敌；弊在易被人捕捉。唐·刘恂《岭表录异》卷上："跳鲩乃海味之小鱼鲩也……捕鱼者仲春于高处卓望，鱼儿来如阵云，阔二三百步，厚亦相似者。既见，报鱼师，遂将舡（船）争前而迎之。船冲鱼阵，不施罟网，但鱼儿自惊跳入船，逶巡而满，以此为鲩，故名之跳。"就是说，仲春季节，人先在远处登高眺望，见成群而来的弹涂鱼，犹如随风而至的浮云，立即发出信号，捕鱼手迅速驾船迎头而上。弹涂鱼受惊后，往往急不择路，纷纷跳进船舱里去。这样，不用渔网鱼钩，来回几趟，渔船就可以满载而归了。明·杨慎《异鱼图赞》："鱼儿极眇，仅若针钩。盈咫万尾，一箸千头。鱼师取之，不以网收。来如阵云，压几沉舟。名曰跳鲢，厥（即它）义可求。"咫，古长度名。清·谢辅绅《弹涂》："状如蜥蜴跃江干，背上花纹数点攒。生怕涂田泥滑滑，不嫌力小几回弹。"

代称**胡兰**。宋·罗浚《四明志》："弹涂鱼……有斑点，簇簇如星。潮退数千百万跳踯泥涂中。海妇挟箸之如拾芥，名曰胡兰。"兰或为烂，体色灿烂；胡，意体圆。

代称**跳鱼**。明·何乔远《闽书》云："弹涂鱼大如拇指，须鬣青斑色，生泥穴中，夜则骈（首朝北），一名跳鱼。"夜则头朝北的说法属主观臆断。

拟称**泥猴**。《海物异名记》："捷登若猴，又名泥猴。"明·冯时可《雨航杂录》卷下："兰胡如小鳅而短……潮退数千百跳踯涂坑中，土人施小钩取之，一名弹涂。"北宋·高承《事物纪原·虫鱼禽兽》："弹涂如望潮而大。其色黑，间有苍黄点子……口阔而味肥甜，稻花开后内有脂膏一片。"其能爬能跳，动作敏捷，灵性如猴，故称跳鱼、泥猴、花跳等。

方言**江犬、跳跳鱼、超鱼**。清·郭柏苍《海错百一录》卷二："跳鱼，一名弹涂，泉州、漳州呼花跳，福州呼江犬，又呼跳跳鱼。产咸淡水，大如指……《仙游县志》载，超鱼，即跳鱼之伪。"其穴呈 Y 字形，深 50 ~ 70 厘米，达水线以下，即使干旱，它仍能得到海水，以供呼吸。洞供其休息、过冬、产卵、避敌等。

弹涂鱼肉质细嫩，富含油质，味道鲜美，营养丰富，且有滋肝补肾和愈合创口的功效。温岭一带，弹涂鱼是筵席佳肴，自古有"一根滩涂熬坛菜"的说法。产妇食用，有催乳补养之效，小孩夜汗或夜尿，用弹涂鱼与少量黄酒调服，能立竿见影。

大青弹涂鱼 *Scartelaos gigas* Chu et Wu。是弹涂鱼的一种，体粗壮，长 18 厘米，体色灰黑，腹白。腹鳍成一吸盘。分布于东海及台湾西南部河口区。

古称**白颊**。明·屠本畯《闽中海错疏》："白颊，似跳鱼而颊白。"清·郭柏苍《海错百一录》卷二："福宁咸淡水所产白颊，似跳鱼但色白耳。"

松江鲈鱼

四鳃鲈　季鹰鱼　季鹰鲈　张翰鲈　碧鲈　步兵鲈　橙斋录事　卢清臣
红文生　鲈鱼

松江鲈鱼 *Trachidermis fasciatus* Heckel，鲈形目杜父鱼科。头及体前部平扁，后部侧扁，长约 15 厘米。头上有棱，前鳃盖后缘有四棘，口大，上颌较长。体背灰褐，有五条黑色横带。当年幼鱼于春夏之交即 5 ~ 6 月溯河进入淡水江河索饵肥育，秋冬之交即11月性近成熟时降河入海越冬，翌年早春即2～3月近岸河口处生殖。上海俗称四鳃鲈，苏北称花鼓鱼、花花娘子，山东、辽宁称媳妇鱼、老婆鱼、新娘鱼。

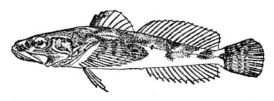

图41 松江鲈鱼

松江鲈鱼之称，一说因松江盛产而得，一说起自苏东坡的《后赤壁赋》："今者薄暮，举网得鱼，巨口细鳞，状若松江之鲈。"松江鲈在魏晋时代已是名产，称其"状似土附鱼（即塘鳢），大仅五六寸，冬至后极肥美。"宋·杨万里《松江鲈鱼》："鲈出鲈乡芦叶前，垂虹亭下不论钱。买来玉尺如何短，铸出银梭直是圆。白质黑文三四点，细鳞巨口一双鲜，春风已有真风味，想待秋风更迥然。"

古称**四鳃鲈**。明·李时珍《本草纲目·鳞三·鲈鱼》："此鱼白质黑章，故名。淞人名四鳃鲈。鲈出吴中，松江尤盛，四五月方出，长仅数寸，状微似鳜而色白，有黑点，巨口细鳞，有四鳃。"《正字通·鱼部》："鲈……俗以八月出吴江、松江尤盛。"清·郭柏苍《闽产异录》："鲈，松江鱼也。四鳃，白质黑斑，咸水亦产，福州上下各溪中，每群至。"道光《昆新两县续修合志》："四鳃鲈出吴江，无鳞大头，四鳃具红。"吴江，古称松江，流经苏州松陵镇。松江鲈鱼，渤海、东海、黄海沿岸九个省市及相关的江河湖泊中均有分布，但以上海松江县所产的最为有名，故称松江鲈鱼。因其产卵期间，鳃膜呈鲜红色，与黝黑体色成鲜明对比，六枚鳃盖条侧面观祇见四条，覆以鳃膜宛如四鳃，故称。《谈苑》则说："松江鲈鱼，长桥南所出者四鳃，天生脍材也，味美，肉紧，切（且）终日色不变。桥北近昆山大江入海所出者三鳃，味带咸，肉稍瘦，迥不及松江所出。"鱼有区域差别，但皆一鳃。

拟称**季鹰鱼**。鲈鱼因张翰而名声大振。张翰字季鹰，因此有人把松江鲈鱼称作季鹰鱼。前蜀·韦庄《桐庐县作》诗："白羽鸟飞严子濑，绿蓑人钓季鹰鱼。"唐·杜牧《许七弃官东归寄赠十韵》："冻醪元亮秫，寒脍季鹰鱼。"元亮秫，晋陶潜，字符亮，性嗜酒，尝为彭泽令；冻醪，即春酒，是寒冬酿造，以备春天饮用的酒。

拟称**季鹰鲈**。金·高宽《寄李天英》诗："杜翁新成元亮酒，并刀细落季鹰鲈。"同"季鹰鱼"。

亦称**张翰鲈**。明·吴廷翰："百年梦寐王祥鲤，千里风情张翰鲈。"同"季鹰鱼"。

别名**碧鲈**。宋·张耒《和晁应之大暑书事》诗："忍待西风一萧飒，碧鲈东脍意何如？"因鲈鱼体色而得名。

别名**步兵鲈**。元·傅若金《送唐子华嘉兴照磨》："幕府初乘从事马,江城还忆步兵鲈。"晋张翰时号"江东步兵",在洛为官,因弃官归里。后因称鲈鱼为"步兵鲈"。

拟称**橙薑录事、卢清臣、红文生**。宋·毛胜《水族加恩簿》："橙薑录事鲈,名'红文生'、'卢清臣'。令惟尔清臣,销醒引兴鳞鬛之乡,宜授橙薑录事、守招贤使者。"

自古以来,松江鲈鱼、黄河鲤鱼、松花江鲑鱼、兴凯湖白鱼,被誉为我国四大名鱼,而松江鲈鱼居四者之首。它肉白、细嫩,其味珍美。明·杨慎《异鱼图赞》卷一:"鲈鱼肉白,如雪不腥,东南佳味,四鳃独称,金薑玉脍,擅美宁馨。"擅美,独享美名。《烟花记》:"吴都献松江鲈鱼,炀帝曰:'金薑玉脍,东南之佳味也。'""薑",原意是细碎的菜末,金薑就是金黄色的调料。据北魏·贾思勰所着《齐民要术》书中记载,金薑共享蒜、姜、盐、白梅、橘皮、熟栗子肉和粳米饭七种配料构成。金黄色的金薑脍洁白的鲈鱼丝,色香味俱全。唐·皮日休《新秋即事三首》:"共君无事堪相贺,又到金薑玉脍时。""水腥松江鲈"(白居易句),"松江献白鳞"(常应物句),"脍臆松江满箸红"(罗隐句),言其色香味美。唐·李白《秋下荆门》诗:"此行不为鲈鱼计,自爱名山入剡中。"剡(Shàn)中,古地名,剡县一带。"劝君听说吴江鲈,除却吴江天下无。(元·郭翼)"宋·范仲淹《江上渔者》:"江上往来人,但看鲈鱼美,君看一叶舟,出没风波里。"清康熙南巡誉之为"江南第一名鱼。"元·王恽《食鲈鱼诗》:"秋风时已过,满意莼鲈香。初非为口腹,物异可阅尝……肉腻胜海蛳,味佳掩河鲂。灯前不放箸,愈啖味愈长。"现被国家列为二类保护动物。

左慈筵前钓鲈而戏操,也缘于松江鲈。《后汉书·左慈传》:"慈,字符放,庐江(今安徽庐江西南)人也,少有神道(即善魔术),尝在司空曹操坐。操从容顾众宾曰,今日高会,珍羞略备,所少松江鲈鱼耳。元放于下坐应曰,此可得也。"于是让人拿来铜盘,放上水,他用竹竿鱼饵往盘中钓,不一会,真的钓上一条鲈鱼,曹操拊掌大笑,与会者皆大惊。曹操又说,"一鱼不周坐席,可更得乎?元放乃更饵钓,沉之须臾又钓上一条,皆长三尺余,生鲜可爱。操使目前脍之。"操还不相信,曰:"吾池中原有此鱼。"慈曰:"大王何相欺也?天下鲈鱼只两腮,惟有松江鲈鱼有四腮,此可辨也。"

莼羹鲈脍简称莼鲈,莼羹是莼菜做的羹,水葵羹与切细之鲈鱼肉,为吴中美味。昔张翰就是因思鲈而挂冠,后常借为乡思之物,称"莼鲈之思"。张翰,为晋代文学家,苏州吴江人,为官洛阳,晋惠帝太安元年(302年)秋,时值司马冏权势高涨,独揽朝政,欲回乡。《思吴江歌》:"秋风起兮木叶飞,吴江水兮鲈鱼肥。三千里兮家未归,恨难禁兮仰天悲。"后弃官还乡。《晋书·张翰传》："齐王归辟为大司马东曹椽……因见秋风起，乃思吴中菰菜、莼羹、鲈鱼脍，曰：'人生贵得适志，何能羁宦数千里以要名爵乎！'遂命驾而归。"不久，司马冏在皇族内斗中被杀，张翰侥幸逃过一劫。宋·辛弃疾《沁园春·带湖新居将成》："意倦须还，身闲贵早，岂为莼羹鲈脍哉。"唐·许浑《赠萧兵曹》诗："楚客病时无鹏鸟，越乡归去有鲈鱼。"宋·苏舜钦《答韩持国书》："渚茶野酿，足以销忧，莼鲈稻蟹，足以适口。"渚茶，长兴顾渚山产的茶，唐代盛产紫笋茶，是贡茶。顾渚山位于浙江省湖州市长兴县城西北17千米，是我国茶文化的发祥地。野酿，山野人家酿的酒。明·谢文正："秋风萧瑟吹早寒，莼鲈野兴归张翰。""惟有莼鲈堪漫吃，下官亦为啖鱼回（清·郑板桥句）。"

鲈鱼 *Lateolabrax japonicus*（Cuvier et Valenciennes）。鲈形目鮨科。体延长而侧扁，长约60厘米。体背青灰，腹白，体侧布有黑斑。喜栖近海、河口咸淡水处。方言花寨、黑寨、花鲈、鲈板、鲈丁。

古时多与松江鲈鱼混为一谈。清·徐珂《清稗类钞·动物类》："鲈，可食，色白，有黑点，巨口细鳞，头大，鳍棘坚硬。居咸水淡水之间，春末溯流而上，至秋则入海，大者至二尺。古所谓银鲈、玉花鲈者，皆指此。"

鲈，字从卢，黑色曰卢。虽其体色青灰，但斑点黑色。斑如玉花，称玉花鲈。

多鱼荟萃（一）

方头鱼　国公鱼　竹荚鱼　土鱲　鹦嘴鱼　鹦鹉鱼　海鲫鱼　篮子鱼　娘哀
旗鱼　破伞鱼　鲻鱼　牛尾鱼　鳆　鳜　红鳗　长蛇鲻　狗母鱼　蓝圆鲹　波郎

方头鱼 *Branchiostegus japonicus*（Houttuyn），鲈形目方头鱼科。体延长而侧扁，长可达50厘米，眼大。近海中下层鱼，以多毛类、长尾类等动物为食。我国各海均产，经济鱼之一，肉味鲜美。广东俗称马头鱼，山东称日本加吉。

喻称国公鱼。明·屠本畯《闽中海错疏》卷上："方头，似棘鬣而头方，味美。《通志》云，方头似棘鬣（即真鲷）而头方。或云方当作芳，言其头为味芳香也。"《古今图书集成·禽虫典·杂鱼部》引《闽产诸鱼》云："方头鱼似棘鬣而头方味美。福州人谓之国公（爵位名）鱼，言其方如国公头上冠也。"清·郭柏苍《海错百一录》："国公鱼，似过腊（即真鲷）而头方，味胜之。"头钝圆，近方形，因以得名。

竹荚鱼 *Trachurus japonicus*（Temminck et Schlegel），鲈形目鲹科。体纺锤形，长可达38厘米，重660克。喜群栖，性贪食。中上层洄游性鱼。分布很广，我国主要经济鱼类之一。广东俗称巴浪、池鱼、池鱼姑、马鳃滚，山东称刺鲅、山鲐鱼、刺公。

古称**土鳢**。《古今图书集成·禽虫典·杂鱼部》引《定海县志》："竹荚鱼近鲂，尾有硬鳞，色青黑，一名土鳢。"清·历荃《事物异名录》卷三十六引明·冯时可《雨航杂录》卷下："竹荚鱼似比目，亦名土鳢。"

此鱼体形纺锤，鲂体侧扁，比目鱼平扁，"近鲂"与"似比目"之说都不确切。其侧线被高而强的棱鳞，形如用竹板编制的组合隆起荚，因以名竹荚鱼。土鳢，意当地淡水产之乌鳢。

鹦嘴鱼，亦称鹦鹉鱼。《古今图书集成·禽虫典·杂鱼部》引《肇庆府志》云："鹦鹉鱼出阳江，口大身圆，似鹦鹉，钩嘴，背青绿色，鱼尾大而味劣。"《格致镜原·水族类四》引《鸟兽考》云："龙门江在嘉兴州上，飞湍声闻百里……傍有穴，多出鹦鹉鱼。色青绿，口曲而红，似鹦鹉嘴。"清·孙元衡《赤嵌集·海龙》："朱施鸟喙翠成襦，陆困樊笼水厄罛（gū，大鱼网）；信是知名无隐法，曾闻真腊有浮胡。"真腊又名占腊，为中南半岛古国，其境在今柬埔寨境内。相传真腊有鱼名"浮胡"，嘴似鹦哥。

鹦嘴鱼科鱼类的通称。体侧扁，被大圆鳞。两颌齿皆愈合成板状，形与鹦鹉的喙相似，因以得名。多为体色美丽的热带鱼。主要分布于广东、广西、海南等沿海水域，现已记载30余种，如杜氏鹦嘴鱼、青宽额鹦嘴鱼、鲍氏鹦嘴鱼等。鹦嘴鱼用牙咬碎珊瑚，将其和食用藻磨成细小的颗粒，不能消化的部分就排出体外。一尾鹦嘴鱼可年产一吨珊瑚颗粒，对珊瑚有破坏作用。

海鲫鱼 *Ditrema temmincki*，鲈形目海鲫科。体长16～23厘米，背鳍鳍棘部有发达的鳞鞘。卵胎生，每胎产幼鱼12～40只，在我国见于黄海北部和渤海。方言九九鱼、海鲋。

清·郭柏苍《海错百一录》卷一："海鲫，骨鲠味逊于池鲫、溪鲫，而胜于江鲫、湖鲫，豫之淇鲫，为天下最。《酉阳杂俎》：'东南海中鲫鱼，长八尺，食之宜暑而避风，或云稷米所化，故腹中上有米色。'""长八尺"之说失实；"稷米所化"之说为谬。

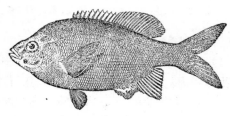

图42　海鲫

篮子鱼，篮子鱼亚目、篮子鱼科鱼的通称。体侧扁，椭圆形（侧面观），背鳍及臀鳍基部有毒腺，被刺伤会引起剧痛。吻形与吃食方式似兔。如黄斑篮

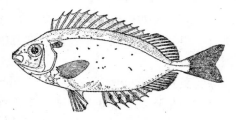

图43　篮子鱼（仿张春霖）

子鱼 *Siganus oramin*（Bloch & Schneider），长 13 厘米，被小圆鳞，体色黄绿。方言黎猛。

古称**娘哀**。明·胡世安《异鱼赞闽集》："娘哀脊刺，径寸厥形，醢（音hǎi，鱼制成的酱）供远致。又：娘哀，脊上有刺，渔人或受其螫，痛不可忍，因致母戚。故名。似鲹而无花，大如指。"因鱼小，鳍有毒，常用泥鳅笼捕捉。笼由鸡笼演变而来，由铁丝网围成。笼犹如篮子，因以得名。娘哀，缘于被刺者的哀嚎。

旗鱼 *Histiophorus orientalis* Temminck et Schlegel，鲭亚目旗鱼科。体略呈圆柱形，体长 2 米，重 60 千克以上。前颌骨与鼻骨向前延长成一尖而长的吻部。背鳍高大如帆，尾鳍深叉形，被细鳞，游速很快，温带海洋上层大型经济鱼。肉红色，味鲜美。

图44 旗鱼

古称**破伞鱼**。清·黄叔敬《台湾使槎录》卷三："旗鱼色黑，大者六七百斤，小者百余斤。背翅如旗，鼻头一刺，长二三丈，极坚利，水面瓢鱼如飞。"清·郭泊苍《海错百一录》卷一："旗鱼，又名破伞鱼，产台湾……船为所刺，不能转动，扬鬐鼓鬣，舟即沉没。胸背间肉陷如沟，鬐翅敛而不见，忽而怒张，如支雨盖，故亦名破伞鱼。"其第一背鳍长且高，前端上缘凹陷，竖展时，如旗似帆，因以得名。

鲬（yǒu）鱼 *Platycephalus indicus*（Linnaeus），鲈形目鲬科。头宽而扁，体长 20～30 厘米，向后渐细，体色黄褐。在我国各海区均产，方言拐子鱼、百甲鱼、辫子鱼、狗腿鱼、扁头鱼等。

古称**牛尾鱼**。清·周学曾等纂修《晋江县志·寺观志》卷六十九："牛尾鱼，色黄，形如牛尾。"鱼体后部像牛尾而称牛尾鱼。鲬字从甬，杨树达《积微居小学述林》："甬本是钟，乃后人用字变迁，缩小其义为钟柄。"鲬，意其体前部平扁如钟，后部细圆如钟柄而称鲬鱼。

鳂（wēi），鳂科鱼的通称，约 70 种。《广韵·灰韵》："鳂，鱼名。"清·李元《蠕范·物名》："曰鳂，鰄也。"因头与鳍棘较强，鳞缘锯齿较尖锐，形甚威严，故称鳂。鰄同鳂。

红鳂 *Holocentus ruber*（Forskal），隶于金眼鲷目鳂科。眼较大，体长方形，长 20 厘米，被强栉鳞或棘鳞，鳞缘具锯齿，体色鲜红。亦称金鳞鱼，英文名soldierfish，意松鼠鱼。

长蛇鲻 *Saurida elongata*（Temminck *et* Schlegel），灯笼鱼目狗母鱼科。体长圆形，长 30 厘米，重 300 克。头略平扁，口大，被小圆鳞。体背色棕，腹白。广东、福建沿海海域产量较多，为我国主要经济鱼类之一。肉味肥鲜，但多刺。方言狗棍、细鳞丁、香梭、神仙梭、沙棱等。

古称**狗母鱼**。连横《台湾通史·虞衡志》卷二十八："狗母鱼长尺余，多刺，与酱瓜煮之，汤极甘美。"长蛇，喻指贪残凶暴者；狗母，示其口裂宽大，牙尖，状如狗。

蓝圆鲹 *Decapterus maruadsi*（Temminck & Schlegel），鲈形目鲹科。体纺锤形，长 16 ～ 31 厘米，头短而尖。体背蓝灰，腹银色。被小圆鳞，侧线有棱鳞。以小鱼为食。南海数量较多，为南海七大渔产之一。

古称**波郎**。明·胡世安《异鱼赞闰集》："波郎，无鳞刺，五六月间多结阵而来，多者可一网可售数百金，渔人望海为田。"有考者谓此指蓝圆鲹。波郎，或源于闽南方言巴浪。

多鱼荟萃（二）

黑鲪　君鱼　鯻鱼　鯻　玉筋鱼　菜花玉筋　桥钉鱼　油筋鱼　膳鱼　鯑　鲉　蓑鲉　鲖　鹿斑鲾　花鲐　龙头鱼　鳒　鲅　鲛　水晶鱼　水鲅　油筒　绵鱼　鰤　老鱼　李氏鲔　鲔　跳岩鳚　天竺鲷　鲛　斗鱼　丁斑　花鱼　钱丬鱼　文鱼

鲪，为鲪属鱼的通称，在我国有 10 种。如**黑鲪** *Sebastodes fuscescens*（Houttuyn），鲈形目鲪科。体方长，一般为 20 ～ 30 厘米。被中大栉鳞，头棱发达。眼周围、耳上及颅顶等处棱上均有刺，鳃盖上有刺状突起。卵胎生，属北方性种。方言黑鱼、黑石鲈、黑寨、黑头。肉质鲜嫩、洁白，脂肪少，软硬适口，尤适清蒸和做汤。生长快，适应性好，是网箱养殖的较好种类。

古称**君鱼**。《太平御览》卷九百四十引南朝宋·沈怀远《南越志》曰："君鱼长三寸，背上骨如笔管，大者似矛，逢诸细鱼及鼋腹皆断之。"明·屠本畯《闽中海错疏》卷上："鲪，似鲻而目大，似鲤而鳞粗，能以鬣刺水蛇，食之。"清·李元《蠕范·物名》："曰鲪，似鲼，目大鳞粗，能以鬣刺水蛇。"鲪，字从君。其棘发达，能断诸鱼，犹鱼中暴君，因以名鲪。《左传·昭公二十八年》："赏庆刑威曰君。"

鯻（là）**鱼** *Therapon theraps*（Cuvier），鲈形目鯻科。体侧扁，长 15 厘米，大者 30 厘米。被较大栉鳞，体色银灰，有黑色纵条纹。背、臀鳍具棘，鳃盖骨具二棘，下棘强大，向后伸达鳃盖外方。方言硬头浪。海产。

《集韵·曷韵》："鯻，鱼名，或书作鯻。"《古今图书集成·禽虫典·杂鱼部》："鯻，音喇，鱼名。又音赖，义同。"鯻，意其棘强大，刺人毒辣，故名。

玉筋（zhù）鱼 *Ammodytes tobintus*，鲈形目玉筋鱼科。体细长，无鳞，口大，无鳔。体背灰黑，腹白。喜群游，栖近海沙底，常潜伏于沙内。肉味鲜美。

《三才图会·鸟兽五》："玉筋鱼，身圆如筋，微黑无鳞。目两点黑。至菜花开时有子而肥，俗谓之菜花玉筋。"

别名桥钉鱼。清·程国栋纂修《嘉定县志·水产类·玉箸鱼》："圆身锐尾，玉色无鳞，肉细味美，俗名桥钉鱼。"

玉筋亦作玉箸，玉制的筷子。此鱼体细长如箸，因以得名。菜花开时而肥，称菜花玉筋。肉味鲜美。唐·杜甫《野人送朱樱》诗："金盘玉箸无消息，此日尝新任转蓬。"清·汪懋麟《醉白以杭州韭见饷欣然命酌得诗》之一："厨娘细斫银丝鲙，老子欢齐玉箸头。"

别名油筋鱼。清·郭柏苍《海错百一录》："油筋鱼，似鳗，生海淖（nào，意泥）中，长如筋，周身是油，味佳。"油筋乃玉筋的谐音。

䲢（téng）鱼 *Uranoscopus* sp.，䲢科。头宽大，大部为骨板。体长形，长约20厘米。口裂直立，下颌很强。两眼位头的背面，被小圆鳞。体背多为棱褐色，有的具白色斑纹。近岸底层鱼类，喜潜伏海底，袭捕小鱼等，广东称铜锣锤。

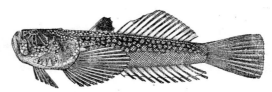

图45 䲢鱼

《山海经·中山经》："〔半石之山〕合水出于其阴，而北流注于洛，多䲢鱼，状如鳜，居逵，苍文赤尾。"《太平御览》卷九百四十引《临海异物志》云："䲢鱼，似鲗，长二尺。"《广韵·平登》："䲢，鱼名，或作鰧。"

䲢如藤，犹细如索，但此鱼侧扁，非如鳗，似不甚符合。䲢或为鰧音之讹，鰧从泰，泰然处之，述其潜伏海底捕食之状。

鲉，鲉科鱼的通称，种类较多，在我国约有35种。鳍棘颜色鲜艳，既尖又硬且有毒，是鲉的有毒器官，内含毒腺。若不慎被刺，会感到剧痛，严重时会呼吸困难甚至晕厥，重者可能致命。中小

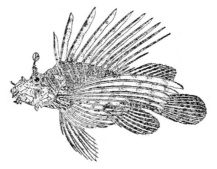

图46 蓑鲉（仿孟庆闻等）

型鱼类，产量虽不大，仍是近海食用鱼。**蓑鲉** *Pterois volitans* Linnaeus，鲈形目鲉科。体长 30 厘米，体色艳丽，身上具斑马状条纹，栖于暖水域的岩礁或珊瑚丛中，不善于游泳。方言火鸡鱼、火鱼。

古称鲰。《集韵·平尤》："鲉，鲰，小鱼，或从攸。"《文选·张衡〈西京赋〉》："钓鲂鳢，鰪鰅鲉。"李善注引薛综曰："鲂、鳢、鰅、鲉，皆鱼名。"又晋·郭璞《江赋》："鳛，鰊，鰧，鲉。"李善注引郭璞曰："旧说曰鲉似鳝。""鲉似鳝"之说不妥。外形奇特，似披蓑衣，因以得名。鲉，字从由。由，自由。鲰，从攸，意攸游。示其游动之状，安闲从容，自得其乐，因以称鲉。

鹿斑鲾 *Leiognathus ruconius*（Hamilton-Buchanan），鲾科。体卵圆形（侧面观），侧扁而高，长 7 厘米。体背银青带红，腹部银色，背部有 10 余条暗色横带。

古称**花鲮**。明·胡世安《异鱼赞闽集》："花鲮，大寸许，上下身薄，有花纹……形似鲮而无花。"《玉篇·鱼部》："鲾，鱼名。"

鲾，制字从畐，原意满、广也，示其体侧扁而高，侧观幅宽。鲮是另一种淡水鱼。

龙头鱼 *Harpadon nehereus* Hamilton，灯笼鱼目狗母鱼科。体长而侧扁，长可达 41 厘米，体背淡棕，腹白。近海常见食用鱼。方言鼻涕鱼、流鼻鱼、豆腐鱼、狗奶、龙头鲓、丝丁鱼、硬鱼等。

图47　龙头鱼

古称**鳒**(zhan)。元·戴侗《六书故·动物四》："鳒，海鱼之小者，诀吻芒齿，不鳞而弱。"

單称**戋**（jiān）。明·冯时可《雨航杂录》卷下："鳒鱼身软如膏，鳞细，口阔齿多。一作戋。"

單称**鲣**（dǐng）。明·屠本畯《闽中海错疏》："鲣，无皮、鳞。岭南呼为绵鱼。"

代称**水晶鱼**。明·方以智《通雅·动物·鱼》："福州之水晶鱼最妙，在甬东则呼为龙头。"

方言**水鲣、油筒**。清·郭柏苍《海错百一录》卷二："鲣鱼，又名水鲣，即龙头鱼。福州呼油筒。形如火管，无鳞而多油，海鱼之下品，食者耻之。"体大部无鳞，但有皮。

方言**绵鱼**。《康熙字典·鱼部》："鲣，音定，鱼名。广人呼为绵鱼。"

因鱼头形似龙头，故称。海上人称人弱者为鳒。鳒，制字从孱。孱，弱也。戋从戈，《说文》："贼也。"鲣，制字从定。"定，乱靡有定。《诗·小雅·节南山》"意肉虽松而体形稳定。鲩，音锭，其头大尾小似锭。肉含水分高，称水鲩。肉松软如棉，称绵鱼。广东方言还称"九吐"，九，广东读狗，九吐也即狗吐，意其肉欠佳，连狗都不吃。

鲕，鲕亚科鱼的通称，都是经济鱼类。纺锤鲕 *Elagatis bipinnulatus*（Quoy et Gaimard），隶于鲈形目鲹科。体呈流线形，长 1.1 米。体背深褐，腹部灰白，体侧有蓝色线条，无棱鳞。分布于温带、热带海域，平时喜群游海域表层摄食。方言瓜仔鱼。

古称老鱼。《广韵·平脂》："鲕，老鱼。"《集韵·平脂》："鲕，老鱼。一说出历水，食之杀人。"明·李时珍《本草纲目·鳞四·鲕》："陈藏器诸鱼注云：'鲕大者有毒杀人。'今无识者。但唐韵云：'鲕，老鱼也。'《山海经》云：'历虢之水，有师鱼，食之杀人。'其即此欤？"

鲕，从师，《尔雅》："师，众也。"《诗·大雅·韩奕》："溥彼韩城，燕师所完。""老"多作词的前缀，如老师、老虎等，此老鱼或为老师鱼的省称。

李氏衔 *Callionymus flagris* Jordan & Fowler.《玉篇·鱼部》："衔（xián），鱼名。"其前颌骨的连合突起很长，伸入前颌骨与中筛骨形成的深沟内，犹如被衔住，故名衔。此为衔科鱼类的通称。体长形，无鳞，头平扁，口小，吻尖，温热带近海底栖小鱼。方言甲鱼、箭头鱼。

鳚（wèi），鳚科鱼类的通称。体长椭圆形或长鳗形，多无鳞。多为浅水海域小杂鱼。种类较多。如**跳岩鳚** *Petroscirtes kallosoma* Bleeker，鲈形目鳚科。体稍细长，长 5 厘米，分布于南海。清·李元《蠕范·物名》："鳚，鱼名。"鳚，字从尉。《说文》："尉，从上按下也。"意体延长如鳗。

天竺鲷，天竺鲷科鱼类的通称，在我国有 90 多种。体小，长 5 ~ 10 厘米，椭圆形或延长，口大。多栖温热带海域，有些进入淡水，经济价值不大。有些种雄鱼将卵含于口内孵化。如中线天竺鲷 *Apogon kiensis* Jordan and Snyder，鲈形目天竺鲷科，体侧扁，长 6 厘米，鳞片大，体色棕灰。

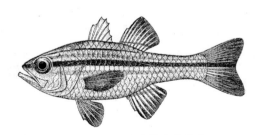

图48 天竺鲷（仿成庆泰等）

古称鲼（zhì）。《广韵·至韵》："鲼，鱼名。"《动物学大词典》称此为天竺鲷别名。

印度，古时被称天竺。唐高僧·玄奘《大唐西域记》："夫天竺之称，异议纠纷，旧云身毒，或曰天竺，今从正音，宜云印度。"天竺鲷类体色多艳丽，颇类印度莎莉，借以为名。鲼从致，有景致之意。

斗鱼。如叉尾斗鱼 *Macropodus opercularis*（Linnaeus），鲈形目丝足鲈科。

体方长而侧扁，口小而斜，颌牙尖细。被大栉鳞。栖于水草丛生的静水、污水或水流缓慢的水域，对低温缺氧条件耐力强，以昆虫和疟蚊幼虫为食。生殖期雄鱼用黏液包裹水泡而在水面筑巢，雄性间要进行争斗。**观赏鱼**。也称中国斗鱼，俗称兔子鱼、天堂鱼等。

最早的记载见于宋代。宋·张世南《游宦纪闻》卷五："三山溪中产小鱼，斑纹赤黑相间，里中儿豢之，角胜负为博戏。"

代称丁斑。明·屠本畯《闽中海错疏》卷中："丁斑，大如指，长二三寸，身有花文，红绿相间，尾鲜红有黄点。善斗，人家盆中畜之，一名斗鱼，养成半载，尾上起鬣长寸许。"明·胡世安《异鱼图赞补》卷上："斗鱼，有鱼矫悍，斑纹炫聆，习训争长，里儿竞豢。"丁斑，意色斑如丁，亦或为盯斑。意紧盯"颜色充如"而出色斑者胜出。

俗称花鱼。明·王世贞辑《汇苑详注》云："斗鱼……儿童辈多盆养之，每斗相持不舍，久之胜负乃决，负者跃而游，颜色衰谢，胜者洋洋自得，颜色充如也，俗呼为花鱼。"清·李元《蠕范》卷八："花鱼，斗鱼也，丁斑鱼也。长二三寸，身有斑纹，赤黑色，或红绿相间，尾鲜红有黄点，善斗，童儿豢之，角胜负为戏。"

喻称钱爿鱼。明·谢肇淛《五杂俎·物部一》："吾闽莆中喜斗鱼，其色烂斒喜斗，缠绕终日，尾尽啮断不解，此鱼吾乡亦有之，俗名钱爿鱼。"爿（pán），可作量词。如《说岳全传》："走上前一斧，将荷香砍做两半爿。"亦有谓爿为片的反写。钱爿，应为钱币之半。斗鱼，用于"角胜负为博戏"，有了鱼，就有一半的获胜几率，等于有了钱之一半。

别名文鱼。清·陈淏子《花镜》附录《养鳞介法》："斗鱼一名文鱼，出自闽中三山溪内。花身红尾，又名丁斑鱼。性极善斗，好事者以缸畜之，每取为角战之戏，此《博雅》者所未之见也。昔费无学有《斗鱼赋》，叙云：'仲夏日长育之盆沼，作九州朱公制亭午风清，开关会战，颇觉快心。'"文鱼，意有斑纹之鱼。

石斑鱼

娅鱼　娅虫　鳌鱼　�蟹　高鱼　石鳖

石斑鱼 *Epinephelus* sp.，鲈形目鲭鱼科。体长椭圆形（侧面观），略侧扁。口大，体被小栉鳞，常埋于皮下。体色变异甚多，常呈褐色或红色，并具条纹和斑点，喜栖沿岸岛屿附近的岩礁、砂砾、珊瑚礁底质的海区。肉质细嫩洁白，素有海

鸡肉之称。被港澳地区推为我国四大名鱼之一，是高档筵席必备之佳肴。

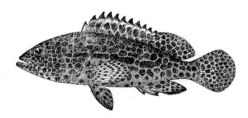

图49　石斑鱼（仿成庆泰等）

其称始见于唐代典籍。唐·段成式《酉阳杂俎·广动植》："建州有石斑鱼，好与蛇交。"

别名婬鱼、婬虫、鳖（bān）鱼、鰋鳘（yǎn máo）。《太平御览》卷九百四十引《临海水土异物志》云："石斑鱼，婬鱼，六虫为一。"又"石斑鱼，婬虫。鳖鱼，长尺余，其斑如虎文。俗言鰋鳘（máo）。于瞬颠呼之，因走上岸合牝，其子不可食也。"鳘（máo），剧毒昆虫。明·李时珍《本草纲目·鳞四·石斑鱼》集解曰："石斑生南方溪涧水石处。长数寸，白鳞黑斑。浮游水面，闻人声则划然深入。"清·黄宫绣《本草求真》："石斑鱼属毒物，凡服之者，无不谓患头痛作泄……其鱼有雌无雄，二三月与蜥蜴合于水上。其胎毒人……但肉食之差可，而子及肠尤甚。"上述与蛇交或与蜥蜴合于水上及有雌无雄之说实误。

代称高鱼、石鳘。唐·方千里《南方异物志》："高鱼似鳟，有雌无雄，二三月与蜥蜴合于水上，其胎毒人。"清·李元《蠕范》卷一："高鱼，石鳘（fán）也，石斑也。似鲩（草鱼）白鳞，有斑文如虎，长数寸，大者尺余。"

体多具斑，栖于水石处，称石板鱼。古籍中婬、淫二字通用，婬鱼同淫鱼。《尔雅·释诂》'灈'与'淫'并训大也，此淫鱼即谓大鱼也。但此鱼并不大。古籍中淫与游二字可互换，故此淫鱼可通游鱼，意其喜"浮游水面"。石鳘之鳘，原意蚱蜢，与鱼无关，故石鳘乃石斑之音讹。

石斑鱼，《临海水土异物志辑校》一书认为是指星点东方鲀 *Fuguniphobles*，从"其胎毒人"的特点看与此相符。但东方鲀无鳞，海栖，与上述之"生南方溪涧"、"白鳞黑斑"、"有雌无雄"等特点似不相符，应指石斑鱼类。石斑鱼种类较多，海栖、淡水栖者均有。雌雄同体，具性逆转特性，性成熟时全系雌性，次年再逆转成雄性，或许是故而生"有雌无雄"之说。但它并非有雌无雄，亦不会与蛇交或与蜥蜴交。

鲫　鱼

首象印　印鱼

鲫鱼 *Echeneis naucrates* Linnaeus，鲫形目鲫科。体细长，前端平扁，长90

厘米。头稍短小，眼小。被小鳞，体色灰黑。以其他鱼和无脊椎动物为食。常吸附大鱼身上或船底作远途迁移。

方言很多，广东澳头称鞋底鱼，闸坡称屎狗，北海称吸盘鱼，涠洲岛称船底鱼、黏船鱼。

图50　鮣鱼

古称**首象印**、**印鱼**。三国吴·沈莹《临海水土异物志》："印鱼无鳞，形如鲻形，额上四方如印，有文章。"《文选·左思〈吴都赋〉》："鮣龟鳊鳎（指双髻鲨）。"李善注引刘逵曰："鮣鱼长三尺许，无鳞，身中正，四方如印。"注："扶南（旧县名，今广西壮族自治区西南部）俗云：诸大鱼欲死者，鮣鱼皆先封之。"《集韵·去震》："鮣，鮣鳞，鱼名，如篆，一曰首象印。"《玉篇·鱼部》："鮣，鱼如印也。"唐·段成式《酉阳杂俎·广动植二》："印鱼，长一尺三寸，额上四方如印，有字。诸大鱼应死者，先以印封之。"《正字通·释鮣》："鱼族至众，死无定期，岂必鮣鱼一一封之，此诞说也。"明·黄衷《海语》卷中："印鱼出南海中，似青鱼而修广过之，头骨中坼（chè，意裂开），如解颅之婴（指两岁小儿后囟门仍不闭合者）。脑后垂皮，方径三寸许，若道巾（即道士的软帽）之披余状，上有黑文，俨如篆籀（zhòu 古代的一种字体）。"

此鱼头及体前背面有一长椭圆形吸盘，由背鳍变成，其形如印，因以得名。首象印，首者，头也，首象印意头像印。由此而成的诸多说辞，均为主观臆断，妄加猜测，带神话色彩。

河　鲀

鲑　赤鲑　鯸鮐　鲋鲋　鲍　鹕夷　鲵　嗔鱼　胡儿　鯸鲐　鳅鮧　鯸　鲀　黄荠可　醇疵隐士　河猍　鲾鱼　胡夷鱼　规鱼　海规　斑儿　冬易子　青郎君　斑子　黄驹　鲍鱼　鲍　鸥夷　吹肚鱼　气包鱼　鯸鮧　乌狼　探鱼　黄鲵　鮭鳍　玳瑁鱼　鳔鱼　鲦鮍　鲳鲏鱼　挺鲅　鸥夸　鮀鱼　鲵鱼　鲋蟆　西施乳

河鲀，体长椭圆形，头胸部粗圆。吻钝圆，上下颌骨愈合成四个大牙状。体无鳞，无腹鳍。有气囊，遇敌能使腹部膨胀。内脏有巨毒。分布于温热带近海，以虾、蟹、海胆、乌贼和小鱼等为食。我国的鲀形目鱼类共有 10 科 42 属 98 种。方言，南澳称乖鱼，江浙称小玉斑、大玉斑、乌狼，汕头称花河豚、包公，广东称鸡泡，河北附近称腊头鱼等。

古称**赤鲑**、**鲑**、**鯸鮧**（hóu yí）、**鮍鮍**（bèi）。见《山海经·北山经》："〔敦薨之山〕敦薨之水出焉，而西流注于幼泽……其中多赤鲑。"郭璞注："今名鯸鮧为鲑鱼；音圭。"又"〔少咸之山〕敦水出焉，东流注于雁门之水，其中多鮍鮍之鱼，食之杀人。"鲑，恚也，意怒或恨。鮍从市，犹如怖。如《说文·心部》："怖，恨怒也。"表达其易怒特点。鲑也是鲑形目鱼的通称。日·青木正儿《中华名物考》中，记载一日人因错把河鲀当成同名鱼鲑鱼误食而丧命的事例。

亦称**鲄**（hé）、**鹕夷**。《广雅·释鱼》："鯸鮧，鲄也。"王念孙疏证："鹕夷即鯸鮧之转声，今人称之河豚者是也。河豚善怒，故谓之鲑，又谓之鲄。鲑之言恚，鲄之言诃，《释诂》：云'诃，怒也。'"鮧 制字从夷。鱼白称鰝鮧，北魏·贾思勰《齐民要术》云："汉武逐夷至海上……遂命此名，言因逐夷而得是矣。"（见P102）则河鲀异名之夷亦应为夷人，鲖中之胡应为胡人，鯸与鲖音近，鮧与鮧音同，意如夷人、胡人一样面目丑陋可憎。鯸鮧、鯸鲐、鯸鮧、鲖鮧，可互换，意体形圆而丑。

代称**鲔**（guī）、**嗔鱼**、**胡儿**、**鯸鲐**。《尔雅翼·释鱼二》："鲔，今之河豚……背上青黑有黄文，眼能开能闭。触物辄嗔，腹张如鞠，浮于水上，一名嗔鱼。"嗔（chēn），也作谌。《说文》："谌，恚也。"意生气、发怒。明·屠本畯《闽中海错疏》卷中："鲔，鲑也。一名胡儿，一名鯸鲐，一名河豚……然有毒，能杀人。"鲔，从规，也意体圆。

图51　河鲀（仿《古今图书集成·禽虫典》）

河豚鱼图

单称**鲛**。晋·陆云《答东茂安书》："鲙鲻鲛，炙鲥鲛，蒸石首……真东海之俊味，肴膳之至妙也。"

单称**鲀**。《太平御览》卷九百三十九引晋·郭义恭《广志》："鲍鱼，一名河豚。"宋·程大昌《繁演露·河豚》："《类篇》引《广雅》云：'鯸鮧，豚也。背青腹白，触物即怒，其肝杀人。'正今人名为河豚者也。然则豚当为'鲀'。"鲀，从屯，圆也。现代用鲀字，称河鲀。河鲀，因常见于河口。豚，意体肥如猪且味美而得名。

戏称**黄荐可**、**醇疵隐士**。宋·毛胜《水族加恩簿》："黄荐可尔泽嫩可贵，然失于经治，败伤厥毒，故世以醇疵隐士为尔之目，特授三德尉，兼春荣小供奉。"按：谓河豚也。

别名**河狖**。宋·虞俦《佳句醖鼎至再和以谢》："不为河狖赋荻芽，一壶且复荐枯虾"。狖与豚同。

别名**鲴鱼**。南朝·宋雷敦《雷公炮炙论》："鲑鱼插树，立使枯干……日华子谓之鲴鱼。"

别名**胡夷鱼**。宋·范成大《次韵唐子光教授河豚》："胡夷信美胎杀气，不奈吴儿苦知味。"此"胡夷"应与鲴鲦义同。

方言称**规鱼**、**海规**。宋·沈括《补笔谈·补第三十卷》记云："吴人所食河肫，有毒，本名侯夷鱼……规鱼，浙东人所呼；又有生海中者，腹上有刺，名海规。吹肚鱼，南人通言之，以其腹涨如吹也。"规同鲼。

方言**斑儿**、**冬易子**。宋·范成大《吴郡志》卷二九引《明道杂志》云："此鱼自有二种，色淡黑有文点，谓之斑子，尤毒。"元·卢君尝《重修琴川志》卷九："出扬子江中，有三种，大曰河鲀，正月以后有之；次曰班儿，又次曰冬易子，皆冬月有之。"明·李诩《戒庵老人漫笔》卷三："元贡玩斋曾客江阴，集有记河豚云，大者名青郎君，小者名班儿，今鲜知青郎君名。"此处皆依体色和大小分类。

称**黄驹**、**鲵鱼**、**鲍**、**鸥夷**。明·冯时可《雨航杂录》："黄驹即鲵鱼，俗所谓河豚也，一名鲑，一名嗔，一名鲍，一名鸥夷。"鸥夷，原意革囊，意其善怒，鼓气如囊。

别名**吹肚鱼**、**气包鱼**。明·李时珍《本草纲目·鳞四·河豚》释名："鲑鲦……嗔鱼、吹肚鱼、气包鱼。时珍曰：'豚，言其味美也。鲑鲦，状其形丑也。鲼，谓其体圆也。吹肚、气包，像其嗔胀也。'"嗔鱼、吹肚、气包，意鼓气；表达其形丑，易怒，剧毒，味美等特点。

异称**鲑鲦**。清·洪亮吉《北江诗话》卷一："澉江乡之风味，首鲑鲦之足夸，是也。"

异称**乌狼**、**探鱼**、**鵻鮢**（zhuī zhū）。清·历荃《事物异名录·水族部·河豚》："《通雅》:鲼、鲐、鲑，皆今之河豚，亦曰乌狼，一曰探鱼，黄者曰黄鲼。"又《临海水土异物志》："鵻鮢，即河豚之大者"《浙江通志·物产》："《里安县志》:'黄驹俗名乌狼，吴人呼为河豚。'"鵻字从佳，如《广雅》："佳，大也，又，好也。"鮢字从者，在形容词后指物，如《论语》："逝者如斯夫！不舍昼夜。"此处意大者佳美。

鲼，一说指弓斑东方鲀（*Fugu ocellatus*）。体亚圆筒形，尾部尖细，长约10厘米。体背灰褐，腹白，背有一暗色横带。方言，鸡抱、抱锅。一说指条纹东方鲀（*Fugu xanthopterus*）。长约60厘米，背到侧底色青上有白条纹，胸鳍基以前有一蓝色大斑。方言，南澳乖鱼，汕头花河豚、包公鲼。

方言**玳瑁鱼**。清·阮葵生《茶余客话》卷五：河豚，“惟黄河汇淮二百里中出（河豚），又名玳瑁鱼。不甚大，丰盈柔腻，斑驳可观。荐以青蒌白苣，味致佳脆。”玳瑁是一种海龟名，此处或意其体色及斑纹颇似玳瑁而得名。

异称**鳔鱼、鲀鯆**（duō shū）。清·李元《蠕范·物性》：“河豚也……规鱼也，鳔鱼也。”又“鲀鯆也，鯸鮧也……河豚也。”汉·王充《论衡·言毒》：“毒螫渥者，在虫则为蝮蛇、蜂虿，在草则为巴豆、野葛，在鱼则为鲑与鲀鯆。故人食鲑肝而死。”《康熙字典·鱼部》：“鲀鯆，杀人”又“鯆同鮢。”意此系剧毒能致人一死之鱼。鳔鱼，意河鲀触物易怒，腹胀如鳔。

异称**鲳鲶**（gōng）**鱼**。清·俞正燮《癸巳类稿·书〈齐书·虞愿传〉后》：“安南人《大越史记·李神宗纪》云：‘天顺四年十二月，左武捷兵杜庆进黄色鲳鲶鱼，诏以为瑞，群臣称贺。’注云：鲳音昌，鲶音公，即鯸鱼也。”

方言**挺鲅**。道光《招远县志》：“挺鲅，南方曰河豚，北方曰挺鲅。”

方言**乌郎**等。万历《温州府志》云：黄驹“有河豚、乌郎、鸥夸、鲵鱼、鮀鱼、鲵鱼之名。”称河鲀为鮀鱼、鲵鱼者，和者寡，因此名主要用于其他鱼和两栖类。乌郎同前述之乌狼。

俗名**鳊蟆**。光绪《日照县志》：“鲐，一名鯸鲐……即河豚也。俗呼鳊蟆。”

美称**西施乳**。一说指整体河鲀。唐·李商隐《寄成都高苗二人从事》：“且将越客千丝网，网得西施别赠人。”“甘美远胜西施乳，吴王当年未曾知。（宋·苏轼句）”一说指河鲀胰脏。明·陶宗仪《辍耕录》：“腹中胰脏曰西施乳。”一说指雄河鲀的生殖腺。《调鼎集》卷五：“河豚……春时最美。其白名西施乳。”《天津县志》：河豚“脊血及子有毒，其白（精巢）名西施乳，三月间出，味为海错之冠。”宋·李彦卫《云麓漫钞》：“河豚腹胀而斑，状甚丑，腹中有白曰讷，有肝曰脂，讷最甘肥，吴人最珍之，目为西施乳。”宋·陈耆卿《赤城志》卷三六称：“冬月为上味。腹有肭，白如酥，名西施乳。”一说指其脂。明·谢肇淛《五杂俎》卷九：“三吴之人以为珍品。其脂名西施乳。”王紫诠《瀛壖杂志》卷一：“河豚味美而有毒……每当芦芽短嫩，烂煮登盘，腹极甘腴，故名西施乳。”元·贡奎《云林集》卷六《次袁伯长食河豚诗韵》：“荻芽清软笔姜落，肢腹披香玉乳同。直死端为知味者，平生珍重雪堂翁。”明·徐渭《河豚》诗：“万事随评品，诸鳞属并兼。惟应西子乳，臣妾百无盐。”“值那一死西施乳，当日坡仙（指苏东坡）要殉身。（清·周芝良句）”

古人利用河鲀触物即怒的特点巧捕河鲀。宋·苏东坡《河豚说》：“河之鱼，有豚其名者，游于桥间而触其柱不知违去，怒其柱之槛也，则张颊植鬣，怒腹而浮于水，久之莫动，飞鸢过而攫之，磔其腹而食之。”宋·沈括《梦溪笔谈》：“南人捕河豚法：截流为栅，待群鱼大下之时，小拔去栅，使随流而下，日莫猥至，自相排戛，或触栅，则怒而腹鼓，浮于水上，渔人乃接取之。"宋·张咏《乖崖集》卷一《鰕鰅鱼赋》："性本多怒，俗号嗔鱼。其或天晴日暖，风微气和，鳞介者潜泳江波……鰕鰅愤悱，迎流独逝，偶物一触，厥怒四起。膨欲裂腹，不顾天地，浮于水上，半日未已。物或荐触，怒亦复始。"清·李调元《南越笔记》卷一："取河豚以秋潮始盛，垂千百钓于网中，河豚性嗔，触网辄不去，欲与网斗，以故往往中钓。又或以一大绳为母，以千百小绳为子，子绳系于母绳之末，而母绳之末各系一钓，一河豚中钓，众河豚皆中钓，是名兄弟钓，亦名拖钓。其钓皆空不以饵，亦曰生钓。"《直省治书·江宁府》："河豚形丑而性易怒，顾独爱五色彩绳。渔者系彩绳以钓，沉数十丈之下，鲀见彩绳趋之，钓才着皮，辄勃然怒，腹膨胀，反白上浮水面矣，捕者手拾而掷船中。"都是说待河鲀自己互相拥挤，或触栅栏而发怒，腹鼓浮于水上，渔民尽管用网去捞就是了。

河鲀分布很广，全国各地上市的时间不尽相同。以长江为例，它是河豚鱼洄游量最大的一条水域。宋·苏轼《惠崇春江晚景之一》："竹外桃花三两枝，春江水暖鸭先知，蒌蒿满地芦芽短，正是河豚欲上时。"竹绿桃红，春水荡鸭，蒌蒿已绿，芦芽尚短，河鲀上市，正是季节。明·陆容《菽园杂记》卷九："此鱼至春则溯江而上，苏、常、江阴居江下流，故春初已盛出；真（今仪征）、润（今镇江）则在二月。若金陵上下，则在二三月之交池阳（今安徽某地）以上，暮春始有之。"宋·梅尧臣在范希文的宴会上所赋《河豚鱼》一首，也谈了河豚上市的季节："春洲生荻芽，春岸飞杨花。河豚当是时，贵不数鱼虾。其状已可怪，其毒亦莫加。忿腹若封豕，怒目犹吴娃。庖煎苟失所，入喉如镆铘。若此丧躯体，何须资齿牙。持问南方人，党护复矜夸。皆言美无度，谁谓死如麻。吾语不能屈，自思空咄嗟……"镆铘，传说中的剑，据传是由春秋时期名匠"干将"和"莫邪"（一作镆铘）夫妇所铸。喻若河豚烹饪不当，吃之如吞剑在喉。封豕，大猪。矜夸，自矜自夸。咄嗟，叹息。《六一诗话》评论此诗称："河豚尝出于春暮，群游水上，食絮而肥，南人多与荻芽为羹，云最美。祇破题两句就道尽河豚好处。"当然，诗的后部还是以反对吃河鲀为主的。

河鲀肉嫩鲜美，无论清炖、清蒸、红烧、椒盐、生食等，都会馨香独具。"不吃河豚焉知鱼，吃了河豚百无味"，"食得一口河豚肉，从此不闻天下鱼"，"遍尝世间鱼万种，惟有河豚味最鲜"。唐朝就有吃河豚的记载，宋代尤盛。宋·张耒《明道杂志》："河豚鱼，水族之奇味也。"宋·薛季宣

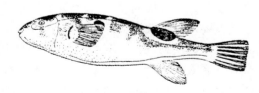

图52　弓斑东方鲀

《浪语集》卷一一《河豚》诗云："岂其食鱼河之鲂,河豚自美江吴乡。瞋蛙豕腹被文豹,则如无趾黥而王。我生瓯东到闽方,规鱼贯见梅花装。梅青不肯候风雪,荻芽静笔垂飞扬。"当时的达官贵人、皇亲国戚每举宴席,必以河豚入列。宋·葛胜仲《丹阳集》卷二一《和必先龙图谢酒,兼呈沈次律管中大学士》:"台阁高贤卧里门,清扬乖隔阻寒温。尚赊宴豆陪三雅,聊即烟邮寓一尊。乱后官居同幕燕,春来香味忆河豚。溪亭午夜衔杯处,应对梅花淡月昏。"宋·张耒《明道杂志》:"余时守丹阳及宣城,见土人户户食之,其烹煮亦无法,但用蒌蒿、荻笋、菘菜三物云相宜,用菘以渗其膏耳,而未尝见死者。苏子瞻是蜀人,守扬州,晁五咎济州人,作倅(即副职)。河豚出时每日食之,二人了无所觉,但爱其珍美而已。"元明时期,江南地区仍把河豚鱼奉为食界至尊,食者前赴后继。元·王逢《江边竹枝词》:"如刀江鲚白盈尺,不独河豚天下稀。"元·贡奎《云林集》卷一〇《次袁伯长食河鲀诗韵》:"芽苴青青长荻芦,河豚风味浙江如。鼎羹正自烦烹手,笑杀行人却羡鱼。"明·黄淳耀《陶庵集》卷一六《竹枝歌》:"吴酒倾盆色若无,河豚味美压秋鲈。狂夫得醉且须醉,十五小姬花下扶。"明·冯时可《雨行杂录》:"余乡亦盛食之,春时筵席,不得此为不敬。"很多地方,特别是长江中下游地区,如在江阴就盛吃河鲀。清·陈元龙《格致镜源·水族三》:"在仲春期间,吴人此时会客无此鱼则非盛会,其味尤宜。"清·边浴礼《空青馆词》卷一《望江南·忆津门旧游》云:"津门忆,最忆是河豚。玉碗光寒凝乳汁,瑶肪味腻沁牙龈。苦苣嚼同心。"

　　在盛吃河鲀的地方,对刚上市的河鲀都争相购买。《石林诗话》:"梅圣俞河豚诗:春洲生荻芽,春岸生杨花……谓河豚出于暮春,食柳絮而肥,殆不然,今浙人食河豚始于上元前,常州江阴最先得。方出时一尾值千钱,然不多得,非富人大家预以金啖(即重利引诱之),渔人未易致二。月后日多,一尾才百钱耳。柳絮时人已不食,谓之斑子;或言其腹中生虫,故恶之。"上元,节日名,农历正月十五为上元节。

　　河鲀内脏、血液有毒,尤其肝脏、生殖腺有剧毒。宋·沈括《梦溪笔谈》:"吴人嗜河豚,有遇毒者,往往杀人,可为深戒。"《宋朝事实类苑》卷六一引张师正《倦游杂录》云"河豚鱼有大毒,肝与卵,人食之必死。"元·贾铭《饮食须知》卷六云:"河豚……其肝及子有大毒,入口烂舌,入腹烂肠,无药可解。"明·冯时可《雨航杂录》:"谚云:'芦青长一尺,不与河豚作主客。'"意生殖季节最毒。其毒素对所有脊椎动物及原索动物、节肢动物都显毒性,猫、犬、鸟鸢之属食之无不立死。但对软体、环节、棘皮和腔肠等低等动物则无反应。宋·孔平仲《谈苑》云:"河豚瞑目切齿,其状可恶,不中度,多死弃其肠与子,飞鸟不食,误食必死。"明·李时珍《本草纲目》:"入口烂舌,入腹烂肠,无药可解。吴人言其血有脂令舌麻，子令腹胀，眼令目花。"历代有不少人都告诫人们不要吃河鲀。

宋·范成大《河豚叹》诗："鮰生藜苋（植物名）肠，食事一饱足。腥腐色所难，况乃衷酖毒。彭亨强名鱼，杀气孕惨黩。既非养生具，宜将砧几酷。吴侬真差事，纲索不遗育。捐生决下箸，缩手汗童仆。朝来里中子，馋吻不得熟。浓睡唤不应，已落新鬼录。百年三寸咽，水陆富肴蔌。一物不登俎，未负将军腹。为口忘计身，饕死何足哭……"鮰生，自谦之称。藜苋，灰条菜与苋菜。腥腐，腥臭腐败之物，多用于比喻。酖毒，毒酒。彭亨，马来亚的一个州名。惨黩，昏暗貌。吴侬，指吴人。三寸咽，咽喉。肴蔌(sù)，下酒的菜。饕(tāo)，贪也。元·谢应芳《龟巢稿》卷二《河鲀》诗云："世言河鲀鱼，大美有大毒。彼美吾不知，彼毒闻已熟。其子小如芥，食之胀如菽。腹腴膏血多，目脾头项缩。烹燖苟失饪，祸至不转瞬。"清·吕辉斗等《丹徒县志》："河豚之毒，曰血、曰子、曰眼。"其毒性相当于剧毒药氰化钠的 1 250 倍。一尾暗纹东方鲀能毒死 13 人。产卵前，鱼最肥美，也最毒。所以，不可冒然吃河鲀。

至于解毒之法，也有不少记载。如元·贾铭《饮食须知》卷六："中其毒者，以橄榄、芦根、汁粪、清甘蔗汁解之，少效。"清·田间来是庵《灵验良方汇编》卷三载："解河豚毒：五倍子、白矾等分为细末，水调服之。若一时困殆，仓卒无药，急以清油多灌之，使毒尽吐出即愈。"但效果欠佳。

古人加工河鲀过程复杂。明末清初烹调河鲀高手朱彝尊《河豚歌》："扶晴乱膜漉出血，如鳖去丑鱼乙丁。磨刀霍霍切作片，井华水沃双铜饼。姜芽调辛畏橄榄，荻笋抽白蒌蒿青。（河豚宜荻笋、蒌蒿、菘菜，畏橄榄、甘蔗、蒌汁。）日长风和灶觚净，纤尘不到晴窗棂。重罗之面生酱和，凝视滓汁仍清冷。吾生年命匪在卯，奚为舌缩箸蠲停。西施乳滑恣教啮，索郎酒酽未愿醒。入唇美味纵快意，累客坐久心方宁。起看墙东杏花放，横参七点昏中星。"鳖去丑，丑谓鳖窍也。鱼乙丁，鱼肠曰乙，鱼枕曰丁。灶觚，即灶突。畏橄榄，相传橄榄木作鱼棹篦，鱼若触，即便浮可捉，所以知畏橄榄也。今人煮河鲀，须用橄榄，乃知化鱼毒也。重罗，用细罗筛筛的面，或筛过两次的面，其质较细。年命，本命年。蠲(juān)除去，免除。索郎，酒名。酽(yàn)，味醇。横参，横斜的参星，参星在夜深之时横斜。

河鲀肉可补虚、去湿气、理腰脚、杀虫、去痔病、治腰酸软等；鱼皮能美容、健胃；精巢能补肾；眼睛可用于拔脚上鸡眼；血涂于患处可用于治疗淋巴结核；胆有良好的抑真菌作用，可治脚气、烫伤、黄水疮、癣疮等；鱼肝油制成纱布外敷，可治破溃淋巴结核、慢性皮肤溃疡；卵巢可治无名肿毒、乳腺癌、颈淋巴结核等。人们从其肝脏、卵巢中可提取出河鲀素、河鲀酸、河鲀卵巢素等，可制成麻醉剂、戒毒剂和镇静剂等药品，用极小剂量即可止痛，其效果远远超过麻醉药可卡因。现用以治疗神经疼、风湿及麻疯，甚至癌症等疾病。

刺鲀与箱鲀

九斑刺鲀　刺龟　气鱼　六斑刺鲀　土奴鱼　鱼虎　三刺鲀　莲刺鱼　角箱鲀　鹿角鱼　鹿头鱼　鹿子鱼　潜鹿鱼

河鲀目中，有些鱼因全身的鳞片变成刺，状如刺猬，而称刺鲀。

九斑刺鲀 *Diodon novemaculatus* Bleeker，刺鲀科。体长卵圆形，长可达 20 厘米。鳞成长棘，前部棘二个根，能前后活动，后部棘三个根，不能前后活动。体背褐，有九个大黑斑。在我国记有 6 种，主要分布于南海，尤以台湾为众。

古称**刺龟、气鱼**。清·郭柏苍《海错百一录》卷一："气鱼，产台湾。如龟如猬，驼背鱼也。大者尺许，小者寸许。游泳如常鱼，有触则鼓气磔刺。又名刺龟，土人空其腹为灯。按，气鱼，河鲀之类。"鳞成刺而称刺鲀，触物鼓气称气鱼，状如龟称刺龟。

六斑刺鲀 *Diodon holacanthus* Linnaeus，刺鲀科。体长可达 60 厘米。棘很尖长，能前后活动。体背淡褐，具六个大黑斑。南海习见，碙石称刺乖，清澜港称刺龟。

古称**土奴鱼、鱼虎**。明·李时珍《本草纲目·鳞四·鱼虎》："土奴鱼。藏器曰：'生南海。头如虎，背皮如猬有刺，着人如蛇咬……'时珍曰：'按《倦游录》云：海中泡鱼大如斗，身有刺如猬，能化为豪猪，此即鱼虎

图53　六斑刺鲀

也。'"头如虎而称鱼虎 似太牵强。清·郭柏苍《海错百一录》卷一："刺鱼，产澎湖。首连于腹，左右两鬐，尾短，浑身皆刺，其劲如锥，形圆如球，土人嘘其皮为灯。"刺鱼并不仅产澎湖。清·李调元《然犀志》卷上："鱼虎，生南海……有变为虎者。"花（化）为豪猪之说纯系主观臆断。

三刺鲀 *Triacanthus brevirostris* Temminck et Schlegel，隶于三刺鲀科。体长可达 30 厘米。皮肤颇坚韧，被以细小粗糙鳞片，与鲨鱼皮相似；背鳍第一棘及腹鳍棘强大。内脏有弱碱性毒，分布广。

古称**莲刺鱼**。清·郭柏苍《海错百一录》卷一："连刺鱼，俗呼莲刺。产

于二三月，似鲨仔，但鬣上有一刺，两腮有两刺耳。"莲刺鱼，意其刺如莲上刺。

角箱鲀 *Ostracion（Lactoria）cornutus*，隶于鳞鲀目鳞鲀科。体长 13 厘米，头短高，体甲大致四棱状，背、侧棱发达，其前、后端各有一对朝前和朝后的粗长棘。体甲淡灰黄，分布于东海、南海。方言海牛、黄角仔。

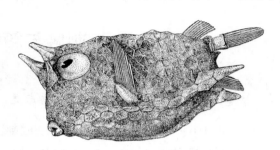

图54　角箱鲀

其特点是体被硬骨板包裹，横断面呈四角形。《初学记》卷三十引汉·杨孚《异物志》："鹿鱼，头上有两角如鹿。"《海物异名记》："芒角持戴在鼻，小者腌为酢，味甚佳。大者长五六寸许，其皮可以角错，亦谓之鹿角鱼。"人们用其粗糙鱼皮来磨光角制品。三国吴·沈莹《临海异物志》："鹿鱼长二尺余，有角，腹下有脚如人足。"此说有误，箱鲀体不会长二尺余，腹下亦无如人足之脚，此脚应为角之误。明·胡世安《异鱼图赞补》卷上："《临海水土异物志》：'鹿头鱼，有两角如鹿。'《岭表录异》：'鹿子鱼，頳色，其尾鬣皆有鹿斑，赤黄色。'"明·方以智《通雅·动物·鱼》："潜鹿鱼，鱼头似鹿者。"有角而鹿斑，因以名鹿角鱼。

宋·梅尧臣《卖鹿角鱼》："水中龙，角而足。海小鱼，角矗矗。不拟龙，乃拟鹿。譬彼蜗，抗茧犊。渍以咸卤久且醭，时卖都市参鼎铢。此人何苦厌猪羊，甘尔臭味不饱腹。"茧犊，牛犊，醭（音 bú），意醋或酱油等表面上长的白色霉。鼎铢（sù）指鼎中食物，后常借指政事。

翻车鱼

镜鱼　新妇啼鱼

翻车鱼 *Mola mola*（Linnaeus），隶于鲀形目翻车鱼科。体短圆而又甚侧扁，状如碟，无尾柄、尾鳍，身体后半段犹如被削掉，故有人称它为会游泳的头。大型个体可长达 3.5 ~ 5.5 米，重 1 400 千克，最大 3.5 吨。背鳍和臀鳍高大，是其主要游泳器官。口又尖又小，像鹦鹉嘴。主要以水母为食，用微小的嘴巴将食物铲起。体背灰褐，腹白。多见于热带海洋。

古称**镜鱼**。三国·沈莹《临海异物志》："镜鱼如镜，形体薄少肉，按闽书，镜鱼眼圆如镜，水上翻转如车，俗称云翻车鱼。"明·屠本畯《闽中海错疏》卷中：

"镜鱼,眼圆如镜,水上翻转如车,亦名翻车鱼。"明·顾玠《海槎余录·翻车鱼》云:"海槎秋晚巡行昌化属邑,俄海洋烟水腾沸。竞往观之,有二大鱼游戏水面,各头下尾上决起烟波中,长数丈余。离而复合者数回,每一跳跃声震里许。余怪而询于土人,曰此翻车鱼也,间岁一至。此亦交感生育之意耳。"

翻车鱼一称缘于俗称。水车,见于南方稻田,不停地翻转。但此鱼性迟钝,并不是不停地翻转,故此称欠合理性。台湾称干贝鱼、鹦哥鱼。因其喜海上晒太阳,称太阳鱼或浮木。又因其栖于热带海洋,体表常附着许多发光动物,在其游动中会发光,远看如明月,故又美称月亮鱼。

谑称**新妇啼鱼**。清·郭柏苍《海错百一录》卷二:"新妇啼鱼,产台湾。引《海东札记》:'状鲜肥,热则拳缩,命名于此。'"此鱼的特点之一是骨多肉少,剥皮后鱼肉约为体重的1/10。但其肉质鲜美,色白,营养价值高,蛋白质含量比著名的鲳鱼和带鱼还高。其肠子也很昂贵,台湾名菜"妙龙汤"就是以此作为主料,食之既脆又香。此外,鱼皮是熬制明胶或鱼油的原料,可作精密仪器、机械的润滑剂。鱼肝可制鱼肝油和食用氢化油等。其肉的最大特点是含水量大,烹后缩得很小。清·孙元衡《赤嵌集·翻车鱼》:"泔鱼未学易牙方,软玉销为水碧浆,厨下却怜三月妇,羹汤难与小姑尝。注:(翻车鱼)状本鲜肥,热则拳缩,意取新妇未谙(意熟悉),恐被姑责也。"泔鱼,原为添水以渍也,后以泔鱼为追悔前非的典故,如"泔鱼已悔他年事"(王安石),此处为追悔之意。易牙,人名,春秋时专管料理齐桓公饮食的厨师,长于调味,善逢迎。意后悔没有学会易牙的方法,柔软似玉的翻车鱼肉,大都化为水碧浆。可怜厨房里的三月新媳妇,做的羹汤难以拿给小姑尝。故此鱼也俗称新妇啼。

比目鱼

鲆　两鲆　婢屣鱼　婢屣　鞋底鱼　拖沙鱼　牛脾　鲅板鱼　箬叶鱼　王余　王余鱼　偏口鱼　箬鱼　鲽　泥鞋鱼　龙舌　龙利　东鲽　孝鱼　报娘鱼　孝子鱼

比目鱼,为鲽形目鱼类的古称,亦是应用至今的俗称。体甚侧扁,成鱼身体左右不对称,两眼位于头的一侧,左或右侧,口、牙、偶鳍均不对称。无眼侧贴于泥或砂质海底,通常无色素。以蠕虫、甲壳类等为食。种类很多,我国有50多种,分布很广,各海区均产。

其称始见于先秦典籍。《尔雅·释地》:"东方有比目鱼焉。"郭璞注:"江东又呼为王余鱼。"比者,并也。比目,即两眼相并。其本义是说鱼的两眼并于身体一侧，左侧或右侧。但古人却误解为须两鱼眼相并，每鱼只有一目。从《吕氏春秋》到《本草纲目》都是长时间被讹传。

古称魪（jiè）、两魪。《玉篇·鱼部》："魪，两魪，即比目鱼也。"《集韵·去未》："魪，鱼名，比目鱼也。"《文选·左思〈吴都赋〉》："罩两魪，罣鳊鰕。"李善注引刘逵曰："魪，左右魪，一目，所谓比目鱼也。云须两鱼并合乃能游，若单行，落魄着物，为人所得，故曰两魪。"罩，捕鱼的竹笼，罣（cháo），捕鱼器，意用网取。鳊鰕（xiā），大虾。魪从介，独也。《广雅·释诂三》："介，独也。"意每鱼只一目，称作"魪"。

图55 比目鱼（仿《三才图会·鸟兽五》）

明·李时珍《本草纲目·鳞四·比目鱼》："比，并也。各眼一目，相并而行也。"《吕氏春秋·遇合》："凡遇合也时，不合，必待合而后行。故比翼之鸟死乎木，比目之鱼死乎海。"

依其形称婢屣鱼。三国吴·沈莹《临海水土异物志》："婢屣鱼，口在腹下，形似妇人屣。"婢屣，意女鞋，即口在腹下，状如女鞋。又"比目鱼，似左右分鱼，南越谓之'板鱼'。"

方言鞋底鱼、拖沙鱼、牛脾。唐·刘恂《岭表录异》卷上："比目鱼，南人谓之鞋底鱼，江淮谓之拖沙鱼。"明·屠本畯《闽中海错疏》卷上云："比目鱼状如牛脾，鳞细，紫黑色，一眼，须两眼相合乃行。"

俗称魬、板鱼。明·廖文英《正字通·鱼部》："魬，比目鱼，名板鱼，俗改作魬。"

代称箬（ruò）叶鱼。《尔雅翼·释鱼二》："南粤谓之板鱼，今制［浙］人谓之'鞋底鱼'，亦谓之'箬叶鱼'。"箬叶即竹叶。因其体薄如板，或形如履，或状如牛舌等，异称皆缘于形。

代称王余鱼。《艺文类聚》卷九十九引晋·郭璞《比目鱼赞》："比目之鳞，别号王余。虽有二片，其实一鱼。协不能密，离不能疏。"更甚者，《异闻记》："东城池有王余鱼，池决，鱼不得去，将死。或以镜照之，鱼看影，谓其有双，于是比目而去。"

王余鱼一称，源于神话传说。《尔雅·释地》："东方有比目鱼，不比不行，其名曰鲽。昔越王为脍，剖而未切，堕落于水，化为鱼。"又"比目鱼……江东又呼为王余鱼。"《文选·左思〈吴都赋〉》:"双则比目,片则王余。"刘逵注:"比目鱼,东海所出,王余鱼,其身半也。俗云:越王脍鱼未尽,因以其半弃水中为鱼。遂无其一面,故曰王余也。"是说当年越王勾践在江上,脍鱼未尽,即只切了鱼之一半,弃其另一半于水,随变成了鱼,叫王余鱼。

俗称**偏口鱼**。清·郝懿行《记海错》:"王余,即偏口鱼也……唯一面有鳞为异。其口偏在有鳞一边,极似比目鱼。但比目鱼一目,须两片相合,此鱼两目相连,唯口偏一侧耳。"其实偏口也即比目鱼。

方言**篛(ruò)鱼、鳎**。光绪《富阳县志》卷十五:"篛鱼,俗书作鳎……即所谓比目鱼也。"篛同箬,一种竹子。故比目鱼又称箬鱼。

方言**泥鞋鱼**。清·郭柏苍《海错百一录》卷一:"比目鱼……闽呼泥鞋鱼,广名鞋底鱼。"

方言**龙舌**。光绪《莆田县志》卷二:"贴沙,一名龙舌,俗呼鞋底。"龙舌,仙人掌类植物,此述其形似。

方言**龙利**。《阳江县志》卷十六:"贴沙鱼,一种扁而长,俗呼龙利。方言谓舌曰利,以其形似龙舌也。"故龙利同龙舌。

别名**东鳐(yáo)**。清·王士禛《香祖笔记》卷三引汉·郑玄《尚书中候注》:"比目鱼,一名东鳐。"鳐,古时多义。其中《说文·系部》:"鳐,随从也。"鳐,也是秦汉时由闽越族分出的一个古民族名,又为一姓氏。鳐,古通游,此东鳐或意东海之水族。如《管子》:"东海致比目之鱼。"

拟称**孝鱼、报娘鱼**。《南汇县续志》卷二一:"比目鱼,俗呼孝鱼,又呼报娘鱼。"

拟称**孝子鱼**。《昆新两县续补合志》卷三:"比目鱼……以其形如箬,谓之箬鱼,又讹为王祥所弃,谓之孝子鱼。"此源于故事,出自《晋书》。王祥,古代二十四孝子之一。母久病,求生鱼,祥应之。然时盛寒河冰,网罟不施,祥解衣卧冰求之。忽冰少开,一鱼出游,垂纶获之。祥为母削去鱼体之半,因不忍鱼之痛苦挣扎,将鱼之另一半放回冰窟之中,遂变为比目鱼。上述之孝鱼、报娘鱼等称,同源。

比目鱼被以爱情忠贞相比。三国魏·徐干《室思》诗:"故如比目鱼,今隔如参长。"参长,比喻离别不得相见。《史记·司马相如传》:"禺禺魼鳎。"禺意为偕好。明·杨慎《异鱼图赞》卷二:"王余孤游,比目双逝,水既有之,陆亦相俪。单鶪匹鹂,性亦相似。"鶪(jú),伯劳的旧称;鹂(lí),黄鹂。伯劳必单栖,黄鹂必双飞。《管子》:"东海致比目之鱼,西海致比翼之鸟。"晋·孙绰《望海赋》:"王余孤戏,比目双游。"民间亦有所谓"凤双飞,鱼比目"之谚。《鬼谷子·反应篇》:"其相知也,若比目之鱼。"甚至有人说:"凤凰双栖鱼比目",

唐·卢照邻《长安古意》："得成比目何辞死，愿作鸳鸯不羡仙。"

清代始知其有两眼。清·李调元《然犀志》："比目鱼……两眼并相，一明一暗，亦微分大小。"也知并非不比不行。清·郭柏苍《海错百一录》卷一云："在海滨以此为常肴，缉者多单得，乃受气之偏，非不比不行也。"还知成、幼鱼眼不同。清·徐珂《清稗类钞·动物类》："比目鱼……其幼鱼两侧各有一眼，游泳如常鱼。渐长，伏于泥沙，眼之位置亦渐移易。故其生育中，必几经变态。种类甚多。两眼比连于左侧者，如鲽及鞋底鱼是；比连于右侧者，如王余鱼是。"比目鱼多为重要经济鱼类，肉质鲜美，产量颇高。为满足人们需要，我国及其他许多国家已开展了对牙鲆和舌鳎等鱼的人工养殖。

《管子封禅篇》记："桓公欲封禅，管仲曰，古之封禅，东海致比目之鱼，西海致比翼之鸟，然后物有不召而自至者十有五焉。今凤凰麒麟不来，鸱枭数至，而欲封禅毋乃不可乎？于是桓公乃止。"封禅是我国古代皇帝为祭拜天地而举行的活动。就是说，齐桓公要封禅，又要劳民伤财。管仲劝道，古人封禅，一定要得到东海的比目鱼，西海的比翼鸟，其他所要之物，十之有五就会不召自来。现在凤凰麒麟不来，而猫头鹰数次光顾，欲想封禅，恐有不妥。齐桓公听后作罢了。杜甫《比目鱼》诗："若逢封禅诏，定向海边求。"

鲽形目鱼类

鲆　牙鲆　箬叶鱼　鲽　婢屣鱼　奴屦鱼　木叶鲽　鳒鱼　生介　左介　鳎　条鳎　鲑鱼　鲈　鲈鳎　鳎鳗　鳎魶　鲭鳗　箬鳎鱼　箬獭　舌鳎　鲽魦　漯　沙　江箬　箬漯　版鱼　左魪　风板鱼　沓蜜鱼　牛舌头鱼　焦氏舌鳎

鲆，此为鲆科鱼的通称。两眼位于头左侧，背、臀鳍甚长。体左侧色深，右侧淡。种类很多，鲆之称始见于梁。《玉篇·鱼部》："鲆，鱼名。"三国·沈莹《临海水土异物志》："板鱼片立，合体俱行。比目鱼也。"至清代则明确提出两眼在左侧者谓之鲆。清·徐珂《清稗类钞·动物类》："鲽，古亦称鳒，日本人则称两眼之在右侧者曰鳒，而以在左侧者为鲆。"鲆非鳒，鳒是另一种鱼。鲆从平，平者平也，缘于鱼体扁平如板，附底而栖，是故又有板鱼、鲅鱼之称。鞋底鱼、箬叶鱼，皆述其形。箬叶，即箬竹的叶子。

牙鲆 *Paralichthys olivaceus*（Temminck *et* Schlegel），隶于鲽形目鲆科。体长而侧扁，长达 70 厘米，重达 1 300 克。性凶猛，以鱼、贝、十足类等为食。仔鱼两眼位置正常，30～40 天完成变态，头骨向左扭，眼也移至左侧。黄、渤海名贵鱼类，年产量约 2 000 吨。肉味鲜美，刺少。广东称鲥、左口、沙地、

地鱼；江浙称比目鱼；山东称
牙鳎、偏口；河北、辽宁称牙片、
偏口。在我国已人工养殖。

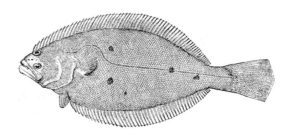

图56　牙鲆（仿郑葆珊）

鲽，鲽科鱼的通称。体甚
侧扁，两眼位于头右侧，体左
侧色淡，贴沙而卧，右侧色深。
刚孵出的仔鱼两眼位置正常，
营浮游生活，随着发育，渐变态，
左侧眼渐移至头右侧，鱼则沉入海底生活。鲠少，味美，多为重要经济鱼类，
分布广，在我国各海均产，有些可进入淡水。种类很多，常见的有高眼鲽、星
鲽、虫鲽、冠鲽等。

其称始见于汉代典籍，并沿用至今。《说文新附考·鱼部》："鲽，比目鱼也，
从鱼枼声。"枼（yè），意薄片。鲽从碟，鱼体扁如碟，贴附海底生活。

古称婢屣鱼。《尔雅·释地》："'鲽，音牒，比目鱼。'"又"鲽，婢屣鱼。"《太
平御览》卷九百四十引三国吴·沈莹《临海水土异物志》："婢屣鱼，口在腹下，
形似妇人屣。"《后汉书·文苑传下·边让》："比目应节而双跃兮。"唐·李贤注：
"比目鱼一名鲽，一名王余。"宋·张守《汉神鱼舞河颂》："东海之鲽，北冥之
鲲。披图考异，掩于前闻。"

元代还有奴屩鱼一称。《临海水土记》："奴屩鱼长一尺，如屩形。"屩（jué）
者，用麻、草做的鞋子。明·杨慎《异鱼图赞》卷二："东海比目，不比不行，
两片得立，合体相生，状如鞋屟，鲽实其名。"屟（xiè），同屧，古代鞋的木底。
《风土记》云："奴屩鱼，皆鲽之别名。"婢屣鱼及奴屩鱼述其形如女鞋。

木叶鲽 *Pleuronichthys cornutus*（Temminck et Schlegel），隶于鲽形目鲽科。
体长20厘米，甚侧扁，呈卵圆形。
有眼侧体色灰褐或红褐，有暗色黑
斑。冷水性经济鱼类，

鳒，大口鳒 *Psettodes erumei*（Bloch
et Schneider），隶于鲽形目鳒科。体
甚侧扁，形与其他比目鱼雷同，但
两眼位于头左侧或右侧者数量大抵
相同。长37厘米。口甚大，口裂斜。
被小圆鳞，有眼侧体色褐至暗褐。

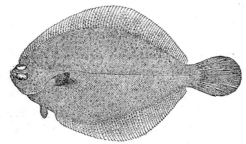

图57　木叶鲽（仿郑葆珊）

其称见于汉代典籍，并沿用至
今。《说文·鱼部》"鳒，鳒鱼也，从鱼兼声。"三国吴·沈莹《临海水土异物志》

"比目鱼，一名鲽，一名鳒。状似牛脾，细鳞，紫黑色。一眼两片，相合乃行。"鲆与鳒是两种鱼。"一眼两片"意两片鱼各有一眼。

古称生介、左介。清·历荃《事物异名录·水族部·比目》："〈北户录〉：'比目鱼，一名鳒，亦曰生介。又生介或作左介'。"介，意独。左介意只有左眼。此说皆误。鳒从兼，即同一种鱼两眼位于体左侧者和位于右侧者兼而有之。

鳎，为鳎科鱼的通称。体延长，呈舌状，两眼位于头右侧。口小，下位。背鳍、臀鳍与尾鳍相连，无胸鳍，无眼侧无腹鳍。在我国约有 18 种，形体相似。如 **条鳎** *Zebrias zebra*（Bloch），隶于鲽形目鳎科。体侧扁，长约 20 厘米。有眼侧色淡黄褐，

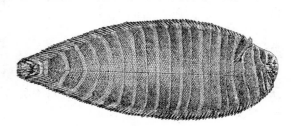

图58　条鳎（仿郑葆珊）

具深褐色横带花纹。俗称花鳎鳍、花条鳎、花手绢、花板、花牛舌、花鞋底等。

其称始见于汉代典籍，并袭用至今。《文选·司马相如〈上林赋〉》："鳂鳂鳊魠，禺禺魼鳎。"李善注引郭璞曰："鳎，比目鱼。状似牛脾，细鳞紫色。"又裴骃 集解 引许广曰："鳊一作魾，魠一作鳎。"

亦称魼（qū）。清·朱骏声《说文通训定声》："鳎，比目鱼也，一名魼。魼即《史记》鳊鳎之鳊也。鳎，鳊鳎也，从鱼昺声。"

代称鱋（qū）。《广韵·鱼韵》："鱋，比目鱼。"

别名鳎鳗、鳎魠。《正字通·鱼部》："鳎，音塔，薄鱼，蹋土而行，今谓之鳎鳗，鳎魠。"鳎，犹如蹋，"蹋土而行"。《广雅·释诂一》："蹋，履也。"意其形如履。魼（qu）同鱋，意体披栉鳞，皮肤粗糙。

俗名鳎鳗。《古今图书集成·禽虫典》引《瑞安县志》："比目鱼形似蒻叶，紫黑，细文，两鱼合一，骈身比合而行，俗名鳎鳗。"蒻叶即箬叶。鳎鳗同鳎鳗。

方言箬鳎鱼。清·王日祯《湖志》卷六："鲽，即比目鱼……浙谓之鞋底鱼，亦谓之箬鳎鱼。"

方言箬獭。光绪《余姚县志》卷六："箬獭，嘉庆志，状类箭箬，细鳞紫色，即比目鱼。"箬獭同箬鳎。箭箬，即箬竹，叶片宽大，可以裹粽。

其肉质细嫩，味道鲜美，且小刺少，尤其适宜老年人和儿童食用。

舌鳎，为舌鳎科鱼类的通称。体长而侧扁，呈舌状。成鱼两眼均位于头的左侧，体长通常不超过 30 厘米，体被栉鳞。俗称鳎沙、舌头、牛舌、鳎米、牙权鱼、左口、鳎板等。

代称**鲽魦**、**漯沙**、**江箬**、**箬漯**。明·屠本畯《闽中海错疏》卷上："鲽魦，形扁而薄，邵武名鞋底鱼，又名漯沙。按：漯音挞，鱼在江中行漯漯也。左目明，右目晦昧。今闽广以此鱼名比目……四明谓之江箬，以形如箬，故名。又谓之箬漯，以其行漯漯，故名。"箬为宽竹叶。鲽魦，意贴沙而行。漯漯，原为中医术语，意寒栗貌，此示其游泳之状。

又称**版鱼**、**左魪**。清·屈大均《广东新语·鳞部》："贴沙，一名版鱼，亦曰左魪。身扁，喜贴沙上，故名。市归以贴墙壁，两三日犹鲜。即比目鱼也。"

俗称**风板鱼**。同治《上海县志》卷八："比目鱼，俗呼风板鱼，亦名鞋底鱼。"

方言**沓密鱼**、**牛舌头鱼**。《福山县志稿》卷一之三："比目鱼，京师谓之沓密鱼，形如牛脾，登州呼为牛舌头鱼。"沓为鳎、踏的谐音字，方言谓泥曰密，故沓密意踏泥或贴泥、贴沙。

焦氏舌鳎 *Cynoglossus joyneri* Günther。体呈舌形扁片状，长 19 厘米。口下位，左右不对称，无胸鳍。有眼侧色褐，有三条侧线，无眼侧色淡。经济鱼类。

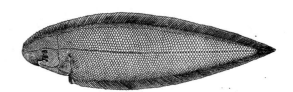

图59　焦氏舌鳎（仿郑葆珊）

鮟 鱇

黑鮟鱇　琵琶鱼　剑鱼　鳇鱼　华脐　老婆牙　乐鱼　三脚蟾　海蝦蟇　蹩鱼　鮟

黑鮟鱇 *Lophiomus setigerus*（Vahl），鮟鱇目鮟鱇科。体形平扁，体长达 20 厘米。头大，圆盘状，向体部渐细成锥状，状若琵琶。口宽大，两颌及犁骨、腭骨均具尖锐犬牙，体裸无鳞。背鳍第一棘分离，形成吻触手，胸鳍有很长的假臂。底栖鱼，可食用，但价值不大。在我国共有 3 种，近似种黄鮟鱇 *Lophius litulon*。

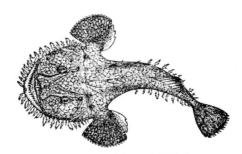

图60　鮟鱇（仿张春霖等）

古称**剑鱼**、**琵琶鱼**。南朝梁·任昉《述异记》卷上："海鱼千岁为剑鱼，一名琵琶。形如琵琶而善鸣，因以名焉。"《文选·左思〈三都赋〉》："跃龙腾蛇，鲛鲻琵琶。"刘逵注："琵琶鱼，无鳞，形似琵琶，东海有之。"明·屠本畯《闽中海错疏》卷中："琵琶，身扁似琵琶，无鳞。生南越者（古越人的一支，也作南粤）长二丈。"长二丈之说失实。琵琶鱼之称，因形而得。

别名**鮟鱼、华脐、老婆牙**。明·冯氏可《雨航杂录》："鮟鱼，一名华脐，一名老婆牙，其腹有带如帔，子生附其上，形如蝌蚪。大者如盘，或曰此文选所谓琵琶鱼也。无鳞，冬初始出者俗重之，至春则味降矣。"帔（音 pèi），原意古代披在肩背上的服饰，此处意覆盖物。鮟鱼，华脐之称，皆因此覆盖物而得。老婆牙之称缘其大牙。

美称**乐鱼**。明·杨慎《异鱼图赞》卷三："海鱼无鳞，形类琵琶，一名乐鱼，其鸣亦嘉。闻音出听，曾识瓠巴。"瓠巴，春秋战国时期楚国著名琴师、音乐家。此鱼能发老人咳嗽似的声音，俗称老头鱼。

异称**三脚蟾**。清·李调元《然犀志》："三脚蟾，鱼类。形如蝌蚪而扁，左右两翅，视之俨如三足蟾蜍，故名。口大有齿，细如毳毛，下腭（应为颌）长于上唇。"三脚蟾之称亦得于形。

俗称**海虾蟇**。清·方旭《虫荟3·海虾蟇》："《坤舆外纪》：'海中有海虾蟇，与石同色，饿时即入石穴中，於鼻内吐一红线，如小蚯蚓，以饵小鱼。众小鱼争食之，皆被所吞。'"

此鱼以其守株待兔的方式诱捕猎物，似安康、快乐而称"鮟鱇"、"乐鱼"。另有人谓，早期渔民因其形丑而不捕，使其得以海中安定生活，得名鮟鱇。又谓源于日本，鱼店老板剥其嫩白之肉赠人，又不愿明言，为讨口彩而称鮟鱇，寓意安康。

躄（bì）鱼，鮟鱇目躄鱼科，在我国有 5 种。体小，头大。第一背鳍棘特化成"钓竿"，其顶端有肉质的"钓饵"。或静伏海底，诱捕猎物。如藻躄鱼，其体色花纹颇似马尾藻。如毛躄鱼 *Antennarius hispidus*（Bloch *et* Schlegel），体长不足 11 厘米。暖水性底层鱼类。

鳞。明·屠本畯《闽中海错疏·卷上》："鳞，背有肉二斤，干之名金丝鲞，形俱类鲹鱼翅。"其中"斤"字或有误，躄鱼体小，背

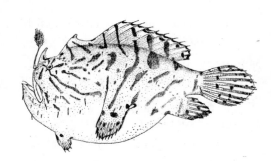

图61 毛躄鱼

部不会有二斤肉，或许是两"片"肉。且皮肤粗糙，不作食用，多作肥料，不

会类鲅鱼翅。此应指其吻上的"钓竿"和"诱饵"。胸鳍特化成臂状，可在海底缓慢爬行，蹙意跛脚，故蹙鱼又名跛脚鱼。

鱼类器官与产物

鱼 卵

鮢 鯢 鲲 鱼子 金粟平锤 鲵子 白萍

鱼，多数卵生。鱼卵古称鲲、**鱼子**。《尔雅·释鱼》："鲲，鱼子。"郭璞注："凡鱼之子总名鲲。"《国语·鲁语上》："鱼禁鲲鲕，兽长麑（ní，意幼鹿）麇（yao 幼麇）。"韦昭注："鲲，鱼子也；鲕，未成鱼也。"《说文·鱼部》："鱼子未生者曰鲲，鲲即鱼卵……鱼子即鱼卵，今人俗语犹如是。"唐·皮日休《种鱼》诗："移土湖岸边，一半和鱼子。"

亦称**鮢**（mǐ）、**鯢**。晋·崔豹《古今注·鱼子》："鱼子曰鲲，亦曰鮢，言如散稻米也。"明·李时珍《本草纲目·鳞四·鱼鲵》："鱼子曰鮢，曰鯢。"

鲲又为传说中的一种大鱼。《庄子·逍遥游》："北冥有鱼，其名为鲲。鲲之大，不知其几千里也。"

代称**金粟平锤**。清·历荃《事物异名录·饮食部》引《食谱》云："金粟平锤。"自注"鱼子。"

别名**鲵**（yuán）**子**、**白萍**。晋·崔豹《古今注·鱼虫》："鲵子，一名鱼子，好群浮水上，曰白萍。"唐·苏鹗《苏氏演义》卷下："鱼子好羣泳水上者名曰白萍。"

鱼类器官

鱼鳞 鱼甲 玉甲 鳍 鬵 鱼翅 鱼骨 鱼刺 鲠 鳋 丁 鱼鲵 鱼尾 鲂 丙 鱼肠 鲴 乙 鱼鳔 白脬 鱼胞 压胞 鱼泡 细飘 玉腴 佩羹 宋珍都尉 南海詹事 脂肪 鱼脂 鱼油

鱼鳞，古称**鱼甲**。《说文·鱼部》："鳞，鱼甲也，从鱼粦声。"多数硬骨鱼体外的骨质薄片状保护结构。《楚辞·九歌·河伯》："鱼鳞屋兮龙堂，紫贝阙兮朱宫。"王逸注："言河伯所居，以鱼鳞盖屋，堂画蛟龙之文，紫贝作阙，朱丹其宫，形容异制，甚鲜好也。"唐·李贺《雁门太守行》："黑云压城城欲摧，甲光向日金鳞开。"明·李时珍《本草纲目·鳞四·鱼鳞》 释名 曰："鳞者，粼也。鱼产于水，故鳞似粼；鸟产于林，故羽似叶；兽产于山，故毛似草。鱼行上水，鸟飞上风，恐乱鳞羽也。"

美称**玉甲**。明·罗汝敬《龙马赋》："肉鬃碨磊兮，玉甲晶荧。"碨磊，谓肉鬃突起。

鱼鳞可做鱼鳞胶、鳞光粉、磷酸钙、盐酸和尿素等，鱼鳞胶可制电影胶卷和 X 光胶片。

鳍称鬣、鱼翅。《尔雅·释鱼》："鱼尾谓之丙。"邢昺疏："此释鱼之骨体肠尾之名也……尾似篆书丙字，亦因名之也。"明·李时珍《本草纲目·鳞四·鱼鮸》："鱼尾曰蒻，音抹，曰丙。鱼翅曰鳍，曰鬣。"《司马相如传史记》："揵（qián，竖立）鳍櫂尾……鳍，鱼身上鬣也。"

鱼骨、鱼刺称鲠（gěng），亦称鰉。《说文·鱼部》："鰉鲠，鱼骨也。《尔雅》曰'鱼骨谓之鰉。'"明·李时珍《本草纲目·鳞四·鱼鮸》："鱼骨曰鲠，曰刺。"如鲠在喉，不吐不快。《仪礼·公食大夫礼》"鱼七缩俎寝右。"汉·郑玄注："干鱼近腴多骨鲠。"贾公彦疏："郑云'干鱼近腴多骨鲠'，故不欲以腴乡宾，取脊少骨鲠者乡宾。"唐·韩愈《送进士刘师服东归》："由来骨鲠材，喜被软弱吞。"《晋书·曹志传》："干植不强，枝叶不茂；骨鲠不存，皮肤不充。"

鱼枕骨称丁，亦称**鱼鮷**（shěn）。《尔雅·释鱼》："鱼枕谓之丁，鱼肠谓之乙。"郭璞注："枕在鱼头骨中，形似篆书丁字，可作印。此皆似篆书字，因以名焉。"邢昺疏："此释鱼之骨体肠尾之名也。其鱼头中骨为枕，其骨形似篆书丁字，故因谓之丁。"明·李时珍《本草纲目·鳞四·鱼鮸》："诸鱼脑骨曰鮷，曰丁。"宋·苏轼《鱼枕冠颂》："莹净鱼枕冠，细观初何物。"清·吴伟业《送许尧文之官莆阳》诗之二："抹丽香分鱼鮷细，荔支浆胜橘奴甘。"

鱼尾称鲂（mò），亦称丙。《尔雅·释鱼》："鱼尾谓之丙。"邢昺疏："尾似篆书丙字，亦因名字也。"明·李时珍《本草纲目·鳞四·鱼鮸》："鱼尾曰鲂，曰抹，曰丙。"

鱼肠曰鲴（gù），亦称乙。《尔雅·释鱼》："鱼肠谓之乙。"邢昺疏："鱼肠似篆书乙字。"《广韵·十一暮》："鲴……鱼肚中肠。"明·李时珍《本草纲目·鳞四·鱼鲊》："鱼肠曰鲴，曰乙。"亦有谓鱼胃曰鲴。《集韵·莫韵》："鲴，杭、越之间谓鱼胃为鲴。"

鱼鳔。某些鱼类体内可以涨缩的气囊，鱼借以调节鱼体沉浮的器官。鳔字从鱼，从票。"票"意"掠过"、"轻拂"。

代称**白脬**。明·李时珍《本草纲目·鳞四·鳢鮧》引宋·齐丘《化书》云："鳔即诸鱼之白脬，其中空如泡，故曰鳔。可治为胶，亦名縺胶。诸鳔皆可为胶。"

又"鱼脬曰鳔，曰鱼脬，细飘，玉腴，佩羹，𫚉胶，压胞，鱼肚，鲢鳑。"

代称**鱼胞**。宋·苏轼《孙莘老寄墨》诗："鱼胞熟万杵，犀角盘双龙。墨城不敢用，进入蓬莱宫。"杵（chǔ），原指圆木棒。元·偰玉立《赠墨士》诗："鱼胞万杵成玄玉，应是柯仙得妙传。"方言称鱼白、白鳔、鱼脬、鱼肚、鲢鳑，鲢鳀。

代称**压胞**。《新唐书·地理志》载：吴郡（今苏州市）每年贡"压胞（鱼鳔）七斤"。

又称**鱼泡**。宋·司马光等撰《类篇》："鳔，鱼泡也。"

亦称**细飘**。唐·段成式《酉阳杂俎》："细飘，一名鱼膘。"

方言**玉腴、佩羹**。宋·江休复《江邻几杂志》卷二："丁正臣赍玉腴来馆中，沉景休云：福州人谓之佩羹，鱼脬也。"清·历荃《事物异名录·饮食部》引《名物通》："玉腴，鱼脬也。"

拟称**宋珍都尉、南海詹事**。清·厉荃《事物异名录·水族·鱼总名》引宋·毛胜《水族加恩簿》："江伯夷，宋帝酷好鳔，则别名宜授宋珍都尉、南海詹事。"都尉、詹事，皆古官名，原意给事、执事。秦始置，掌皇后、太子家中之事。

鱼鳔，可食，盐或蜜渍成酱。鱼鳔味甘性平，有养血止血，补肾固精之效。亦可炼鱼胶，做工业黏合剂和外科手术用的缝合线。

脂肪称**鱼脂，**亦称**鱼油**。明·李时珍《本草纲目·鳞三·鱼脂》："脂，旨也。其味甘旨也。南番用鱼油和石灰艌船。"鱼油可制肥皂、油漆，作润滑油等。

鱼 生

鱼鲙

鱼生亦称鱼脍，即今人所食之生鱼片。明·李时珍《本草纲目·鳞三·鱼脍》："鱼脍，一名鱼生。刽切而成，故谓之脍。凡诸鱼之鲜活者，薄切洗净血腥，沃以蒜齑（jī，切碎的腌菜或酱菜），姜醋五味食之。"清·李调元《南越笔记》卷十："粤俗嗜生鱼，以鲈、以鲗、以鳢白、以黄鱼、以青鲚、以雪龄、以鲩为上，鲩又以白鲩为上。以初出水泼刺（鱼跃也）者，去其皮剑，洗其血鮏（xīng，即腥），细刽之为片，红肌白理，轻可吹起，薄如蝉翼，两两相比，泛以老醪（láo，酒酿），和以椒芷，入口冰融，至甘旨矣，而鲥与嘉鱼尤美。"清·屈大均《广东新语》卷二十二："予尝荡舟海目山下，取鲥为脍。有诗云：'雨过苍苍海目开，早潮未落晚潮催。鲥鱼不少樱桃颊，与客朝朝作脍来。'然食鱼生后，须食鱼熟以适其和。"身壮者宜食，谚曰："鱼生犬肉糜，扶旺不扶衰。"又冬至日宜食，谚曰："冬至鱼生，夏至犬肉。"予诗："鱼脍宜生酒，餐来最益人。临溪亲举网，及此一阳春。"食鱼生的传统源于我国，早在周朝就有记载。考古出土的周宣王五年（即公元前823年）青铜器上的铭文中就记有一将军吃鱼生之事。至唐代更是食脍盛行，发展到高峰，后历经各个朝代，几度兴盛，逐渐形成了丰富的鱼生饮食文化。但吃鱼生易致寄生虫病。明·李时珍《本草纲目·鳞三·鱼脍》时珍曰：按《食治》云："凡杀物命，即亏仁爱，且肉未停冷，动性犹存，旋烹不熟，食犹害人，况鱼脍肉生，损人尤甚，为症瘕，为瘤疾，为奇病，不可不知。昔有食鱼生而生病者，用药下出，已变虫形，脍缕尚存；有食鳖肉而成积者，用药下出，已成动物而能行，皆可验也。"

鲝鮧与鱼羹

鲝鮧　江伯夷　鱼沧　郎官鲝　鱼羹

鲝鮧、江伯夷、鱼沧、郎官鲝。鱼鳔、鱼肠用盐或蜜渍成的酱称鲝鮧（zhú yí）。明·李时珍《本草纲目·鳞四·鲝鮧》释名引藏器曰："鲝鮧，乃鱼白也。"北魏·贾思勰《齐民要术》云："汉武逐夷至海上，见渔人造鱼肠于坑中，取而食之，遂命此名，言因逐夷而得是矣。"对此一说，无任何古籍史料可以佐证，历史学家予以否定，因为汉武帝刘彻根本没有亲自领兵"逐夷"这回事。另一说出于唐·陆广微《吴地记·逐夷》："阖庐十年，东夷侵吴，吴王亲征之（见石首鱼条目）……夷人不得一鱼。遂献宝物，送降款。吴王亦以礼报之，仍将鱼腹肠肚，以咸水淹之送与夷人，因号逐夷。"一般认为此为鲝鮧一称的真正出处。观此则鳔与肠皆得称鲝鮧矣。《南史·宋纪下·明帝》："以蜜渍鲝鮧，一食数升。"清·林昌彝《杞忧》诗："嗜痂到处营蝇蚋，下酒何人啖鲝鮧。"痂，疮口结的硬壳。嗜痂，原指爱吃疮痂的癖性。后形容怪癖的嗜好。

亦有谓："鲝鮧，乌贼鱼肠也。"——沈括《笔谈》

鱼羹，鱼肉所做的羹，或鱼做的糊状食物。《南齐书·孝义传·乐颐》："吏部郎庾杲之尝往候，颐为设食，枯鱼菜菹而已。杲之曰：'我不能食此。'母闻之，自出常膳鱼羹数种。"前蜀·李珣《渔歌子》词之二："水为乡，蓬作舍，鱼羹稻饭常餐也。"宋·戴复古《思归》诗："肉糜岂胜鱼羹饭，纨袴何如犊鼻裈。"又汪元量《湖州歌》："莫问萍虀并豆粥，且餐麦饭与鱼羹。"清·徐珂《清稗类钞·饮食·鱼羹》："鱼羹亦有块、整之别：整鱼以四腮鲈鱼为上品，其次鲫鱼；块鱼以青鱼为上品，其次鲤鱼。"

别名鱼沧。晋·葛洪《抱朴子·吴先》："有鱼沧濯裘之俭，以窃赵宣平仲之名。"

别名**郎官鲞**。《类说》卷六引《海物异名记》："江南人喜作鲞，名郎官鲞，言因张翰得名。"郎官，谓侍郎、郎中等职。

干鱼或鱼干

鲍鱼 薧 萧折 淡鱼 鱐鱼 魝鱼 腌鱼 咸鱼 鲝鱼 鳒鱼 干鱼
法鱼 鱼炙 鱼鲊 河祇脯

干鱼古称**鲍鱼**。明·李时珍《本草纲目·鳞四·鱼鳞》："鲍，即今之干鱼也。鱼之可包者，故字从包。《礼记》谓之薧，《魏武食制》谓之萧折，皆以萧嵩承曝而成故也。其淡压为腊者，曰淡鱼，曰鱐鱼，音搜；以物穿风干者曰法鱼，曰魝鱼，音怯；其以盐渍成者曰腌鱼，曰咸鱼，曰鲝鱼，音叶，曰鳒鱼，音蹇。今俗通呼为干鱼。"

称**薧**（kǎo），《周礼·天官·獻（渔）人》："辨鱼物，鲜，薧。"鲜与薧相对，薧，干也。清·徐珂《清稗类钞·饮食·饭有十二合》："山雉泽凫，鹿脯鱼薧，昔人往往见之篇什。"

曰**鱐**（sù）**鱼**。《周礼·天官·庖人》："夏行腒鱐，膳膏臊。"郑玄注引郑司农曰："腒，干雉；鱐，干鱼；膏臊，豕膏也。"宋·欧阳修《夷陵县至喜堂记》："贩夫所售，不过鱐鱼腐鲍，民所嗜而已。"宋·陆游《雪夜小酌》诗："地炉对火得奇温，兔醢鱼鱐穷旨蓄。"《金史·礼志三》："笾之实，鱼鱐、糗饵……以序为次。"

称**魝**（jì）**鱼**。《集韵》："魝，以竹贯鱼为干。出复州界。"风干的鱼。

咸鱼。《孔子家语·六本》："如入鲍鱼之室，久而不闻其臭。"古时咸鱼被称作鲍鱼。

鲝（yè）**鱼**。《汉书·货殖传》："鲰鲍千钧。"颜师古注："鲍，今之鲝鱼也。"《玉篇》："鲝，盐渍鱼。"

鳒（jiān）**鱼**。《正字通》："鲝鱼，微用盐曰鳒。"盐干鱼。

烧烤的整鱼曰**鱼炙**。《国语·楚语上》："士有豚犬之奠，庶人有鱼炙之荐。"《史记·刺客列传》："酒既酣，公子光详为足疾，入窟室中，使专诸置匕首鱼炙之腹中而进之。"

腌制的鱼及鳔鱼称**鱼鲊**（zhǎ）。明·李时珍《本草纲目·鳞四·鱼鲊》："鲊，菹也。以盐糁酝酿而成也。诸鱼皆可为之。大者曰鲊，小者曰鱁。一云：南人曰鱁，北人曰鲊。"北魏·贾思勰《齐民要术·做鱼鲊》："做鱼鲊法：到鱼毕，便盐腌。"唐·白居易《桥亭卯饮》诗："就荷叶上包鱼鲊，当石渠中浸酒瓶。"清·黄遵宪《番客篇》："穿花串鱼鲊，薄纸批牛肪。"湖南祁阳的特色美食。

称河𥗚脯。清·历荃《事物异名录·饮食》引宋·王子韶《鸡跖集》："武夷君食河𥗚脯。"原注："干鱼也。"

鱼 翅

鲨鱼鳍中的细丝状软骨，加工而成的一种海产珍品，古代被列为"八珍"之一，方言还称鲨鱼筋、鲨鱼翅、金丝翅、鲛鲨翅等。

明·李时珍《本草纲目·鳞四·鲛鱼》："沙鱼……形并似鱼，青目赤颊，背上有鬣，腹下有翅，味并肥美，南人珍之。"清·赵学敏《本草纲目拾遗》："沙鱼翅，干者成片，有大小，率以三为对，盖脊翅一、划水翅二也。煮之拆去硬骨，检取软刺色如金者。"清·郝懿行《记海错》："沙鱼色黄如沙……其腴乃在于鳍，背上腹下皆有之，名为鱼翅，货者珍之。瀹（yuè，浸渍）以温汤，摘去其骨，条条解散如燕菜而大，色若黄金，光明条脱。"

最早食用鱼翅者，是渔民。至明代中期，鱼翅已为人们广泛食用，被视为珍品。清·汪康年《汪穰卿笔记》卷三云："鱼翅自明以来始为珍品，宴客无之则客以为慢。"有考者谓应始于宋代。但宋代主要是加工鲨鱼皮，细切成丝，称为鲨鱼皮脍。宋·梅尧臣《答持国遗鲨鱼皮脍》："海鱼沙鱼皮，翦脍金齑酽（yàn 味厚）。远持享佳宾，岂用饰宝剑。予贫食几稀，君爱则已泛。终当饭葵藿，此味不为欠。"金齑，切成细末的精美食物。葵与藿，均为菜名。将鲨鱼皮脍误认为鱼翅。但皇帝熹宗，起年号天启，恰与唐代李白的诗"明断自天启，大略驾群才……"符合，且喜食鱼翅。当时的风水师认为鲨鱼为佛教护法神"摩羯"。吃鱼翅最不吉利，且熹宗起天启年号、喜鱼翅，寓意国破家亡，妻离子散、霉运连连。故明末至清中期前无人敢吃鱼翅，鱼翅也被排除八珍。但清代发展迅速，甚至有"无翅不成席"之说。清·徐珂《清稗类钞·饮食类》："粤东筵席之肴，最重者为清炖荷包鱼翅，价昂，每碗至十数金。"清·屈大均《广州竹枝词》："由来好食广州称，菜式家家别样矜；鱼翅干烧银六十，人人休说贵联升。"据研究，鱼翅的营养价值并不高，甚至可能会对人体有害，这只是我国特有的文化现象。但吃鱼翅正使全球鲨鱼种群遭受绝灭之灾。为保护资源，以不吃鱼翅为好。

二 海洋爬行类

龟

　　龟，是龟科动物的通称。体平扁，具明显的头、颈、躯干、尾等部分，躯干短而宽。上下颌均无齿，颌缘被以角质壳。行动缓慢，耐饥能力强。体内授精，卵生或卵胎生。水栖或陆栖，适于水栖者，四肢成鳍肢状。种类较多，全世界有200余种，在我国也有24种，分布全国各地。其中，海龟有5种。

　　《说文·龟部》："龟，旧也。外骨内肉者也。从它，龟头与它头同。"按同书解："它，虫也。"明·李时珍《本草纲目·介一·水龟》："它，即古蛇字也。"

甲骨文　　　　铜器铭文　　　　秦篆
图62　古文中龟字写法《古文字类编》

　　龟，读音同规，规者圆也，示其体圆。《荀子·赋》："圆者中规，方者中矩。"繁体字龜的象形文字，上部像蛇头，下部像龟的四肢和尾巴。龟蛇都属爬行类，形态有某些相似之处，故"从它"。

　　先秦以后亦称**玄武**，或与蛇合称玄武类。《埤雅·释鱼》："龟……广肩无雄，与蛇为匹，故龟与蛇合谓之玄武类。"玄武类指中国古代神话中的北方之神，它同青龙、白虎、朱雀（即朱鸟，形似凤凰）合称四方四神，其塑像为龟或龟与蛇合体。《礼记·曲礼上》："行前朱鸟而后玄武。"孔颖达疏："玄武，龟也。"玄，龟背黑色；武，龟背有硬的鳞甲，能抵御外敌，故曰武。汉·张衡《思玄赋》："玄武缩于壳中兮，腾蛇婉而自纠。"《后汉书·冯衍传》下："神雀翔于鸿崖兮，玄武潜于婴冥。"李贤注曰："玄武谓龟蛇。位在北方，故曰玄；身有鳞甲，故曰武。"婴冥，指北方极远的地方，古代以为日落于此，万象阴暗。玄武，也叫"真武"，俗称"真武大帝"，是道教所奉的神。宋·朝俞琰《席上腐谈》云："玄武即乌龟之异名。龟，水族也。水属北，其色黑，故曰'玄'。龟有甲，能捍御，故曰'武'。其实只是乌龟一物耳。北方七宿如龟形，其下有腾蛇星。蛇，火属也。丹家借此以喻身中水火之交，遂绘龟蛇蟠。世俗不知其故，乃以玄武为龟蛇二物。"《宋史·五行志五》："雄州地大震，玄武见于州之正寝，有龟大如钱，蛇若朱漆筋，相逐而行。"

图63　龟（仿《古今图书集成·禽虫典》）

代称**元武**。唐·张鷟着《朝野佥载》："伪周武姓，元武，龟也，故以为龟符。"

戏称**藏六**。龟体被函状甲，由背甲和腹甲合成，为坚硬骨质板，外覆角质板。甲板彼此愈合不能活动，头、尾和四肢这六个部分都能缩进壳内，所以龟又被戏称为藏六。《杂阿含经》卷二十二："如龟善方便，以壳自藏六。"龟藏六与世无争，成为佛教信徒的一个信条。宋·陆游《自笑》："那知病叶先摧落，却羡寒龟巧宿藏。"唐·李贺《蝴蝶飞》诗："阳光扑帐春云热，龟甲屏风醉眼缬。"缬音协，意眼花时所见的星星点点。"失若龟藏六"（苏轼句）。龟甲有保护作用。《杂阿含经》："有龟被野牛所包，藏六而不出，野牛怒而舍去。"龟的藏六特点在唐朝就被称作缩头龟，用来嘲讽不敢出头的人。《北梦琐言》："皮日休曾谒归融尚书，不见。因撰夹蛇龟赋，讥其不出头也。'硬骨残形知几秋，尸骸终是不风流。顽皮死后钻须遍，都为平生不出头。'"诗意为骨虽硬甲已残还能活几年，尸骨一堆了怎么也算不上风流吧。那张厚脸皮死了以后还到处乱钻，都是因为一辈子不出头之故。随着时间的推移，大致到了宋代以后，龟在人们的心目中，逐渐的风光不在，由崇龟逐渐变为贬龟了，提到龟渐渐的以贬义为主了。

拟人称**玄夫、辇衣大夫**。《史记·龟策列传》："[宋元王]乃召博士卫平而问之曰：'今寡人梦见一大夫，延颈而长头，衣玄绣之衣而乘辇车……是何物也？'[卫平]乃对元王曰：'玄服而乘辇车，其名为龟。'"晋·孙惠《龟赋》："有辇衣大夫兮，衣玄绣之衣裳，乘轻车之发发兮，驾云雾而翱翔。"唐·韩愈《失子》诗："东野夜得梦，有夫玄衣巾……再拜谢玄夫，收悲以观忻。"王伯大音释引孙汝听曰："玄夫，大灵龟，以其巾衣玄，故曰玄夫。"宋·苏轼《书艾宣画·莲龟》：

"只应翡翠兰苕上，独见玄夫曝日时。"兰苕，即兰溪和苕溪，在今之浙江境内。它只应在绿如翡翠的兰溪、苕溪上晒太阳。

昵称**灵寿子**。宋·陶谷《清异录·兽》："武宗为颖王时，邸园畜食兽之可人者，以备十玩，绘《十玩图》，于今传播：九皋处士（鹤）……灵寿子（龟）。"

拟称**先知君、元衣督邮、冥灵**等。《管子》认为龟是万物之先，说它是"知天之道，明于上古"，"先知利害，察于祸福"。《易·系辞上》："探赜（音 zé，幽深玄妙）索隐，钩深致远，以定天下之吉凶，成天下之亹亹（音 wěi，勤勉貌，行进貌）者，莫大乎蓍龟。"蓍龟，蓍草与龟甲，古代用来占卜。战国时期，大将旗号就以龟为饰，是"前列先知"之意。晋·葛洪《抱朴子·仙药》："可以先知君脑，或云龟，和服之，七年能步行水上。"唐·冯贽《云仙杂记》卷九："蟹曰无肠公子，龟曰先知君。"晋·崔豹《古今注》："一名元衣督邮，一名洞元先生，一名冥灵。甲曰神屋，又号先知君。"督邮，汉代的一种官名。冥灵，谓与神鬼交通。

代称**元绪、玄绪**。宋·张镃《题崔悫画白鹭伺龟》："能言玄绪已失计，潜来公子尤多机。"玄绪一称也来自一个神话。南宋·刘敬叔《异苑》："孙权时，永康县有人入山遇一大龟，即束之以归……夜宿越里，缆船于大桑树。宵中，树忽呼龟'玄绪，奚事尔也？'后因以玄绪为龟的别名。"明·代刘甚《题枯木图》"不用江头唤元绪，何妨湖上识神仙。"

拟称**时君**。宋·吴淑《龟赋》："名有时君之美，文成列宿之象。"《抱朴子》："山中己曰称时君者，龟也。"

拟称**清江使**。《庄子》："宋元君梦人曰：'子为清江使。河伯渔者且得子。'明日余且得白龟，圆五尺，刳之以卜，七十钻而无遗策。"神龟能现梦于元君，而不能免余且之网，智能七十二钻而无遗策，而不能避刳肠之患。如是则智有所困，神有所不及也。余且，古代神话中的渔夫。金·元好问《虞坂行》："玄龟竟堕余且网，老凤常饥竹花实。"宋·韩元吉《有童子市龟七以百金得而放之》："百金为换七玄衣……清江使者遂同归。"

史记中尊称龟**玉灵夫子、玉灵**。《史记·龟策列传》记用乌龟知吉凶时，称它为"玉灵夫子：即以造三周龟，祝曰：假之玉灵夫子。夫子玉灵，荆灼而心，令而先知。"

单称**蔡**。唐·元稹《鼓吹曲辞·芳树》："清池养神蔡，已复长虾蟆。"神蔡，意大龟，亦为龟的美称。《论语》："臧文仲居蔡。"注："大龟也。"即臧文仲（鲁国大夫）建造大庙给占卜用的大龟居住。蔡：大龟，蔡国盛产大龟。宋·张表臣《珊瑚钩诗话》卷二："呼驴曰'卫'，未知所本。岂卫地多驴，故云尔耶？命龟曰'蔡'，亦是意也。"

拟人称**玄介卿、通幽博士**。宋·毛胜《水族加恩簿》云："玄介卿，谓龟也。卜灼之效，吉凶了然，所主大矣，宜授通幽博士。"玄，黑色；介，壳；玄介卿，意被黑壳的大臣。

美称**金介、金龟**。唐·李商隐《为有》："无端嫁得金龟婿，辜负香衾事早朝。"《文选·谢灵运〈初去郡〉》诗："牵丝及元兴，解龟在景平。"李善注："牵丝，初仕，即初任官；解龟，去官也。"元兴，晋安帝年号；景平，南朝宋少帝年号（423～424）。清·厉荃《事物异名录·水族·龟》："金介，龟也。""金龟紫绶，以彰勋则。（曹植《王仲宣诔》）"

代称**阴虫之老**。《通雅》："龟者，阴虫之老也，老者先知，故君子举事必考之。"《淮南子·天文训》曰："毛羽者，飞行之类也，故属于阳；介鳞者，蛰伏之类也，故属于阴。"介虫即甲虫，而鳞虫指的是鱼类。龟为介鳞之类，故为阴虫。

代称**介虫之长、甲虫长**。介也喻动物坚硬的外壳。《大戴礼·易本命》曰："有甲之虫三百六十，而神龟为之长。"又曰："介虫之精者曰龟，鳞虫之精者曰龙。"意龟是介虫之长。

拟称**洞元先生**。清·陈元龙《格致镜原》卷九四《水族类·龟》引唐·张读《宣室志》："张锭见巴西侯饮酒，有洞元先生与坐。天将晓。锭见身在龛中，一龟形甚巨，乃所谓洞元先生。"一本作洞玄先生。

代称**偻句、昭兆**。《左传》："偻句不予欺也。"注"偻句之地出宝龟，故龟曰偻句。"又"成之昭兆。"注："龟名。"《左传·定公六年》："昭公之难，君将以文之舒鼎，成之昭兆，定之鞶鉴，苟可以纳之，择用一焉。"孔颖达疏："成公新得此龟，盖以灼之出兆，兆文分明，故名为昭兆。"鞶鉴（pán jiàn），古代用铜镜作装饰的革带。

代称**大腰**。《墨客挥犀》："《博物志》云：'龟纯雌无雄，鱼蛇交通而生子。'《列子》亦谓纯雌，其名大腰。"此纯雌无雄属误。明·方以智《通雅》中已知："龟鳖皆有雌雄，野人目击其尾接。龟乃有食蛇者。其头不与蛇同。许氏之说殆牵纽矣。"

拟称**平福君**。宋·陶谷撰《清异录》："唐故宫池中有一龟，出曝背，人见有刻字，仿佛如曰'平福君'。"唐故宫池中有一六目龟，或出曝背，人见其甲上有刻字微金，髣髴如曰"平福公君灵"。古老传说是武宗王美人所养。福，犹腹也，借音而已。

代称**地甲**。《雨航杂录》："《道书》'龟为地甲，杀者夺寿，活者延年。'"

梵言译称**毗罗拏羯车婆**。《正字通》："梵言毗罗拏羯车婆，此云龟。"此系Viranlakacchapa 的音译。

　　代称**玉虚**。宋·阙名《五色线》卷上："龟有八名。"引《杂俎》：曰："八曰玉虚。"

　　代称**白若**。明·朱谋㙔《骈雅·释鱼虫》："白若，龟也。"白若，或为自若，谓处世泰然自若。

　　代称**玉灵**。唐·韦应物《黿头山神女歌》："红蕖绿苹芳意多，玉灵荡漾凌清波。"

　　鳌（áo），传说中的大龟。《楚辞·天问》："鳌载山抃，何之安之？"两手相击曰抃（音 biàn），言鳌头载山，还能两手相击，则山上之仙圣，何以安乎？《符子》："东海鳌，冠蓬莱，游沧溟，腾跃而上，沉没而下。"《格致镜原·水族五》引《玄中记》云："鳌，巨龟也，以背负山，周回千里。"又《列仙传》："有巨灵之鳌，背负蓬莱之山，而抃舞戏沧海之中。"唐·李白《猛虎行》："巨鳌未斩海水动，鱼龙奔走安得宁。"

　　俗称王八。一说源于《史记·龟策列传》："能得名龟者，财物归之，家必大富至千万。一曰北斗龟，二曰南辰龟，三曰五星龟，四曰八风龟，五曰二十八宿龟，六曰日月龟，七曰九洲龟，八曰玉龟。"有人将"八曰玉龟"误为王龟，简称八王龟，倒而言之称王八龟。一说源于亡八。明·徐树丕《识小录》：《合纪诸不肖始末》：'谚有之：孝悌忠信礼义廉耻八者皆亡，谓之亡八。今日之缙绅竟相率而为亡八矣……'"此为八德，亡，古亦作无，亡八，原意无八德。缙绅 jìn shēn，原意插笏于带，后转用为官宦的代称，即官宦带头八德皆亡，被人雅谑为亡八。一说由忘八谐音而来。清·蒲松龄《聊斋志异·三朝元老》："某中堂……堂上一匾云：'三朝元老'。一联云：'一二三四五六七，孝悌忠信礼义廉'……测之云：'首句隐忘八，次句隐无耻也。'"忘八谐音王八。一说源于腹甲接缝的纹理，视之状如王八二字，古人戏称龟为王八。此说较合理。

　　龟的诸多异称，除因体色黑而有缁、玄字外，余者多是对龟的人性化的尊称、美称，如洞元先生、玄夫、灵寿子等。元，古有黑色之意，玄亦然，玄、元意同，故时见如玄介卿或元介卿等的不同。

　　古人视龟为四灵之一。西汉·戴圣《礼记》："麟、凤、龙、龟，谓之四灵。"《礼记·礼运》曰："鳞、凤、龟、龙谓之四灵……麟以为畜，故兽不狨；龟以为畜，故人情不失。"意畜养了麟，则大小兽类不会受到惊吓而四处奔走；畜养了龟，则人情就不会有过失。龟与三个虚无之物并列，足见它在古人心中的位置。晋·郭璞赞曰："天生神物，十朋之龟。"甚至国家大事也来占卜。《宋史·天文志》："龟，五星在尾南主卜，以占吉凶。星明，君臣和；不明，则上下乖；荧惑犯为旱；守为火；客星入为水；流星出，色赤黄为兵；青黑为水。"《搜神记》："千岁之龟能与人语。"古代神话中，女娲补天是"断龟足以立四极"，夏禹治水之法，也受启于龟背文，《洛阳记》："神龟于洛水，负文列于背，而授禹。文，即治水文也。"

龟与贵同音，龟又成宝贝的象征。汉代王莽时所铸的货币，就有元龟、公龟、侯龟、子龟等龟币，称为龟宝四品（见《汉书·食货志下》）。神圣名贵的事物，必命以龟名。祭祀祖宗神灵之活动叫龟祭；祭祀用之酒器名龟榼；象征帝位的鼎叫龟鼎；品官叫龟紫；系在官印上的绸带叫龟绶龟绸；古铜镜叫高抬贵手；居文房四宝之首的砚叫水龟；古演算法叫龟算；占卦叫龟筮；占卦用的书叫龟经；北方边陲叫龟林；息事宁人的高贵品行叫龟藏等。

龟的活动缓慢，代谢率低，生活适应力强，寿命较长。《史记·龟策列传》：龟"延颈而前，三步而止，缩颈而却，复其故处"。又"安平静正，动不用力。寿蔽天地，莫知其极。"所以龟被当做长寿的象征。《说文》中的"龟，旧也"旧久同音，即长久，也即长寿之意。东汉·班固《白虎通》云："龟者，天地间考寿物也。"晋·葛洪《抱朴子》："知龟鹤之遐寿，故效其道引以增年。"《洪范五行》曰："龟之言久也，千岁而灵，此禽兽而知吉凶者也。"《述异记·龟寿》："龟一千年生毛，寿五千年谓之神龟，寿万年曰灵龟。"《孙氏瑞应图》："龟生三百岁，游于蕖叶之上。三千岁尚在蓍丛之下。"所以，人们喜欢用"龟龄"比喻长寿，用"龟鹤之寿"相祝。南朝宋·鲍照《松柏篇》："龟龄安可获，岱宗限仪迫"，东晋·郭璞《游仙诗》："借问蜉蝣辈，宁知龟鹤年"。当然，龟能否活到千岁，尚无记录，但据今研究，龟能活300岁，是世界上最长寿的动物了。《史记》载："南方老人用龟支床足，行二十余岁。老人死，移床，龟尚生不死，龟能行气导引也。""世传一尾龟百龄，此龟逮见隋唐兴（王安石句）"。李群玉《龟》："静养千年寿，重泉自隐居。不应随跛鳖，宁肯滞凡鱼。"

不少名人以龟取名，如唐代宗室子有李龟年，另有琴师亦名李龟年，前蜀有切直重臣李龟祯，宋代陆游晚年自称龟堂等。

先秦时代，人们把龟甲看做是无比珍贵而神奇之物，当做占卜吉凶的灵物。《太平御览》卷九三一引《南越志》："龟甲名神屋，出南海，生池泽中，吴越谓之元仟神龙。"《物原》说："伏羲始造龟卜"。宋·程大昌《演繁露》："卜人令龟已遂，预取吉兆墨画其上，然后灼之，灼文适顺其画，是为食墨者，吉其兆；不应墨则云不食，不食则龟不从也。"殷朝龟甲上刻的字就称作甲骨文，这是我国最早的文字和历史记载。《述异记》："陶唐之世，越裳国献千岁神龟，方三尺余，背上有文，皆蝌蚪书，记开辟以来，帝命录之，谓之龟历。"

戴龟帽现被视为极大侮辱，最早见于南北朝的《魏书·太祖纪》："龟鳖小竖，自救不暇，何能为也。"显然是轻蔑之意。明·谢肇淛《五杂俎》云："今人以妻之外淫者，目其夫为乌龟。盖龟不能交，而纵牝者与蛇交也。"唐朝规定罪犯要戴绿头巾，其妻女要充当歌妓，因此，戴绿帽子成了妻子不贞的代名词。又因乌龟头是绿色，龟就成了戴绿头巾的代称。明·陶宗仪《辍耕录·废家子孙诗》记宋氏大家族之子孙不肖，引郡人讽刺，并加按曰：‘宅眷皆为撑目兔，舍人总作缩头龟。’夫兔撑目望月而孕，则妇女之不夫而妊也。”此亦谓畏缩之男人，义与戴绿帽子近似。但在古代绿帽子却是贵重的礼物。《古今图示集成》引《笔记》曰：“葛延之尝以亲制龟冠献东坡，赠以诗曰：‘南海神龟三千岁，兆协朋从生庆喜。智能周物不周身，未死一钻七十二。谁能用尔作小冠，岣嵝耳孙创其智。今君此去宁复来，欲慰相思时整视。’”兆，卜兆。叶同页。七十二，当为七十二候，古代黄河下游的物候历，五日为一候，三候为一气，一年二十四气，七十二候。岣嵝（gou lu），衡山名，在湖南。耳孙，远孙，也叫仍孙，是为八世孙。宁，健康，康宁。陆游当年隐居绍兴时，也曾用龟壳作了二寸多高的冠，称龟屋：“鲎樽恰受三升醪，龟屋新裁二寸冠。”

前人也以龟为师。宋·梅尧臣《龟》：“王府有宝龟，名存骨未朽。初为清江使，因落豫且（渔民）手。白玉刻佩章，黄金铸印钮。辞聘彼庄生（即庄子），曳涂诚自有。”此意出自《庄子》：“庄子钓于濮水，楚王使大夫二人往先焉曰：‘愿以境内累（烦劳、麻烦）子。’庄子持竿不顾曰：‘吾闻楚有神龟，巾笥（si，盛衣物的竹器）而藏之庙堂之上。此龟宁其为留骨而贵乎？宁其生而曳尾于涂中乎？’二大夫曰：‘宁生而曳尾于涂中。’庄子曰：‘往矣，吾将曳尾于涂中。’”意思说，庄子在濮水钓鱼，楚王派两名大夫去会见他，说楚王愿委以重任。庄子手拿钓竿，头也不抬地说：“听说楚王府有神龟，被做成标本，束之高阁于庙堂之上。你说这龟是愿意被做成骨骼标本而名垂千古呢，还是宁愿在泥中拖尾而行但能自由地活着？”使者答曰：“当然是活着，即使在泥泞中拖尾而行。”那就请回复国王吧，我也将学在泥泞中拖尾而行的龟，活得开心自由。

龟板、龟板胶等在常见中药中的地位，它的软坚、收敛、补血和养血的效能，龟肉在食用上，皮在制革上、作工艺品原料上的重要性，一直是无可替代的，几千年来，人们对它的重视程度也始终未变。

蠵 龟

灵龟　蠵蠵龟　灵蠵　蠵蠵　觜觿　毒冒　觜蠵　蚼鼊　赑屃　兹夷　蠵鼊
蠵蛦　蠙蛦　螆蛦　龟筒　灵龟　神龟

蠵龟 *Caretta olivacea*（Eschscholtg），隶于龟鳖目海龟科。甲长 90 ~ 100 厘米，重 300 多千克。头大，喙钩状。背盾成延长的心形，四肢桨状，尾较长。

背甲红褐，腹甲淡黄或淡褐。杂食性，以海螺、蟹、软体动物等为食。适应性强，栖于近岸海湾、河口，甚至可远离海岸 300 千米。在我国海域四到八月在海滩挖坑产卵。

古称**灵龟、灵蠵、蟕蠵（zuī xī）龟**。古视龟为灵性者。《尔雅·释鱼》所记十种龟之二："二曰灵龟。"郭璞注："涪陵郡出大龟，甲可以卜，缘中文似玳瑁，俗呼为灵龟，即今蟕蠵龟，一名灵蠵，能鸣。"涪陵郡，是建安二十一年（216 年）刘备所设，治涪陵县，即重庆市彭水县城。蠵龟产于海，不会达重庆地区，或地名有重，或另有所指。蠵，从觹，意有角质的嘴部；觜蠵（zhǐ xī），缘其叫声如兹夷。

图64　蠵龟（仿《古今图书集成·禽虫典》）

蟕蠵为何龟，前人众说纷纭。一说秦龟，一说山龟，一说海龟。如唐·刘恂《岭表录异》卷下："蟕蠵者，俗谓之兹夷，乃山龟之巨者。人立其背上，可负而行。产潮循山中，乡人采之，取壳以货。"明·李时珍《本草纲目·介一·蠵龟》[集解]中引"弘景曰：'蟕蠵生广州。'恭曰：'即秦龟也。'颂曰：'蟕蠵别是一种山龟之大者，非秦龟也。'藏器曰：'蟕蠵生海边。甲有文，堪为物饰。非山龟也。'应劭注《汉书》云：灵蠵，大龟也。雄曰瑇瑁，雌曰蟕蠵。据此二说，皆出古典。质以众论，则蟕蠵即鼋鼊之大者，当以藏器、《日华》为准也。生于海边，山居水食，瑇瑁之属。非若山龟不能入水也。'时珍曰：'蟕蠵，诸说不一。按《山海经》云，蠵龟生深泽中。'"如是，蟕蠵当指海龟。

别名**蟕蠵、觜（zuǐ）蠵、毒冒**。《山海经·东山经》："《跂踵之山》有水焉，广员四十里皆涌，其名曰深泽，其中多蠵龟。"郭璞注："蠵，觜蠵，大龟也。甲有文彩似瑇瑁而薄。"《墨子·亲士》："是以甘井近竭，招木近伐，灵龟近灼，神蛇近暴。"《后汉书·文苑传·杜笃》："甲瑇瑁，戕觜觿。"李贤注："觜觿，大龟，亦瑇瑁之属。"《汉书·扬雄传上》："据鼋鼍，拔灵蠵。"颜师古注引应劭曰："蠵，大龟也。雄曰毒冒，雌曰觜蠵。"毒冒即玳瑁为另种，觜觿非瑇瑁之属，亦非雌雄之别。晋·孙绰《望海赋》："瑇瑁熠烁以泳游，蟕蠵焕烂以映涨。"

别名**鼋鼊**。宋·李昉《太平御览》卷九百四十三引《临海水土记》："鼋鼊，其状龟形，如笠，味如鼋，可食。卵大如鸭卵，正圆，性中啖，味美于诸鸟卵。其甲黄点注之，广七八寸，长二三尺，有光色。"据《临海县志稿》："鼋鼊即蠵龟。"《字汇·龟部》："鼋，龟类。"宋·周去非《岭外代答·鼊、瑇瑁》："钦海有介属，曰鼊，大如车轮，皮里有骨十三，如瑇瑁。"

拟称赑屃（bì xì）、兹夷。明·李时珍《本草纲目·介一·蠵龟》："蠵蠵、灵蠵、灵龟、罻𪓰、赑屃、皮名龟筒。时珍曰：'蠵蠵鸣声如兹夷，故名。罻𪓰（gōu bì 枸壁）者，南人呼龟皮（皮名龟筒）之音也，赑屃者，有力貌，今碑趺象之。或云大者为蠵蠵、赑屃，小者为罻𪓰。'"

罻𪓰，南方称龟皮之音。亦有谓罻音钩，示其喙钩状，𪓰如鳖，示其以肘着地爬行如鳖。赑屃，源于传说，龙之第六子，貌似龟而好负重，力大可驮负三山五岳，故多让它驮石碑、石柱，故又名龟趺、霸下、填下。《文选》汉·张衡《西京赋》："巨灵赑屃。"注："赑屃，作力之貌。"明·杨基《天妃宫题赠道士沈雪溪》诗："月明贝阙金银气，日暖龙旗赑屃纹。"

别名蟕𪓰。汉·王粲《游海赋》："蟕𪓰瑇瑁，金质黑章。"

亦作蟕蚭（zuī yí）、蠀（cì）蚭。唐·李商隐《碧瓦》诗："吴市蟕蚭甲，巴賨翡翠翘。"一本作"蠀蚭"。朱鹤龄笺注："蟕蚭，大龟。其甲即瑇瑁之类，故吴市有之。"蟕蚭，乃兹夷之谐音。

别名蟖（cì）蚭。唐·光、威、裒（姊妹三人，失其姓）《联句》："偏怜爱数蟖蚭掌，每忆光抽玳瑁簪。"蟖蚭，同"兹夷"。

代称龟筒。清·宋如林修《松江府志·介之属·蠵蠵》："俗谓龟筒，《尔雅》'灵龟'，郭璞谓即蠵蠵也。"

《楚辞·招魂》："露鸡臛蠵，厉而不爽些。""露鸡，楚时一菜名；臛蠵，龟肉羹。"露鸡臛蠵"，泛指蔬菜或肉类做成的羹汤，说明楚时就食龟肉。

图65　蠵龟

灵龟，古时也被视为**神龟**。《易·颐》："舍尔灵龟，观我朵颐（即鼓动腮颊嚼东西的样子）。"孔颖达疏："灵龟，谓神灵明鉴之龟兆。"《文选·曹植〈七启〉》："假灵龟以托喻，宁掉尾于涂中。"李善注："《庄子》曰：楚王使大夫往聘庄子。庄子曰：吾闻楚有神龟，死已三千岁矣！"清·金农《寒夜过荆山人山居》诗："想见苦吟风烛下，灵龟屏息玉蟾枯。"

灵龟又被看做长寿动物，用作长寿的代名词。汉·张衡在《灵宪》："苍龙连蜷于左，白虎猛据于右，朱雀奋翼于前，灵龟圈首于后。"南唐·李中《鹤》诗："好共灵龟作俦侣，十洲三岛逐仙翁。"《尔雅翼·释鱼四》："灵龟文五色，似玉似金。背阴向阳，上隆象天，下平法地，盘衍象山。四趾转运应四时，文着象二十八宿。蛇头龙翅，左精（应为睛）像日，右精像月。"李善注引《抱朴子》："千岁灵龟，五色具焉，其雄额上两骨起似角。"所述灵龟皆为想象中的神龟，而非蠵龟之所能。

有考者谓"灵"或"灵龟"，既可以是某一种龟的专名，也可以是龟的通用美称，如说"灵异的龟"。古书及楚简所记龟以"灵"名者有很多，未必都是同一品种。古人多以"蠵"注《尔雅》"灵龟"，似乎蠵就是灵龟。但新蔡简既有各种各样的灵又有偏首之蠵，似乎蠵又不是灵。故凡此皆不必看得太死。

绿海龟与棱皮龟

蟹 鼋 保蠵龟 棱皮龟 罾

绿海龟 *Chelonia mydas*（Linnaeus），隶于龟鳖目海龟科。甲长 120 厘米，重者 450 千克，一般 150 千克。吻短，颌无钩。背甲短卵形，排列成铺石状。四肢桨状，雄性尾很长。背面带青的灰褐或暗褐，腹白。草食性，偶食软体、小鱼等动物。在砂质海滨挖坑产卵，分布热带海区，我国南海有其产卵场，其他各海均有发现。肉味鲜美，卵亦可食。

图66 绿海龟

古称**鼊鼋**（mí má）。《文选·郭璞〈江赋〉》"鳞、鲎、鼊、鼋。"李善注引《临海水土异物志》："鼊鼋，与冑鼊（即蠵龟）相似，形大如菱，生乳海边沙中，肉极好，中啖。"《广东通志·海龟》："海龟鹰首鹰吻，大者方径丈余。春夏之交，游卵于沙际。岛彝（古族名）遇而捕之辄垂泪歔气（即哽咽），如人遭困厄然。"海龟之"垂泪"实则是位于眼部排盐腺，在排除体内的过剩盐类，并清除眼中之沙。

别名**保蠵龟**。清·徐珂《清稗类钞·动物类》："蠵蠵为龟属之最大者，亦名蠵龟。体形扁阔，背甲皆相密接，不作覆瓦状，腹甲扁平，尾露甲外，四肢成鳍，有爪，大者至五六尺，举动迟钝。常居海洋之中。背暗绿，有主纹片十三枚而食植物者，曰保蠵龟。"蠵蠵远小于棱皮龟，故非龟属之最大者。另"背暗绿"、"食植物"等特点，应指绿海龟，而非蠵龟。

古时捕海龟是夜宿岛中，见大龟鱼贯而上，以灯照之，龟即缩颈不动，水手以木棍插入龟腹之下，力掀之，即仰卧沙上。拨开积沙，有龟蛋无数。龟肉鲜美，其腹甲即龟板可制成骨胶板，有滋阴、潜阳之效，对肾亏精冷、健忘失眠、胃出血、肺病、高血压、肝硬化有疗效。龟掌能润肺、健胃、柔肝、明目。龟油、龟血能治哮喘、气管炎。龟卵治小孩痢疾等。世界捕捞过度，应注意加强保护，已开展人工养殖。

棱皮龟 *Dermochelys coriacea*，隶于龟鳖目棱皮龟科。海龟中体型最大的一种，体长 3 米，重 800 ~ 900 千克。最大的骨板形成 7 条规则的纵行棱，因此得名。我国分布于东海、黄海及海南。亦称革背龟、革龟、七棱皮龟、舢板龟、燕子龟等。明·李时珍《本草纲目·介一·蠵龟》："按临海水土记云蟕蠵（即绿海龟），状似鼋鼍（即靐蠵龟）……又有蟕，亦如鼋鼍，腹如羊胃，可啖，并生海边沙中。""蟕（cháo），读若朝。"——《说文》此段所述有三种海龟，除蠵龟、绿海龟外，另一种应指棱皮龟。全世界海龟共 7 种，在我国已记 5 种，其中较常见的是蠵龟、绿海龟、玳瑁和棱皮龟，尚有太平洋丽龟，体最小，数量很少，在我国的记录只是在近代才确认，古代尚无记载。有考者谓《古今图书集成》中的鼋鼍，也指棱皮龟。

玳　瑁

玳瑁 *Eretmochelys imbricata*（Linnaeus），隶于龟鳖目海龟科。体甲长约 84 厘米，宽 57 厘米，重 60 千克。通常所见的个体，壳长仅 60 厘米左右，重 9 ~ 14 千克。已知最大的玳瑁壳长近 1 米。背甲卵形，背盾排列成覆瓦状，共 13 片，所以取名十三鳞，又称文甲。色暗红或黑褐，有不规则黄色线条云状斑，腹黄。吻长而扁，颌钩状，故有鹰嘴海龟之称。四肢桨状，尾短。以海藻、鱼类及软体、甲壳类等动物为食。夏季繁殖，在沙滩上挖坑产卵。

图67　玳瑁

喜栖珊瑚礁中，我国以东海、南海诸岛最多。其肉臭而略有毒，不堪食用，但它的盾壳为有名的工艺品原料，亦可入药。

古称瑇瑁。《后汉书·王符传》："犀象珠玉、虎魄瑇瑁。"李贤注引《吴录》曰："瑇瑁似龟而大，出南海。"宋·范成大《桂海虫鱼志》云："玳瑁形似龟鼋辈，背有甲十三片，黑白斑文相错，鳞差以成一背。其边裙阑阘，啮如锯齿。无足而有四鬣，前两鬣长，状如楫；后两鬣极短，其上皆有鳞甲。以四鬣棹水而行。海人养以盐水，饲以小鱼。"鬣即鳍，指四肢鳍状。

又称**瑇冒**。唐·刘殉《岭表录异》卷上："玳瑁，形状似龟，惟腹背甲有红点。本草云玳瑁解毒……广南卢亭（海岛夷人）获活玳瑁龟一枚，以献连帅嗣薛王。王令取背甲，小者两片，带于左臂上以辟毒……或云玳瑁若生，带之有验。凡饮馔（zhuan，饮食）中有蛊毒，玳瑁甲即自摇动。若死，无此验。"连帅，周代王畿千里以外的行政区划名。十国为连，连有帅。广南，古府名，相当今云南广南、富宁县等地。蛊毒，指以神秘方式配制的巫化了的毒物。明·李时珍《本草纲目·介一·瑇瑁》："其功解毒，毒物之所冒嫉者，故名。"

玳瑁有毒冒、瑇冒、瑇瑁之称，自唐代人们就相信玳瑁甲能解毒，其制品有驱邪、祛病之功效。冒嫉，即妒忌、恶之。冒，通"媚"；疾，通"嫉"。《书·秦誓》："人之有技，冒疾以恶之。"玳瑁一称由"瑇瑁"、"毒冒"演变而来。《前汉·司马相如传》："毒冒鳖鼋。注：毒音代，冒音妹。"毒古音代，毒代可互替；冒古音妹，亦同瑁，毒冒就可以写成玳瑁。

代称**护卵**。《埤雅》："玳瑁望卵而孕，一如龟鳖，名曰护卵。""望卵而孕"之说实误。

拟人称**斑希、点化使者**。宋·毛胜《水族加恩簿》："斑希裁簪制器，不在金银珠玉之下……宜授点化使者。"注"斑希即玳瑁"。南宋·陆游《夏日杂题》鉴赏："一枝黎峒桄榔杖，二寸羊城蝐蝐冠。"黎峒，地名，位于海南。桄榔，乔木名，亦称砂糖椰子。

代称**文甲**。《汉书·西域传赞》："自是之后，明珠、文甲、通犀、翠羽之珍盈于后宫。"颜师古注引如淳曰："文甲，即瑇瑁也。"《三国志·吴志·陆胤传》："衔命在州，十有余年，宾带殊俗，宝玩所生，而内无粉黛附珠之妾，家无文甲犀象之珍。"文甲，意甲有斑纹。

玳瑁贵在其甲，古代将其与珠宝齐观，视其为祥瑞、幸福之物，传世之宝，万寿无疆的象征，素有海金之称。玳瑁甲似动物角质而更硬，纤维少，脆性大，有光泽，半透明甚至微透明。其工艺饰品光彩夺目，晶莹剔透，色彩经久不退。据《逸周书·王会解》记载，商汤时南海诸候就进贡玳瑁，说明先秦时代对玳瑁已有所了解。《文选·左思〈吴都赋〉》："摸瑇瑁，扪鼊蠵。"张铣注："瑇瑁似龟类，有文。"扪（mén），摸。汉朝《淮南子·泰族训》："瑶碧玉珠，翡翠玳瑁，文彩明朗，润泽若濡。"《后汉书·地理志下》："[粤地]处近海，多犀、象、瑇冒、珠玑、银、铜、果、布之凑（意聚集）。"汉乐府《孔雀东南飞》:中有"足下蹑丝履，头上玳瑁光"之句。唐代女皇武则天就用玳瑁制作梳子、扇子、发夹及琴板等用品，以显示其高贵。《汉书·东方朔传》:"宫人簪瑇瑁，垂珠玑。"珠玑，珠宝，珠玉。如《文选·杨雄〈长杨赋〉》:"后宫贱瑇瑁而疏珠玑。"南朝宋·鲍照《拟行路难》诗之一:"奉君金卮之美酒，瑇瑁玉匣之雕琴。"清·陈维崧《菩萨蛮·赠梁陶侣》词:"谁爱紫罗囊，书签玳瑁装。"罗囊，丝袋或佩饰的丝质香袋。

晋代将玳瑁与龟龙齐观。晋·潘尼《玳瑁碗赋》:"有瑇瑁之奇宝，亦同于介虫（鱼鳖属）。下法川以矩夷（意腹面效法大地勾出平面轮廓），上拟干（盾）而规隆（意体背拟武士之盾而成圆形隆起）。或步趾于清源，或掉尾于泥中。随阴阳以潜跃，与龟龙乎齐风。包神藏智，备体（犹齐备，完整）兼才，高下斯处，水陆皆能，文若漪波，背负蓬莱。尔乃遐夷（边远少数民族地区）效珍越裳贡职（贡品），横海万里，逾岭千亿，挺璞（未雕琢的玉）荒峦，摛藻（铺张辞藻，弘扬文华）辰极（北斗），光耀炫晃（即炫煌），昭烂燡燨嘉斯宝之兼美，料众珍而靡对。文不烦于错镂（错彩镂金），采不假乎藻（垫玉的彩色板）缋（同绘）。岂翡翠之足俪，胡犀象之能逮。"

古代取甲之法颇为残酷。《古今图书集成·禽虫典·蟏蝐部》引《海槎余录》:"玳瑁产于海洋深处，其大者不可得，小者时时有之。其地新官到任，渔人必携一二来献，皆小者耳。此物状如龟鳖，背负十二叶，有文藻，即玳瑁也。取用时必倒悬其身，用器盛滚醋泼下，逐片应手而下。"《南方异物志》云:"背上有鳞，大如扇，取下乃见其文，煮柔作器，治以鲛鱼皮，莹以枯木叶即光辉矣。"

玳瑁解毒清热之功同于犀角。李时珍曰:"毒瑁色赤，入心，故所主者、心气惊热、伤寒狂乱、痘肿，皆少阴血分之病也。"据现代临床研究，玳瑁甲制品确有降血压、疏经络、镇惊厥、平心气之功效，对协调人体循环系统有显着疗效。玳瑁是国家二级保护动物。

海　蛇

蛇公　蛇婆

海蛇，海蛇科的通称。体长因种而异，小者 50 多厘米，大者 2 米多。尾及躯干后段侧扁，是为其游泳器官。鼻孔开于吻背，有瓣膜司开闭，皮厚。共 51 种，我国约 15 种。海蛇都是毒蛇，蛇毒系神经毒素。

海蛇最早是以神话形式载于汉代典籍中。《山海经·大荒东经》:"东海之渚中，有神，人面鸟身，珥两黄蛇，践两黄蛇，名曰禺猇。黄帝生禺猇，禺猇生禺京，禺京处北海，禺猇处东海，是为海神。"这里的黄蛇即为海蛇。郭璞说:

"珥，以蛇贯耳也。"即盖贯耳以为饰也。同书还记有"青蛇"、"赤蛇"都是海蛇。当时是以颜色作为分类根据的。《古今图书集成·禽虫典·蛇部参考》引南朝·刘敬叔《异苑·蛇公》云："海曲有物，名蛇公，形如覆莲花正白。"示海蛇盘曲之状。《南史·阴子春传》云："大蛇长丈余，役夫打扑不禽得，入海水。"明·李时珍《本草纲目·鳞二·蛇婆》引陈藏器曰："蛇婆生东海水中。一如蛇，常自浮游。采取无时。"采取无时说明在暖海中海蛇四季都有活动。蛇婆乃方言。浙江、福建及台湾等地称海蛇为蛇婆。清·郁永河在《采硫日记》卷上还记载了"红里间道蛇"和"两头蛇"等，都为海蛇。说明古代人民已认识了多种海蛇。海蛇肉都可食，还可药用。炖食鲜长吻海蛇肉可治小儿营养不良症，用其泡酒或擦身，可治风湿性关节痛、腰腿痛、肌肤麻木、妇女产后风等病。

鳄

蟒 蝉 忽雷 骨雷 马绊蛇 蛟 鱼虎 怪鱼 剌瓦尔多

鳄 Crocodilus porous Schneideer，隶于鳄目鳄亚科。体巨大，大型个体长 10 米，常见者长 6 ~ 7 米，是现存鳄类中最大的一种。喙很长，上颌齿 16 ~ 21 枚，上、下颌第五齿最强大，咬合时上下颌齿交错互出。其齿终生更迭不已，但《尔雅翼·鳞三》却说："人有得鳄者，斩其头而干之，琢去其齿，旬日间更生。如此者三乃止。"此说实误，"斩其头而干之"后，绝不会再生。

古称蟒、蝉，始见于东汉典籍。《说文·虫部》："蟒，侣（似）蜥蜴，长一丈，水潜，吞人即浮，出日南也。从虫，芈声。"段玉裁注："俗作蝉、鳄、鼍。"日南是汉置郡名。《尔雅翼·释鱼三》："鳄鱼，南海有之。四足似鼍，长二丈余，喙三尺……鳄大者数丈，或玄黄，或苍白，似龙而无角，类蛇而有足。晡目利齿，见之骇人。"《古今图书集成·禽虫典·鳄鱼部》引《广州异物志》云："鳄鱼长者一丈余，有四足，喙长七尺，齿甚利，虎及鹿渡水，鳄击之皆断。""喙长七尺"之说不确切。晋·虞喜《志林》："南方有鳄鱼，喙长七尺。秋时最常作患舟边，或出头食人，故人持戈于船侧而御之。"南宋·朱胜非《秀水闲居录》云："鳄鱼之状，龙吻，虎皮，蟹目，鼍鳞，尾长数尺，末大如箕，芒刺成钩，仍自胶黏。多于水滨潜伏，人物近之，以尾击取，盖犹象之任鼻也。"

别名忽雷、骨雷。《太平广记》卷四百四十六引《洽闻记·别名》云："鳄鱼，别名忽雷（古代弹弦乐器，又称胡琴、二弦，示其叫声），熊能掣之，握其犄，至岸裂擘食之。一名骨雷，秋化为虎，三爪，出南海思雷二州。"

代称马绊蛇、蛟。《太平广记》册九引《北梦琐言》："垂涎沫腥粘，掉尾缠人,而嗜其血,蜀人号为马绊蛇（云南省传说的一种巨大蛇怪）。"《埤雅》:"蛟能交首尾束物,故谓之蛟,俗呼马绊。"

代称鱼虎、怪鱼。《正字通》:"鳄,一名鱼虎,一名怪鱼。"

译称刺瓦尔多。清·方旭《虫荟4·刺瓦尔多》:"《坤舆外纪》:'刺瓦尔多,海鱼也。其状似鳄鱼,长尾,坚鳞,刀剑不能入,利爪,锯牙满口,性甚狞恶,入水食鱼,登陆食人畜。然人逐之彼亦却走……人远则哭,故西国称假慈悲为刺瓦尔多哭。'"所述特征应为鳄鱼。

鳄鱼一称是因其性凶猛而得。鳄,制字从咢,咢字从吅,从亏。吅指双口、口大一倍、大口。亏字从一从丂,一表牺牲者。丂指皮肉撕裂。故亏意为牺牲者皮肉撕裂。咢义血盆大口。咢古通"锷",刀剑的刃。蟒字从芽,古同"戟",古代的一种兵器,表达其"瞋目利齿"之形。鱷字从噩,意凶恶的,表达其"见之骇人"的凶神恶煞之状。

鳄鱼主要分布于中南半岛如印度、马来亚半岛的大河口港湾。河口近海处,偶见于淡水江河,故称湾鳄。我国主要见于两广近海与海湾港汊、潮汕等地。古时黄河下游产鳄。考古发掘材料证实,在新石器时期,山东一带有鳄鱼。大汶口墓十出土有鳄鱼鳞板 84 行,腹部前端骨骼七枚。宋·沈括《梦溪笔谈》:"予少时到闽中,时王举直知潮州,钓得一鳄,其大如船,画以为图,而自序其下。大体其形如鼍,但喙长等其身,牙如锯齿。有黄苍二色,或时有白者。尾有三钩,极铦利,遇鹿豕即以尾戟之以食。生卵甚多,或为鱼,或为鼍、鼋,其为鳄者不过一二。土人设钩于大豕之身,筏而流之水中,鳄尾而食之,则为所毙。"宋·康定元年（1040 年）沈括之父做泉州守,他随父在闽中,即今福建一带,记录了湾鳄在南方沿海的活动及当地人的猎捕方法。王直举,宋镇远人,当时任潮州知州。此文证明确实有鳄,但他缺少生物学知识,"龙生龙,凤生凤",庶人皆知,他却认为鳄卵,有成鱼,成鼍或鼋者,成鳄者不过一两个,此大误。更甚者《感恩经》:"河有怪鱼,乃名为鳄,其身若豹……广州鳄鱼能陆追牛马杀之,水中覆舟杀人。值网则不敢触,如此畏惧。其一孕生卵类百于陆地,及成,则有蛇、有龟、有鳖、有鱼、有鼋、有蛟龙者,凡数十类。及其被人捕取宰杀之,其灵能为雷电风雨,殆神物龙类也。"性凶猛是真,卵孵出蛇等数十类动物是错,

鳄鱼图一

图68　鳄鱼
（仿《古今图书集成·禽虫典》）

灵能呼风唤雨是瞎编。

鳄常吞食人畜，在潮安东北的鳄溪危害尤甚，此溪名恶溪。历史上有不少除鳄的记述。

唐代驱鳄。韩愈公元 819 年被贬官潮州刺史时，问民疾苦，皆曰恶溪有鳄鱼，食民畜产且尽。他在《泷吏》中写道："此下三千里，有州始名潮。恶溪瘴毒聚，雷电常汹汹，鳄鱼大如船，牙眼怖杀侬。"愈自往视之，随令其属秦济以一羊一豚投溪，宣读《祭鳄鱼文》，祭之离去："潮之州，大海在其南，鲸鹏之大，虾蟹之细，无不容归，以生以食，鳄鱼朝发而夕止也。今与鳄鱼约，尽三日，其率其丑类南徙于海，以避天子之命吏。"潮州话中"祭"意赶。据说，当夕暴风疾电起溪中，数日，水尽涸，西徙 60 里，潮州遂无鳄患。试想，一纸空文就能把凶恶的鳄鱼赶走？

但据唐·刘恂《岭表录异》卷下记载："南中鹿多，最惧此物，鹿走崖岸之上，群鳄噪叫其下，鹿怖惧落崖，多为鳄鱼所得。"并言"李德裕（从太尉宰相）贬官潮州，经鳄鱼濑，沉椟（dú，匣子），平生宝玩、古书图画一时沉失。召船上昆仑取之，恒见鳄鱼极多，不敢辄近。乃是鳄鱼之窟宅也。"昆仑，少数民族的潜水能手。这一重大损失，使他后来贬崖州时生活陷入困境："大海之中，无人拯恤。资储荡尽，家事一空，百口嗷然，往往绝食。"（《与姚谏议剖书》）。此是韩愈驱鳄 29 年后的事，说明韩愈并未将鳄鱼赶走。王安石在《送潮州吕使君》中就挖苦说："不必移鳄鱼，诡怪以疑民。"说明韩愈之祭鳄属愚民之举。

宋朝捕鳄。至宋代，仍有鳄鱼危害人民。北宋·王辟之《渑水燕谈录》："咸平中陈文惠谪官潮州时，州人张氏子濯于江边（即江边洗澡），为鳄鱼食之。公曰昔韩吏部以文投恶溪，鳄鱼为吏部远徙。今鳄鱼既食人，则不可赦矣。乃命吏督渔者，网而得之，鸣鼓告其罪，戮之于市，图其形为之赞。至今多传之。"陈文惠，今四川阆中人，宋仁宗时官至宰相。为此，陈尧佐写有一篇《戮鳄鱼文》曰："水之怪则曰恶兮，鱼之悍则曰鳄兮，二者之异不可度兮。张氏之子年方弱兮，尾而食之胡为虐兮？茕茕（qióng qióng，意孤独）母氏俾何说兮。予实命吏颜斯怍（zuò，惭愧）兮，害而弗去道将索兮，夙（音 su，早）夜思之哀民瘼（mò，人民的疾苦）兮，赳赳（健壮威武的样子）二吏行斯恪（音 ke，谨慎而恭敬）兮，娇娇巨尾迎而搏兮，获而献之俾（使）人乐兮，鸣鼓召众舂（chōng，意打碎）而斸（zhuó，古同斫，斩断）兮，而今而后津其廓兮。"鳄鱼之害，人皆知之，图其形广而告之，显然也是虚张声势，为己树碑立传而已。

元代还有鳄鱼。元·陈孚《邕州》诗："右江西绕特磨来，鳄鱼夜吼声如雷。"右江，壮族地区江河名，因与左江形成一左一右而得名。

明代杀鳄。至明朝仍继续捕杀鳄鱼。清·林大川《韩江记·药鳄》："鳄鱼占据恶溪，一生十卵，其类甚繁，非驱之、捕之、钓之所可尽。昔我潮人恶其害物伤人，乃满载药灰直捣鱼穴，鸣鼓一声十船齐下，急掉船回以避之。食顷，药灰性发，江翻水立，岸憾山摇，载沉载浮，其类尽歼矣。"《潮州志》也称：夏元吉（明永乐年间，公元 1410 年）"令渔舟五百只，各载石灰，击鼓为令，闻鼓声渔人齐覆其舟，奔窜远避，少顷如山崩。尤战至暮，寂然无声，鳄鱼种类皆死于海滨，其类尽歼，自是潮无鳄鱼。"《岭南论丛》卷四十九："闻鼓声齐下焚石……须臾，波涛狂沸，水石搏击，震撼天地……赤水泉涌。有物仰浮，面焦灼腐烂，纵横一十丈，若鼋，若鼍，莫可名状，怪绝而塘成。"他将焚石即生石灰一起倒入江中，鳄鱼被烧得焦头烂额，面目全非，样子像鼋，又像鼍，将鳄鱼活活烧死。

据研究，湾鳄在我国并"非驱之、捕之、钓之所可尽"，主要是环境和气候的变化所致。13 世纪前，华北气候暖和，适于鳄类生活，故鳄甚多。以后气候变冷，西伯利亚寒流侵袭华中、华南，甚至海南岛，加之河汉淤积，沧海变良田，不适于鳄的生存，迫使湾鳄南迁，宋以后两广杳无鳄迹。

此外，也有驯鳄、养鳄的记载。古代帝王设专人养鳄，《左传》中的豢龙氏就是鳄的驯养者。养鳄不为经济目的，或作为神灵崇拜而在王都驯养鳄鱼。明·朱孟震《西南夷风土记》："莽酋城壕内畜有异鱼，身长数丈，嘴如大箕，以尾击物食之，间以重栅，恐其逸出伤人。每日以得猪羊食之，缅人名为龙，殆鳄鱼之类也欤。"或为惩治犯人。唐·李延《南史·扶南国传》："国法无牢狱，城沟养鳄，有罪者辄以喂鳄鱼，鱼不吃为无罪，三日乃放之。"唐·郑常《洽闻记》也说："扶南国出鳄鱼，大者二三丈，四足，似守宫状，常生吞人。扶南王令人捕此鱼置于堑中，以罪人投之。若合死，鳄鱼乃食之；无罪者嗅而不食。"统治者太愚蠢、太残酷了。

三 海 鸟

鸟

隹	羽	羽毛	羽虫	羽群	羽族	羽翮	翅羽	飞肉	飞虫	翔翼
飞鸟	飞禽	飞羽	飞翮	禽	禽鸟	鸣禽	水禽	游禽	山禽	沙禽
寒禽	寒鸟	霜禽	珍禽	栖禽	走禽	庶鸟	凡鸟	鸷鸟	文禽	家禽
逸禽	逸翮	轻禽	灵禽	微禽	短羽	金鸟	俊鸟	杓窊	怨禽	碓嘴

鸟，属于脊椎动物亚门鸟纲（Aves）。

何谓鸟？《玉篇·鸟部》："鸟，飞禽总名也。"《说文·鸟部》云："鸟，长尾禽总名也。象形。鸟之足似匕。凡鸟之属皆从鸟。"段玉裁注："短尾曰隹，长尾名鸟。析言则然，浑言则不别也。"古代把长尾鸟写成鸟，短尾鸟写成隹（zhuī）。《说文·隹部》："隹，鸟之短尾之总名也。"罗振玉《增订殷墟书契考释》云："盖隹、鸟古本一字，笔画有繁简耳，许（即《说文》作者许慎）以隹为短尾鸟之总名，鸟为长尾禽之总名，然鸟尾长者莫如雉与鸡，而并从隹，尾之短者莫如鹤、鹭、凫、鸿，而均从鸟，可知强分之，未为得矣。"康殷《文字源流浅析·鸟》则认为："鸟隹之别，不在尾羽，而在其头——即鸟字多强调、刻画鸟头部分，其余胴、羽、尾、爪……二字皆同，毫无差异。夸张鸟头之故，概用以表示其鸟能鸣——鸣禽，故鹤、鹅、鸡、凤……字皆从鸟。"

鸟，体被羽。《说文》："羽，鸟长毛也。象形。"

羽，常被用作鸟之代称。《周礼·考工记·梓人》："天下之大兽五：脂者、膏者、赢者、羽者、鳞者。"郑玄注："羽，鸟属。"《管子·霸形》："寡人之有仲父也，犹飞鸿之有羽翼也。"《淮南子·原道训》："羽者妪伏，毛者盈育。"

羽毛也为鸟之代称。三国·祢衡《鹦鹉赋》："虽同族于羽毛，固殊智而异心。"

代称羽虫。《孔子家语·执辔》："羽虫三百有六十，而凤为之长。"汉·董仲舒《春秋繁露·五行顺逆》："恩及于火，则火顺人而甘露降；恩及羽虫，则飞鸟大为，黄鹄出现，凤凰翔。"隋·卢思道《孤鸿赋》："惟此孤鸿，擅奇羽虫。"

代称羽群。汉·马融《广成颂》："散毛族，梏羽群。"三国 魏·曹植《七启》："野无毛类，林无羽群。"

泛称**羽族**。汉·枚乘《忘忧馆柳赋》："出入风云,去来羽族。"又班固《典引》："是以来仪集羽族于观魏。"

代称**羽翮**。汉高祖刘邦《鸿鹄歌》曰:"鸿鹄高飞,一举千里。羽翮已就,横绝四海。横绝四海,当可奈何……"《史记·乐书》："羽翮奋,角觡生。"唐·张守节正义:"羽翮,鸟也;角觡,兽也。"《文选》晋·左思《魏都赋》："羽翮颉颃,鳞介浮沉。"唐·张铣注:"羽翮,鸟也。"

代称**翅羽**。唐·元稹《虫豸诗》序:"予掾荆州之地,洲渚湿垫,其动物宜介,其毛物宜翅羽。予所舍,又荆州树木洲渚处,昼夜常有翅羽百族闹,心不得闲静。"翅羽,亦指翅膀或泛指昆虫等动物。

鸟,前肢变成翼,多数鸟能飞翔,鸟也被称之谓**飞肉**。汉·扬雄《太玄经》:"明珠弹于飞肉,其得不复。"范望注:"飞肉,禽鸟也。"《汉书·中山靖王刘胜传》:"丛轻折轴,羽翮飞肉。"颜师古注:"鸟之所以能飞翔者,以羽翮扇扬之故也。"

代称**飞虫**。《诗·大雅·桑柔》:"如彼飞虫,时亦弋获。"孔颖达疏:"经言飞虫,笺言飞鸟者,为弋所获,明是飞鸟。虫是鸟之大名……是鸟之总虫者也。"弋(yì),用来射鸟的带绳子的箭。

代称**翔翼**。晋·左思《吴都赋》:"北山亡其翔翼,西海失其游鳞。"

代称**飞鸟**。《孟子·公孙丑上》:"麒麟之于走兽,凤凰之于飞鸟……类也。"

泛称**飞禽**。战国楚·宋玉《高唐赋》:"状似走兽,或象飞禽。"唐·杜甫《阻雨不得归瀼西甘林》:"伫立东城隅,怅望高飞禽。"宋·文莹《湘山野录》:"徐知谔喜蓄奇玩,蛮商得一凤头,乃飞禽之枯骨也,彩翠夺目,朱冠绀毛,金嘴如生。"

代称**飞羽**。《文选·班固〈西都赋〉》:"毛群内阗,飞羽上覆。"唐·吕向注:"飞羽,鸟类。"宋·张友正《射正之鹄赋》:"镞破的兮流光散,出弦应乎兮飞羽相追。"

代称**飞翩**。三国魏·曹植《七启》:"飞翩凌高,鳞甲隐深。"又"积兽如陵,飞翩成云。"晋·左思《娇女诗》:"从容好赵舞,延袖像飞翩。"

鸟,也称**禽**。《尔雅·释鸟》:"二足而羽谓之禽也,四足而毛谓之兽。"《尔雅·注疏》卷十·释鸟:"羽则曰禽,毛则曰兽。所以然者,禽者,擒也。言鸟力小,可擒捉而取之……通而为说,鸟不可曰兽,兽亦不可曰禽。"如是,则禽源于擒字。禽古通擒,如《战国策·燕策二》:"两者不肯相舍,渔者得而并禽之。"

俗称**禽鸟**。唐·杜甫《遗兴》诗:"仰看云中雁,禽鸟亦有行。"宋·欧阳修《醉翁亭记》:"树林阴翳(yì),鸣声上下,游人去而禽鸟乐也。"

鸟的种类多,分布广,形成陆禽、攀禽、猛禽、鸣禽、游禽、涉禽等许多生态类群。晋·师旷《禽经》："陆鸟曰栖，水鸟曰宿，独鸟曰止，众鸟曰集。鹅见异类差翅鸣，鸡见同类拊翼鸣……山禽之尾多修，水禽之尾多促。衡为雀，虚为燕，火为鸹，亢为鹤……鹰好峙，隼好翔，凫好没，鸥好浮，干车断舌则坐歌，孔雀拍尾则立舞。"明·李时珍《本草纲目》"禽部，凡七十七种。分为四类：曰水，曰原，曰林，曰山。"

善于鸣叫者称**鸣禽**。南朝宋·谢灵运《登池上楼》："池塘生春草，园柳变鸣禽。"晋·谢混《游西池》："景昃鸣禽集，水木湛清华。"鸣禽别名山鹧、山乌。清·屈大均《广东新语》卷二十《禽语·山鹧画眉》："山鹧青紫，画眉红绿，形色小异，而情性相同……山鹧一名山乌。其铁脚者、眼赤而突者善斗。"

水栖者曰**水禽**。《后汉书·马融转》："水禽鸿鹄、鸳鸯、鸥……乃安斯寝，戢翮其涯。"三国魏·曹植《洛神赋》："鲸鲵踊而夹毂，水禽翔而为卫，于是越北沚（zhǐ），过南冈。"夹毂（gǔ），即夹毂队，南朝诸王亲兵，夹车作卫队，故名。唐·许浑《与张道士同访李隐君不遇》："霜寒橡栗留山鼠，月冷菰蒲散水禽。"宋·真山民《泊舟严滩》："水禽与我共明月，芦叶同谁吟晚风。"宋·陆游《过江山县浮桥有感》："滩流急处水禽下，桑叶空时村酒香。"

亦曰**游禽**。《三国志·蜀志·郤正传》："游禽逝不为之尟，浮鲔臻不为之殷。"尟（xiǎn），同鲜，意稀有、罕见的。臻，聚集或至也。南朝齐·王融《古意》诗之一："游禽暮知反，行人独未归。"

山栖者曰**山禽**。南朝陈·张正见《陪衡阳王游耆阇寺》诗："秋窗被旅葛，夏户响山禽。"唐·张籍《山禽》诗："山禽毛如白练带，栖我庭前栗树枝。"唐·杜甫《解闷》诗："山禽引子哺红果，溪友得钱留白鱼。"

沙洲或沙滩栖者曰**沙禽**。南朝陈·阴铿《和傅郎岁暮还湘州》："戍人寒不望，沙禽迥未惊。"唐·刘长卿《却归睦州至七里滩下作》诗："江树临洲晚，沙禽对水寒。"宋·曾巩《拟岘台记》："至于高桅劲橹，沙禽水兽，下上而浮沉者，出乎履舄之下。"履舄（lǚ xì），意乱放之鞋，也意很多。明·钱晔《过江》诗："浪花作雨汀烟湿，沙鸟迎人水气腥。"汀（tīng），水边平地，小洲。清·陈维崧《浣溪沙·投金濑怀古》词："格格沙禽拍野塘，离离苦竹上空墙。"

寒地栖者曰**寒禽、寒鸟**。晋·陆机《苦寒行》："阴云兴岩侧，悲风鸣树端，不睹白日景，但闻寒鸟喧。"唐·韦应物《同越琅琊山》诗："余食施庭寒鸟下，破衣桂树老僧亡。"唐·司空曙《南原望汉宫》："故事悠悠不可问，寒禽野水自纵横。"唐·司空曙《贼平后送人北归》："寒禽与衰草，处处伴愁颜。"宋·林逋词《瑞鹧鸪》："寒禽欲下先偷眼，粉蝶如知合断魂。"三国魏·阮籍《咏怀》诗之八："回风吹四壁，寒鸟相因依。"宋·梅尧臣《过鸣雁城》诗："代谢随秋草，英灵化死灰，我来空咏古，寒鸟有余哀。"

白色鸟曰**霜禽**。唐·孟郊《立德新居》诗："霜禽各啸侣，吾亦爱吾曹。"啸侣，召唤同伴。唐·李贺《昌谷》诗："渔童下宵网，霜禽竦烟翅。"王琦汇解："霜禽，鸟之白色者，鸥鹭之属。"

珍贵而稀有者曰**珍禽**。《书·旅獒》："珍禽奇兽，不育于国。"唐·李白《赋得鹤送史司马赴崔相公幕》诗："珍禽在罗网，微命若游丝。"宋·陆游《初归杂咏》："尽疏珍禽添尔雅，更书香草续离骚。"清·纳兰性德《茅斋》诗："檐树吐新花，枝头语珍禽。"

栖禽，适栖高处树木上的栖木类鸟类。唐·崔涂《王逸人隐居》："却愁危坐久，看尽暝栖禽。"唐·刘得仁《夏日即事》："中宵横北斗，夏木隐栖禽。"中宵：中夜，半夜。宋·陆游《冬夜》："落月澹将没，栖禽静复惊。"宋·卢祖皋《相思引》："数家篱落，一响晚凉侵。闲倚短篱停业月，静看双翅落栖禽。"

走禽，善于行走或快速奔驰，而不能飞翔的鸟类。唐·欧阳询《艺文类聚》卷十一引汉·贾谊曰："神农以为走禽难以久养民，乃求可食之物，尝百草，察实酸苦之味，教民食谷。"

一般的鸟称**庶鸟**。《淮南子·墬形训》："飞龙生凤凰，凤凰生鸾鸟，鸾鸟生庶鸟，凡羽者生于庶鸟。"唐·段成式《酉阳杂俎续集·支动》："凡鸷鸟，雄小雌大；庶鸟，皆雄大雌小。"明·杨慎《凤赋》："凤凰生鸾鸟，鸾鸟生庶鸟，庶鸟之变，乃产妖鸟。"

又称**凡鸟**。汉·陈琳《为曹洪与魏文帝书》："褒之者固以为园囿之凡鸟，外厩之下乘也。"南朝宋·刘义庆《世说新语·简傲》："嵇康与吕安善，每一相思，千里命驾。安后来，值康不在，喜出户延之，不入。题门上作'凤'字而去。喜不觉，犹以为忻。故作'凤'字，凡鸟也。"按，《说文》："凤，神鸟也……从鸟，凡声。"意嵇康与吕安交好。一次，吕安访嵇康，康不在。嵇康之兄嵇喜请吕安进门，吕安不入，在门上题"凤"字而离去。"凤"字拆开就是"凡鸟"，以此讽刺嵇喜。嵇康，三国魏著名的文学家、思想家、音乐家。吕安，魏晋时名士。唐·王维《春日与裴迪过新昌里访吕逸人不遇》诗："到门不敢题凡鸟，看竹何须问主人。"宋·曾巩《鸿雁》诗："性殊凡鸟自知时，飞不乱行聊渐陆。"明·陈汝元《金莲记·赋鹤》："全不学凡鸟奔驰日夜劳，也不受人世弓和缴。"凡鸟也喻庸才。

凶猛的鸟称**鸷**（zhì）鸟。《离骚》云："鸷鸟之不群兮，自前世而固然。"《孙子兵法》第五篇《势篇》："鸷鸟之疾，至于毁折者，节也。"……曹操注："鸟起其上，下有伏兵。"对"鸷鸟"一词，汉·王逸《楚辞章句》注云："鸷，执也。谓能执伏众鸟，鹰鹯之类也，以喻忠正。"《说文·鸟部》："鸷，击杀鸟也。"有考者认为，王逸以"执"训"鸷"，谓"鸷鸟"是指"能执伏众鸟"的禽类，不甚恰当。认为"鸷"并非"捕杀"、"执伏"之意，而是"倔强"、"不驯顺"的意思，"鸷鸟"则是指性情刚烈不屈的鸟。

羽毛有文彩者曰**文禽**。《文选·应璩〈与满公琰书〉》："高树翳朝云，文禽蔽绿水。"李周翰注："文彩之鸟也。"宋·张先《归朝欢》词："有情无物不双栖，文禽只合常交颈。"清·许光治《并蒂兰》曲："问芳华谁似同心，有比目文鱼，比翼文禽。"

人工驯养者曰**家禽**。《梁书·处士传·何胤》："有异鸟如鹤，红色，集讲堂，驯狎如家禽焉。"驯狎（xùn xiá），意驯顺可亲近。前蜀·贯休《春晚书山家屋壁》诗之二："水香塘黑蒲森森，鸳鸯鸂鶒如家禽。"鸂鶒（xī chì），亦作鸂鶆，水鸟名。宋·韩琦《再题狎鸥亭》诗："鸥识再来犹不惧，向人训狎似家禽。"

疾飞、逃逸者曰**逸禽**，亦称**逸翮**。《后汉书·崔骃传》："故英人乘斯时也，犹逸禽之赴深林，蟲蚋之趣大沛。"蟲（同虹）蚋（méng ruì）蚊虻之类。《艺文类聚》卷二十引晋·陆机《祖德颂》："彼刘公之矫矫，固云网之逸禽。"晋·郭璞《游仙诗》："逸翮思拂霄，迅足羡远游。"逸禽，亦特指鸿雁、野鸭。南朝齐·谢朓《野鹜赋》："夫何罗人之伎巧，荐江海之逸禽。"《宋书·谢灵运传》："伤粒食而兴念，眷逸翮而思振。"

飞鸟名**轻禽**。汉·枚乘《七发》："陶阳气，荡春心，逐狡兽，集轻禽。"《文选·司马相如〈上林赋〉》："流离轻禽，蹴履狡兽。"李善注引张缉曰："轻禽，飞鸟也。"蹴履（cù lǚ），犹践踏。狡兽，猛兽。

美称**灵禽**。明·夏完淳《魏文帝游宴》诗："金塘宿灵禽，佳木垂华滋。"清·王式丹《题徐昭法先生涧上草堂画兼贻西照头陀》诗："一树冬青半欲枯，枝上灵禽自俦伍。"俦（chóu）伍，意同辈、伴侣。亦有谓灵禽指珍禽、神鸟。

小鸟曰**微禽**。晋·张华《鹪鹩赋》："惟鹪鹩之微禽兮，亦摄生而受气。"晋·郭璞《游仙诗》之四："淮海变微禽，吾生独不化。"清·顾炎武《酬族子湄》诗："微禽难入海，寒木久生风。"清·王韬《瓮牖余谈·物异四则》："鸡虽微禽，而于五德之外，竟复具一德。"

亦曰**短羽**。晋·张协《七命》："短羽之栖羽荟。"成语如"促鳞短羽"。宋·文同《黄筌鹊雏》："短羽已缡褷，弱胫方厉岌。"缡褷（lí shī），羽毛初生时濡湿黏合貌。厉岌（lì jí），高耸貌。

异称**金鸟**。唐·鲍溶《郊天回》诗："金鸟赦书鸣九夜，玉山寿酒舞于宫。"赦书，颁布赦令的文告。唐·白居易《城盐州》诗："金鸟飞传赞普闻，建牙传箭集群臣。"建牙，古谓出师前树立军旗。传箭，传递令箭。

美称**俊鸟**。《楚辞·离骚》："鸾皇为余先戒兮。"王逸注："鸾皇，俊鸟也。皇，雌凤也。"鸾（luán）皇，鸾与凤。晋·孙楚《鹰赋》："有金刚之俊鸟，生井陉之岩阻。"此称鹰之雄健。

古契丹语**杓窊**（wā）。清·厉荃《事物异名录·禽鸟部》引《庶物异名疏》："宋太宗赐耶律休哥旗、鼓、杓窊印。杓窊，鸷鸟总称。以为印绶，取疾速之义。"耶律休哥，契丹族，辽代中期名将。

代称**碓嘴**。元·马致远《黄粱梦》第二折："湛湛青天不可欺，两个碓嘴拨天飞。"碓嘴，原指舂米的杵。鸟嘴末梢尖如杵，故名。《西游记》第九五回："却说那妖精见事不谐……取出一条碓嘴样的短棍，急转身来乱打行者。"

神话中之精卫称**怨禽**。《山海经》中就有精卫填海的故事。清·厉荃《事物异名录·禽鸟部》引《述异记》："黄炎帝女溺死东海，化为精卫，其名自呼，每衔西山木石填东海，一名鸟市，一名怨禽。"北周·庾信《哀江南赋》："岂怨禽之能塞海，非愚叟之可移山。"

鸟，体呈流线型，上下颌特化成喙状。卵生，体温较高，通常为42℃。《康熙字典·鸟字部》引《正字通》："鸟觜曰咮（zhòu）曰喙，爪曰距，尾曰翠，一作膬（cuì 尾肉），一名尾罴，腺腔（pí chī，鸟胃）曰奥，咙曰亢、曰员宫，项畜食处曰嗉，翅曰翮、曰翎，颈毛曰翁。脚短者多伏，脚长者多立，脚近翠者好步，脚近臆（胸部）者好踯（zhí，徘徊）。"

图69　甲骨文中的"鸟"字

我国先民对鸟的了解历史悠久，殷商甲骨文中就有鸟字。早在春秋时期，伏羲燧人始名物虫鸟兽。周朝有庖人掌六禽：雁鹑鷃鸡鸠鸽。《诗经》的360篇古诗中，有77篇提到鸟。《诗·小雅·菀柳》："有鸟高飞，亦傅于天。"《尔雅》中提到鸟类84种。晋·师旷撰，张华注《禽经》是我国早期的鸟类志："鹤爱阴而恶阳，雁爱阳而恶阴，鹤老则声下而不能高……鸟之小而鸷者皆曰隼，大而鸷者皆曰鸠。乌鸣哑哑，鸢鸣啴啴……"明·王圻《三才图会》绘记了113种鸟。《史记·殷本纪》有人吞卵而孕的神话故事："殷契，母曰简狄，有娀氏之女，为帝喾次妃，三人行浴，见玄鸟堕其卵，简狄取吞之，因孕生契。"据传，2000多年前，我国的著名工匠鲁班，曾研究和制造过木鸟；1900多年前，我国就有人把鸟羽绑在一起，做成翅膀，能够滑翔百步以外。

鸟的经济价值很大，肉与蛋可食，粪可为肥料，羽毛可为服，尤其水禽羽毛价值更大。鸟还可消灭害虫。《唐书·五行志》；"开元二十五年，贝州鳏，有白鸟数千万群飞食之，一夕而尽，禾稼不伤。"

在我国，现有鸟类有 1 329 种，占世界鸟类的 13.5%，其中，有百余种鸟为我国特有。游禽和涉禽中就包括海鸟。

本书所记之鸟类，既有常年漂泊于大洋者，如信天翁，又有栖身沿岸者，如海鸥、鹬等，还有栖身江河内陆，应时临海，或随机摄食于港湾或海滩者，如鹭、鹤等。

信天翁与鹱

鸹　信天缘　信天公　爰居　鹱鹠　鹱

短尾信天翁 *Diomedea albatrus* Pallas，隶于鹱形目信天翁科。系大型海鸟，在我国海域记有 2 种，即短尾信天翁、黑脚信天翁。如短尾信天翁，体躯粗壮结实，身长 90 ~ 95 厘米，重 7 ~ 8 千克。体色白，外形似海鸥。头大，嘴长而强，上喙先端屈曲向下，鼻管状，位于嘴峰两侧，翅狭而长达 55 厘米以上。能活 40 ~ 60 年，善飞能泳，分布于我国沿海各省。俗称海燕，英文名 albatrosse。

古称**鸹、信天缘**。宋·洪迈《容斋五笔·瀛莫间二禽》："瀛、莫二州之境，塘泺之上有禽二种。其一类鸹，色正苍而喙长，凝立水际不动，鱼过其下则取之，终日无鱼

图70　短尾信天翁（仿郑作新）

亦不易地。名曰信天缘。"明·张鼎思《琅玡代醉编·信天缘》："余按：信天缘，一名信天翁，国朝兰廷瑞有诗：'荷钱荇带绿江空，唼鲤含鲨浅草中。波上鱼鹰贪未饱，何曾饿死信天翁。'"钱荷，初生小荷叶，状如铜钱；唼，形容鱼吃食的声音。

亦称**信天公**。宋·王应麟《困学纪闻·评诗》："《攻媿记》张武子之语，水禽有名信天公者，按晁景迁集，黄河有信天缘，常开口待鱼。"

清·徐珂《清稗类钞·动物类》："信天翁，一名信天缘，体大，张翼达丈余，嘴端钩曲，背部灰色或褐色，翼黑，飞翔力甚强，多产于太平洋。性鲁钝怯懦，凝立水际，鱼过其下则食之，终日不易地，故有此称。羽柔软，可作褥。"信，随便也。缘，命中注定的遇合机会。信天缘，意海上吃鱼，凭天赐机缘。信天

翁与信天公之"翁"与"公",拟人化,有主人、能手之意,意海上滑翔漂泊能手。

代称**爰居**。《左传·文公二年》:"作虚器,纵逆祀,祀爰居。"杜预注:"海鸟曰爰居。"《尔雅·释鸟》:"爰居,杂县。"邢昺疏:"爰居,海鸟也,大如马驹,一名杂县。汉元帝时,琅邪有之。"清·尹桐阳《尔雅义证》:"《国语》云'海鸟爰居'县之言为悬也。今产于太平洋中之信天翁,飞翔力强,久悬于空际,亘时而不知劳,其爰居类乎?爰,引也。爰居谓引而居,亦悬意也。"县与悬音义相通,爰意引,均述海鸟久悬于空的特点。

爰居亦写作**鹓鹐**(yuán jū),义同。《文选·左思》:"鹓鹐避风。"刘逵注:"鹓鹐,鸟也,似凤。《左传》曰:海鸟爰居,止鲁东门外三日。臧文仲使国人祭之,不知其鸟,以为神也。"宋·欧阳修《谢石秀才启》:"为鼹鼠而抉机,仅成轻发;养鹓鹐而奏曲,徒使眩悲。"清·黄鷟来《和陶饮酒》之十七:"我智愧鹓鹐,居海知天风。"宋·景焕《闲谈》中认为:"海鸟鹓鹐,即今之秃鹙。"

鹱 *Puffinus tenuirostris*(Temminck),为鹱科鸟的通称,与信天翁同一目。体较大,形似鸥,鼻管状,嘴端呈钩状,大趾退化,趾间有全蹼,以捕捉鱼类和软体动物为食。中国水域记有 9 种。

如短尾鹱(hù),中型海鸟。体长 35 ~ 40 厘米,颈短,翅长而窄,呈镰刀状。身体腹部肥胖,呈纺锤形。体上部暗褐,下体灰褐色。分布我国的浙江、海南与广东间的沿岸的海域中。以鱼、鱿鱼、浮游生物及甲壳动物为食。一生有 90% 的时间飞在海上,每年飞行约 200 天。

图71 鹱(仿郑作新)

《广韵·铎部》:"鹱,水鸟名。"宋·梅尧臣《至广教因寻古石盆寺》:"化虫悬缲女,啼鹱响缲车。"缲车为缲丝所用的器具。

鹱,制字从蒦。蒦古同攫,意抓取。《南齐书·文学传·卞彬》:"故苇席蓬缨之间,蚤虱猥流。淫痒渭濩,无时恕肉,探揣攫撮,日不替手。"鹱,海上飞行常很低,甚至触及水面,势如水中攫鱼而得名。

鹈鹕

鹈鹕 *Pelecanus philippensis* Gmelin，隶于鹈形目鹈鹕科。为鹈鹕科的通称，在我国记有 2 种。大者体长可达 2 米。如斑嘴鹈鹕，体长 140 ～ 160 厘米，重 10 ～ 12 千克。喙长而宽大，有蓝黑色斑点。上喙尖端呈钩状，下喙具发达的暗紫色皮质喉囊。体背灰褐，腹白。趾间有全蹼。双翼巨大，飞翔能力强，速度快。在我国分布较广，栖息于沿海、湖泊及江河水域中。喜成群活动，善于游泳，主要以鱼等动物为食。俗称淘河、塘鹅、卷羽鹈鹕。

古称鵹（lí）鹕。《山海经·东山经》："又，南三百里，曰卢其之山，无草木，多沙石，沙水出焉，南流注于涔水，其中多鵹鹕，其状如鸳鸯而人足，其鸣自詨。"詨（xiāo），"其鸣自詨"，意其叫声像在呼唤自己的名字。

代称犁湖、犁涂。元·娄元礼《田家五行》："鹈鹕来，主大水，夏至前曰犁湖，至后曰犁涂，以其觜状如犁；湖言水深，涂言水浅。"鵹（lí），如犁；鵹鹕，意犁水谋鱼；犁湖、犁涂，意水的深浅。

亦曰鸹鸅（wū zé）、洿泽、淘河。《尔雅·释鸟》"鹈，鸹鸅。"晋·郭璞云："今之鹈鹕也。好群飞，沉水食鱼，一名洿泽。俗呼之为淘河。"《尔雅翼·释鸟五》："鸹鸅，犹洿泽也。洿，抒水也。又戽斗，亦抒水器也。鸹洿戽三字同音，其意一也……俗呼之为淘河。或言其胡能盛水以养鱼。或曰，身是水沫，惟胸有肉如拳，昔人窃肉入河化之，故名逃河。"抒（shū），取也。戽（hù）斗，取水灌田用的农具。逃河乃淘河之音讹，"窃肉入河化之"之说为谬。鸹鸅，制字从洿从泽，寓意洿泽。洿（音wū），原意浊水不流也，此处为取水之意。

代称污泽。《汉书·五行志中之下》："昭帝时有鹈鹕，或曰秃鹙，集昌邑王殿下。"《三国志·魏·文帝丕传》："夏五月，有鹈鹕集灵芝池，诏曰：此诗人所谓污泽也。"唐·颜师古注："鹈

鹈
图

图72　鹈鹕（仿《古今图书集成·禽虫典》）

· 131 ·

鹕即污泽也。一名淘河。腹下胡大如数升囊。好群入泽中，抒水食鱼，因名秃鹙，亦水鸟也。"

代称突黎。清·李慈铭《越缦堂读书记·雕菰楼丛书》："又言突黎，即《诗》之鹈也。大如鹤，颈有肉囊，可盛数斗，口张则囊见。每日须饲鱼数斤。突黎正鹈之缓声。"

又称鹎（yí）、鹎胡。《说文·鸟部》："鹎，鹎胡，污泽也。"释曰："污泽，善居污水之中。"鹎意革囊，鹎胡意能盛水的革囊。污泽，乃鹈鹎音之讹，非"善居污水之中"之意。

单称鹈。《诗·曹风·候人》云："维鹈在梁，不濡其翼。"意鹈鹕站在鱼坝上，不用沾湿翅膀就能吃鱼。晋·陆机疏云："鹈，水鸟。形如鹗而极大，喙长尺余，直而广。口中正赤，颔下胡大如数斗囊。若小泽中有鱼，便群共抒水，满其胡而弃之，令水竭尽，鱼在陆地，乃共食之。故曰淘河。"鹈，从弟，犹如底，即长喙之底。鹕从胡。《说文·肉部》："胡，牛颔垂也。"鹈鹕，意长颔底部喉囊大如壶，抒水贮鱼。

异称鸅鸆（zé yú）。《通雅四十五·动物·鸟》："鸅鸆，洿泽，即今之淘河也。引

图73 鹈鹕（仿郑作新）

《广韵》：'鸅鸆，即护田也'，丁度'或作雅，通作泽。以其形论之，是鹈鹕也，颔下有胡。'"鸅鸆，鸆从虞，虞，古代掌管山泽鸟兽的官吏，此处意泽中鱼之主宰。

讹称淘鹅、驼鹤。明·李时珍《本草纲目·禽一·鹈鹕》："按山海经云，沙水多鸳鸯，其名自呼，后人转为鹈鹕耳。又吴谚云，夏至前来谓之鸳鸯，言主水也，夏至后来谓之犁涂，言主旱也。陆机云遇水泽即以胡盛水，戽涸取鱼食，故曰鸅鸆，曰淘河，俗曰淘鹅，因形也，又讹为驼鹤。"清·李元《蠕范·物知》："鹈鹕，鹎胡也，洿泽也，淘鹅也，犁湖也，犁涂也。"

代称水流鹅。清·屈大均《广东新语》卷二《禽语·淘鹅》："淘鹅，即鹈鹕也。曰逃河者，淘鹅之讹也。阳江人则谓水流鹅云。其大如鹅，能沉水取鱼……每淘河一次，可充数日之食。渔童谣云：'水流鹅，莫淘河。我鱼少，尔鱼多。竹弓欲射汝，奈汝会逃何？'"

别名鸳、泽虞、姖（hù）泽鸟。《正字通》："'鸳，泽虞。'郭注：'姖泽鸟'，姖泽即鸅鸆，鸳即鹭别名，不能分为二。"鸳，音fǎng。泽虞，古官名。《文选·张衡〈西京赋〉》："泽虞是滥，何有春秋？"薛综注："泽虞，主水泽官。"此借

以为鸟名。姻（音 hù），意爱恋不舍。俗称护田鸟。

鹈鹕的突出特征是嘴下有一个皮质的囊。《埤雅·释鸟》："鹈……颔下胡大如数升囊，因以盛水贮鱼。"《淮南子》曰："鹈胡饮水数斗而不足。"善于游泳和捕鱼，捕得的鱼存在皮囊中。《庄子·外物》："鱼不畏网，而畏鹈鹕者，以其能竭泽。"《三国志·魏志·文帝纪》："夏五月，有鹈鹕鸟集灵芝池。"《禽经》："鹈鹕，水鸟也。似鹗而大，喙长尺余，直而且广，口中正赤，颔下有胡大如囊，受数升。胡中取水以聚群鱼，侯其竭濑奄，取食之。一名淘河。"唐·杜甫《赤霄行》："江中淘河吓飞燕，衔泥却落羞华屋。"清·许珂《清稗类钞·动物类》："鹈鹕，一名鹈，俗呼之为淘河。体大于鹅，色灰白，颔白色，头裸出无毛。嘴长尺余，直而广，颔下有大喉囊。脚短力强，四趾有蹼，能竭小水取鱼，先则连水吞入，贮喉囊中，后吐其水而食之。"

鹈鹕"淘河"捕鱼之说，多是因其巨大喉囊而做的揣测，文人杜撰，相互传承，未见目睹者实录。实则鹈鹕或飞翔中搜寻猎物，一旦发现，从约 15 米高空直插水中，将鱼抓获；或游泳中张开巨口，兜水前进，将水和鱼一起兜入囊内，然后闭口收囊，挤出余水而吃鱼。试想，鹈鹕靠喉囊能淘干的水域，一定不会大。水少则鱼露，捕食者会围歼竞逐，还会等鹈鹕把水淘干，"鱼在陆地，乃共食之"？

明·李时珍《本草纲目》："俚人食其肉，取其脂，入药用翅骨脂骨，作筒吹喉鼻药甚妙。"王逸《九思·悯上》云："鹄窜兮枳棘，鹈集兮帷幄。"枳棘，枳木与棘木。

明·袁凯《赋朱焕章所畜鹈鹕鸟》："朱家有鸟名鹈鹕，意度自与凡羽殊。冥蛮时时延丹穴，夜宿往往归苍梧。当时六翮须无禁，何乃困顿来庭除。元云风萧羽衣碎，俯仰饮啄随人意，空檐燕雀亦何心，喧噪迫逐无宁地。孤雌孤雌复何所，落日烟波隔吴楚。沈思当日伉俪初，岂料如今各羁旅。众鸮众鸰尤痛惜，父既不归无可食，纵有弱母汝念深，浪高风急身无力。我言鹈鹕君莫嗔，忍耻含悲度此身。不见四海干戈际，多少思家失路人。"

鸬 鹚

鸀鹚　鸬鹚　鹚　鹚鸶　乌鬼　乌头网　青鹚　蜀水花　慈老　鸬贼摸鱼公　水老鸭　土鸬鹚

鸬鹚 *Phalacrocorax pelagicus* Pallas，隶于鹈形目鸬鹚科。我国有鸬鹚 5种，如海鸬鹚，体长为 70 ~ 77 厘米，重 1.18 ~ 2.2 千克。全身羽色黑，有一定的飞翔能力，地面行走显较笨拙，潜水能力甚强，一般潜入水下 1 ~ 3 米，持续 30 ~ 45 秒钟，最深可达 10 米，持续 70 秒钟。头、颈长，嘴长，呈圆筒状，主要以鱼、虾为食。俗名鱼鹰、水老鸭，是我国沿海的常见鸟类。在山东沿海岛屿繁殖。

鸬鹚图

古称鸀鹢（yì）、鸬鹚、鹢。《尔雅·释鸟》："鸀，鹢，即鸬鹚也，觜（cí）头曲如钩，食鱼。"注：俗呼兹老。《说文·鸟部》："鸀鹢，鸀，鸬鹚也，从鸟，兹声。鹢，鸀也，从鸟，壹声。"《埤雅·鸀》："鸬鹚，水鸟也。似鹢（yì）而黑，一名鹢。"《尔雅翼·释鸟五》："鸀，水鸟。深黑色，钩喙，善没水中逐鱼，亦名鸬鹚。苍颉篇曰似鹢而黑。"明·李时珍《本草纲目·禽二·鸬鹚》："案韵书，卢与兹并黑也，此鸟色深黑，故名。鹢者，其声自呼也。"卢与兹皆意黑色。鹢，从壹，此处或拟其声。鸀鹢，意色黑。

图74　鸬鹚（仿《古今图书集成·禽虫典》）

又称乌鬼。唐·杜甫《戏作俳谐体遣闷》："家家养乌鬼，户户食黄鱼。"自注："夔（kuí，地名，今重庆奉节县）人呼鸬鹚为乌鬼。"宋·沈括《梦溪笔谈》："世之说者皆谓：峡中间至今有鬼户，乃夷人也。其主谓之鬼主，峡中人谓鸬鹚为乌鬼。蜀人临水居者皆养此鸟，绳系其颈，使之捕鱼。"但《通雅四十五·动物·鸟》却说："峡中士夏立夫云：'乌鬼，猪也，家养一猪以祭鬼。'升菴（杨升庵，即明代文学家杨慎）云：'峡中人养鸡雏，带铜锡环献神，名曰乌鬼。'"此应为一名多用。

代称乌头网。宋·陶谷《清异录·纳脍肠小尉》："取鱼用鸬鹚，快捷为甚……江湖渔郎用鸬鹚者名乌头网。"

别名青鸬。唐·温庭筠《病中书怀呈友人》诗："横竿窥赤鲤，持翳望青鸬。"

方言蜀水花。《方书》："鸬鹚，蜀曰蜀水花。"

俗称慈老。《正字通》："鸬鹚，俗呼慈老。"慈老，或为鸀鹢的谐音。

俗称摸鱼公、水老鸭、鸬贼。明·黄一正《事物绀珠》："鸬鹚，一名摸鱼公。"《古今图书集成·禽虫典》引《丹徒县》："鸬鹚，水鸟似鹢而黑，一名鹢，一名乌鬼，一名鸬贼，俗呼摸鱼公，土人谓之水老鸭。"鸬贼，鸬鹚的谐音。

我国台湾称土鸬鹚。陈淑均撰《噶玛兰志》（1840）曰："土鸬鹚，长喙，善汲水取鱼，入喉即烂。兰地间有之，而不用以摸鱼。"噶玛兰为今之宜兰，古亦名蛤仔滩。

鸬鹚为捕鱼能手。《尔雅翼·释鸟五》："今蜀中尤多，临水居者，多畜养之，以绳约其吭，才通小鱼，其大鱼不可得下。时呼而取出之，乃复遣去，指顾皆如人意。有得鱼而不以归者则押者喙而使归……渔者养数十头，日得鱼可数十斤，然鱼出咽皆腥涎不美。"唐·魏徵《隋书·倭国传》："倭国水多陆少，以小环挂鸬鹚项，令入水捕鱼，日得百余头。"唐·王维《鸬鹚堰》："乍向红莲没，复出清浦飏。独立何褵褷，衔鱼古查上。"褵褷（lí shī），褵，通"离"，羽毛初生时濡湿黏合貌。古查，水中浮木。《埤雅·释鸟》："觜曲如钩，食鱼入喉则烂，其热如汤。其骨主鲠及噎，盖以类推之者也……图经称，峡中人谓之乌鬼。蜀人临水居者，皆养此鸟。绳系其颈，使入捕鱼，得鱼则倒提出之。"鸬鹚捕鱼善于合作，常集大群围捕之，不像鲣鸟那样傻。明·李时珍《本草纲目·禽二·鸬鹚》："鸬鹚，处处水乡有之，似鹢而小，色黑，亦如鸦，而长喙微曲，善没水取鱼，日集洲渚，夜巢林木。久则粪毒多令木枯也。南方渔舟往往縻畜数十，令其捕鱼。"

鸬鹚卵生。《埤雅·释鸟》引《神农书》："所谓鸬鹚不卵生，口吐其鶵，独为一异是也。杨孚异物志云，鸬鹚能没深水取鱼而食之，不生卵，而孕鶵于池泽，既胎而又吐生，多者七八，少者五六，相连而出，若丝绪焉。"神农书所说甚误，此误复被多人传承。直到寇宗奭以亲身观察才得以纠正。"人言孕妇忌食鸬鹚，为其口吐鶵，尝官于夔州，公庙前有一大木，上有三四十巢，日夕视之，既能交合，又有碧色卵壳布地。则陶（弘景云：'此鸟不卵生，口吐其鶵。'）陈（藏器云：'此鸟胎生，从口出如兔吐儿，故孕妇执之易生'）之说误听人言也。（《本草纲目·释鸟·鸬鹚》）"鸬鹚非吐生，兔亦不吐子。

清·许珂《清稗类钞·动物类》："鸬鹚形似鸦而黑……山阴高月垞员外凤台有《鸬鹚行》以咏之云："秋江波森森，云鳞澹堆墨。出没千鸬鹚，冲起浪花白。生长渔师家，钩喙箭爪形如鸦。双睛闪闪翼拍拍，无篷船载声哑哑。颈系红绿久驯熟，舞势翩然立一木。须臾指挥若阵排，翻身都在水中伏。鸬鹚穿浪疾于梭，断鬐绝鬣擒鱼多。小鱼入口吞腹吐，大鱼拨刺泥犹拖。渔师大呼助声势，深惧鸬鹚不能制。牵之曳之登瓜皮，一尾几欲船舱蔽。渔师意欣然，鸬鹚齐上船。点篙寻港去，晒翅斜阳边。卖鱼沽酒渔师醉，烹鲜作鲙夸味脆。回看一木排鸬鹚，枵腹垂头倦欲睡。"

褐鲣鸟

海鸡母

鲣鸟为鲣鸟科鸟的通称，在我国记有 3 种。如褐鲣鸟 *Sula leucogaster*（Boddaert），隶于鹈形目。大型海鸟，体粗壮而细长，体长 64 ~ 74 厘米。体上部色褐、下部白，善于游泳和潜水，叫声响亮而粗犷，主要以各种鱼类、乌贼和甲壳动物等为食。主要产于我国西沙群岛，偶见于我国台湾的淡水、兰屿和基隆通往澎佳屿的航道上以及海南、上海、山东青岛等地。

清·郭柏苍《海错百一录》卷五："海鸡母，黑色，绿脚如母鸡，产台湾海屿。"连横《台湾通史》云："海鸡母，产海上屿中。色黑，脚绿，比鸡较大。"此即褐鲣鸟。海鸡母，其嘴圆锥状，先端尖，形如鸡喙，羽色单调，如母鸡，因以得名。鲣字从坚，意坚硬，缘其羽色和形象状如鲣鱼背肉之干制品，称坚节，坚如木，得名鲣鸟。

鹭

黄嘴白鹭　舂锄　鲜禽　风标公子　碧继翁　篁栖叟　丝禽　带丝禽　昆明属玉　雪客　雪鹭　霜鹭　铜觜　雪衣儿　先至鸟　荻塘子　舂锄　白鹭　鹭鸶　白鸟　苍鹭　青庄　青翰　鹢鸥　鳣　白琵鹭　谩画　水鸼

鹭为鹭科鸟类的通称，在我国有 20 种，属于中、大型涉禽，嘴、颈、腿都很长，羽色白、褐或灰蓝等，飞行时长颈缩成 S 形，长腿会伸出尾后，振翅缓慢。白鹭指白鹭属鸟的通称，在我国有 7 种，其中大白鹭、中白鹭、白鹭羽色全白，其余羽色或具斑或色乳白等。

黄嘴白鹭 *Egretta eulophotes*（Swinhoe），隶于鹈形目鹭科。体纤瘦修长，中型涉禽，体长 46 ~ 65 厘米，体重 320 ~ 650 克，雌鸟略小。嘴、颈、脚均很长，羽色乳白，嘴橙黄，枕部有多枚白色矛状长冠羽，最长达 10 厘米，背、肩和前颈下部有蓑状长饰羽，称蓑羽。栖息于沿海岛屿、海岸、海湾、河口及其沿海附近的江河湖泽地带。繁殖于辽东半岛、山东及江苏的滩涂和近岸水域。俗称唐白鹭、白老，是我国濒危珍稀水禽。

古称舂锄（chōng chú）。《尔雅·释鸟》："鹭，舂锄。"郭璞注："白鹭也。头、翅、背上皆有长翰毛。今江东人取以为睫，名之曰：白鹭缞。"此是对白鹭的最初记载。《说文·鸟部》："鹭，白鹭也。"《诗·鲁颂·有駜》："振振鹭，鹭于飞。鼓咽咽，醉言归。"意拿起鹭羽跳起舞，好像翱翔在高空的白鹭。鼓声咚咚有节奏，不醉呀不言归。春钼，钼，古同"锄"。意其"好自低昂"，状"如春如锄"。宋·陆佃《埤雅》："春钼，步于水好自低昂，故名。"

图75　白鹭（仿郑作新）

美称鲜禽。晋·谢灵运《白鹭赋》："有提樊而见献，实振鹭之鲜禽。"《名物百年》："鹭，以其洁白不可污，喻君子之德；以常有振举之意，喻君子之威仪。"

拟称风标公子。唐·杜牧《晚晴赋》："白鹭潜来兮，邈风标之公子。"风标，意风度，形容其优美的姿容神态。宋·文同《再赠鹭鸶》诗："颈若琼钩浅曲，骹如碧管深翘。湖上水禽无数，其谁似汝风标。"清·吴锡麒《江孟卿招饮净香园》诗："风标公子来何意，添写白荷花畔秋。"

拟称碧继翁、篁栖叟。唐·刘焘《树萱录》："剡人贾传于镜湖见二叟并语，一曰碧继翁，一曰篁栖叟，相与吟诗。贾遽揖之，化为白鹭飞去。"后遂以"碧继翁"为白鹭的别名。碧继翁：相传神仙中人。

异称丝禽。唐·陆龟蒙《奉酬袭美苦雨四声重寄三十二句·平上声》："丝禽藏荷香，锦鲤绕岛影。"鹭鸶之鸶，丝禽之丝，意其枕部白羽冠细长如丝。

亦称带丝禽。唐·张乔《鹭鸶障子》诗："剪得机中如雪素，画为江上带丝禽。闲来相对茅堂下，引出烟波万里心。"宋·叶廷珪《海录碎事·鸟兽草木·鸥鹭》："带丝禽，白鹭也。"清·杨炳南《海录》："鹭，一名带丝禽。"唐·陆龟蒙《丹阳道中寄友生》诗："锦鲤冲风掷，丝禽掠浪飞。"

代称昆明、属玉。清·陈溟子《花镜》附录《养禽鸟法·鹭鸶》："鹭鸶一名春锄，一名属玉，又名昆明，乃水鸟也。林栖而水食，以鱼为粮。群飞成序，故有鹭序之说。其形亦似鹤而小，羽白如雪，又有雪客之称。"

其体色白而称雪客、雪鹭。唐·元稹《遣春》诗："雪鹭远近飞，渚牙深浅出。"杜牧《鹭鸶》诗："雪衣雪发青玉嘴，群捕鱼儿毚影中，惊飞远映碧山去，一树梨花落晚风。"宋·郭若虚《图画见闻志·五客图》："鹭鸶白雪客。"

喻称霜鹭。宋·黄庭坚《满庭芳》词："修水浓清，新条淡绿，翠光交映虚亭。锦鸳霜鹭，荷径拾幽萍。"霜鹭，亦特指白鹭。

嘴尖硬而得别名**铜觜**。宋·孔平仲《孔氏谈苑·鹭鸶》："京师夏间竞养铜觜，至九月多死。"

美称**雪衣儿、先至鸟、荻塘子**。《事物原始》："东坡诗称鹭为雪衣儿，杜牧赋称风标公子，《广记》云荻塘子。"《黎州图经》："郡王将有除替，一日前便有鹭鸶一对飞往州城，盘旋栖泊，号为先至鸟。"

明·李时珍《本草纲目·禽一·鹭》 释名 ："鹭鸶，丝禽，雪客，春锄，白鸟。时珍曰："《禽经》云鹴（shuāng）飞则霜，鹭飞则露。其名以此。步于涉水，好自低昂，如春如锄之状，故曰春锄。"陆机《诗》疏云："青齐之间谓之春锄，辽东、吴扬皆云白鹭。"又"鹭，水鸟也。林栖水食，群飞称序，洁白如雪，颈细而长，脚青善翘，高尺余，解指长尾，喙长三寸。顶有长毛数茎，然如丝，欲取鱼则弭之。"

称**白鹭、鹭鸶**。唐·李白《白鹭》诗："白鹭下秋水，孤飞如坠霜。心闲且未去，独立沙洲旁。"清·徐珂《清稗类钞·动物类》："鹭，羽纯白，亦称白鹭，颈脚皆长，脚青色，嘴长二三寸，顶有白毛，颇长，肩背胸部亦生长毛，是称蓑毛，毶毶如丝，故一名鹭鸶。栖息水边，捕食鱼类。西洋妇人取其羽以为冠饰，鄂人多收之，由海舶输出甚伙。"

异称**白鸟**。《诗经·周颂·振鹭》："振鹭于飞，于彼西雝。"毛传："鹭，白鸟也。"三国吴·陆玑《毛诗草木鸟兽虫鱼疏》卷下"值其鹭羽"："鹭，水鸟也。好而洁白，故谓之白鸟，齐鲁之间谓之春锄。"清·胡建伟《澎湖纪略（1759年）》："鹭鸶，诗义云，水鸟也。所好洁白，谓之白鸟，凡渡海者，见有白鸟飞翔则喜，以其将近屿岛也。"

"鹭飞则露"，此露指露水，即有露时鹭飞走，故称鹭。《禽经》曰："鹭，恶露，字从露省以此。今人畜之极有驯扰者，每至白露日则定飞扬而去。"《田家杂占》曰："夏秋间雨阵将至，忽有白鹭飞，过雨竟不至，名曰截雨。"此外，鹭从路，路通露，即暴露。如《荀子·议兵》："彼可诈者，怠慢者也，路亶者也。"意其长腿涉水，鸟体外露，如鹭字，路在鸟字之上，意鸟上露，故称鹭。

白鹭在繁殖期的冠羽和蓑羽可作装饰用，俗称白鹭丝毛。《诗·陈风·宛丘》："无冬无夏，值其鹭羽……无冬无夏，值其鹭翿。"值，意持或戴。翿（dào），用羽毛做成的舞具，形似伞或善扇。意无论是寒冬炎夏，持鹭羽舞姿美艳。无论是寒冬炎夏，持鹭羽舞姿漂亮。《尔雅翼·释鸟五》："鹭，水鸟。洁白而善为容。其集必飞舞而下。头上有长毛数十枚，长尺余，毶毶（sān，毛细长垂拂、纷披散乱貌）然与众毛异。欲取鱼，则弭之其翅。背上皆有长翰毛。江东人取以为接篱（音 li，古代的一种头巾），名曰鹭缞（音 cuī，古时丧服）。亦曰白鹭蓑。"

鹭飞有序。《禽经》："寀（cǎi，古官名）寮雍雍，鸿仪鹭序。"张华注："鹭，白鹭也，小不逾大，飞有次序，百官缙绅之象。"意飞翔如古代百官入朝，井然有序。鹭飞行时长颈缩成 S 形、长腿会伸出尾后，振翅缓慢，非常优美。唐·杜甫《绝句》："两个黄鹂鸣翠柳，一行白鹭上青天。"唐·刘象《鹭鸶》："洁白孤高生不同，顶丝清软冷摇风。窥鱼翘立荷香里，慕侣低翻柳影中。几日下巢辞紫阁，多时凝目向晴空。摩霄志在潜修羽，会接鸾凰别苇丛。""争渡，争渡，惊起一滩鸥鹭。（李清照句）"清·朱竹垞《台城路》词云："谢池最爱鲜禽好，当年惠连曾赋。紫荇丝边，水莎花外，长见伊窥鱼住。乍翻浅渚，讶拍拍随波，欲低还举。占得圆沙，惯拳一足久延伫。采莲舟渐近也，笑红裙按楫，不教惊去。荻岸偏明，苹风惯浴，凉月毿毿縩羽。曲江人渡，指隐约秋潮，望中生处。才挂鱼罾，又飞来别浦。"

苍鹭 *Ardea cinerea* Linnaeus。 此系鹭科的另一种大型涉禽。头、颈、脚和嘴均甚长。雄性体长 75 ～ 105.2 厘米，重 942 ～ 1 825 克，跗跖长 137 ～ 160 毫米；雌鸟体长 11 ～ 13 厘米，重 1030 ～ 1750 克，跗跖长 13.5 ～ 16 厘米。头顶白，羽冠黑，上体余部灰色，下体白。全国分布，栖息于江河湖溪及海岸等岸边及其浅水处，主要以小型鱼类、虾、蛙和昆虫等动物为食，俗称"老等"。其肉有臭气和怪味，但冠羽、肩羽、胸羽可作饰羽。

古称**青庄、青翰、鹳鸱**（jīng zhuāng）。明·李时珍《本草纲目·禽一·鹈鹕》："有曰信天缘者，终日凝立，不易其处，俟鱼过乃取之。所谓信天缘者，即俗名青翰者也，又名青庄。"明·谢肇淛《五杂组·物部一》："鹰畏青庄粪，沾其身，则肉烂毛脱。"《三才图会·鸟兽》："鹳鸱，状如鹤，亦水鸟之类，生吴中田野间，其所食亦鱼鳝之类。"

单称**鳟**（chōng）。清·李元《蠕范·物产》："鳟，青庄也，信天缘也。长喙修顶，高足秃尾，不善捕鱼，终日凝立，鱼过则取之。"

庄，犹如桩，苍鹭常一条长腿凝立水中数小时而不动，如桩；背部苍灰色，故名青庄。鹳鸱、鳟，与青庄音义均同。青翰，翰指鸟之长羽。苍鹭头顶有 4 根细长的黑色羽毛形成羽冠，故称青翰。青庄与信天缘非同一种鸟。

白琵鹭 *Platalea leucorodia* Linnaeus，隶于鹳形目朱鹭科。大型涉禽。体长 70 ～ 95 厘米，体重约 2 千克。全身羽毛白色，嘴长直、扁阔似铲或匙，颇似琵琶，因以得名。俗称琵琶嘴鹭、

漫画图

图76 白琵鹭（仿《古今图书集成·禽虫典》）

箆鹭、琵琶鹭、黑面琵鹭。栖息于沼泽地、泥滩、港湾等处。多在海边潮间带和河流入海处，不深于30厘米的浅水处觅食。

古称谩画。宋·洪迈《容斋五笔·瀛莫间二禽》："其一类鸳，奔走水上，不闲水腐泥沙，唼唼然必尽索之而后已，无一息少休，名曰谩画。信天缘若无能者，乃与谩画均度一日无饥色，而反加壮大。二禽皆禀性所赋，其不同如此。"明·李时珍《本草纲目·禽一·鹈鹕》："有曰谩画者，意觜画水求鱼，无一息之停。"谩通漫，从言从曼，曼，意延展的。因其不停用嘴在水面划动而取食，似用嘴到处在画。

代称水鸪。清·李元《蠕范》卷六："水鸪，漫画也。色黑腹白，长喙细腰，以嘴画水，如写字然，一息不停，往往得鱼。"

天　鹅

大天鹅　鹄　鸿　鸿鹄　乌孙公主　鹄鸿　黄鹄　白鸟

天鹅，大型游禽，体坚实，最大身长1.5米，重6千克。颈长，脚大，羽色白，嘴多为黑色。雌雄终生为伴，能活50年。分布广泛，共7种，其中羽黑者为黑天鹅。在我国有疣鼻天鹅、大天鹅和小天鹅三种。

大天鹅 *Cygnus cygnus*（Linnaeus），隶于雁形目鸭科。体高155厘米，体色白，嘴黑，嘴基有大片黄色。头颈很长，约占体长的一半。飞行时发"klo-klo-klo"的叫声。飞翔时长颈前伸，徐缓地搧动双翅。在我国北部和西部繁殖，在华中及东南沿海越冬。俗称白鹅、大鹄、黄嘴天鹅、金头鹅、咳声天鹅。

图77　大天鹅（仿郑作新）

古称鹄（hú）、鸿、鸿鹄。《说文·鸟部》："鹄，黄鹄也。从鸟，告声。"《战国策》："黄鹄游于江海，淹于大沼。奋其六翮而陵清风……凡经史言鸿鹄者，皆为黄鹄也。或单言鹄，或单言鸿。"《诗·幽风·九罭》："鸿飞遵渚。"（意天鹅飞翔贴着小洲）郑玄笺："鸿，大鸟也。不宜与凫鹥之属飞而循渚。"陆机疏："鸿鹄，羽毛光泽纯白，似鹤而大，长颈，肉美如雁，又有小鹄，大小如凫，色亦白，今人直谓鸿也。"《楚辞·卜居》："宁与黄鹄比翼乎？将与鸡鹜争食乎？"《孟子·告子上》："一人虽听之，一心以为有鸿鹄将至，思援弓缴而射之。"唐·李商隐《镜槛》："拔弦警火凤，交扇拂天鹅"。

拟人称**乌孙公主**。《采兰杂志》:"黄鹄,一名乌孙公主。"乌孙公主,原指汉室宗亲刘细君,此借以为鹄的异称。明·李时珍《本草纲目·禽四·鹄》:"鹄大于雁,羽毛白泽,其翔极高而善步,所谓鹄不浴而白,一举千里,是也。亦有黄鹄、丹鹄,湖、海、江、汉之间皆有之,出辽东者尤甚,而畏海青鹘。"《战国策》:"黄鹄一举兮知山川之纡曲,再举兮知天地之圆方。"

雅称**鹄鸿**。天鹅,体大,形似鹅而得名。师旷《禽经》云:"鹄鸣,故谓之鹄。吴僧赞宁云:凡物大者,皆以天名。天者,大也。则天鹅名义,盖亦同此。"鹄,意白色。《庄子·天运》:"夫鹄不日浴而白,乌不日黔而黑。"鹄亦通"浩",大也。意白色大鸟。《吕氏春秋·下贤》:"鹄乎其羞用智虑也。"鸿,亦指大雁,此处指鹄。"鸿,鹄也。(《说文》)"鹄,亦称鸿鹄,凡鸿鹄连文者即鹄也。如《史记·陈涉世家》:"燕雀安知鸿鹄之志。"

代称**黄鹄、白鸟**。黄鹄,指大天鹅,羽虽白而嘴基黄。清·许珂《清稗类钞·动物类》:"鹄,似雁而大,全体色白,故或称为白鸟。颈长,嘴根有瘤,色黄赤,故又谓之黄鹄。"

其皮毛可为服饰,谓之天鹅绒。《饮膳正要》云:"天鹅有四等:大金头鹅,似雁而长项,入食为上,美于雁。小金头鹅,形差小;花鹅,色花;一种不能鸣鹅,飞则翔响,其肉微腥。"

野　鸭

绿头鸭　凫　鹥　沉凫　晨凫　少卿　凤头潜鸭　冠凫

野鸭是野生鸭类的通称,有十余种。狭义的野鸭系指绿头鸭。

绿头鸭 *Anas platyrhynchos* Linnaeus,隶于雁形目鸭科。身长 51 ~ 62 厘米,体重850 ~ 1400 克。喙宽而扁平。雄鸭头部绿色,背部黑褐色,雌鸭全身黑褐色。趾间有蹼,善于游泳和戏水,但很少潜水。以植物为主食,也吃甲壳动物等无脊椎动物。寿命29年。分布广,在我国,分布于东南沿海地区。俗称大绿头、大红腿鸭、大麻鸭。能长途迁徙,最高飞行时速110千米。王允《论衡》曰:"日月一日一夜行二万六千里,与冠凫飞相类。"

古称**凫**(fú)。《广韵·平虞》:"凫,野鸭。"《诗·郑风·女曰鸡鸣》:"将翱将翔,弋凫与雁。"将绳子系在箭上射野鸭和大雁。

代称**鹥**(mí)、**沉凫**。《尔雅·释鸟》:"鹥,沉凫。"郭璞注:"似鸭而小,长尾,背上有文,今江东亦呼为鹥。一名沉凫。"郝懿行义疏:"凫善沈水洒濯其颈,故曰沉凫。或说凫好晨飞，因名晨凫。"《禽经》："凫鹜之杂，凫鹜，鸭属，色不纯正故曰杂矣。"唐·王勃《滕王阁序》："落霞与孤鹜齐飞，秋水共长天一色。"明·李时珍《本草纲目·禽四·凫》："凫，东南江海湖泊中皆有之。数百为群，晨夜蔽天，而飞声如风雨，所至稻粱一空。或云食用绿头者为上，尾尖者次之。"

拟称少卿。晋·郑弥《婻嬛记》卷一："凫，一名少卿。"

鸭，拟其"戛""嘎"叫声。凫，制字从几，象形字。"凫从几，音殊，短羽高飞貌。凫义取此。(《本草纲目》)"此"短羽"应为"短翼"，其翼展80多厘米，高飞视之，状如几字，因以得名凫。鹥（mí），沉凫，即野鸭。鹜（wù），即家鸭。《说文·九部》"凫，舒凫，鹜也。"李巡云："野曰凫，家曰鹜。舒者谓其行舒迟，不畏人也。"沉凫应为晨凫，因凫很少潜水。《埤雅》引《庄子》曰："凫胫虽短，续之则忧；鹤胫虽长，断之则悲。"意其生理适应，"无欠无余，自长非所增，自短非所损也。"

凫常在水中和陆地上梳理羽毛。梁·简文帝《咏寒凫》："回水浮轻浪，沙场弄羽衣。眇眇随山没，离离傍海飞。"其肉可食用。《尔雅翼·释鸟五·凫》："今江南大陂湖中，其取凫者，亦皆以网，植两表于水，相去甚远，中缀网檐。以舟自前驱而逐之，率一获千百辈。"清·许珂《清稗类钞·动物类》："凫，状如鸭而小，俗亦谓之野鸭，常栖息湖泽中。雄者毛羽甚丽，颈绿色。翼长，能飞翔空中，为十字形排列。体肥多脂，肉供食品，味甚美。"亦可药用。《古今图书集成·禽虫典·凫部》引《中华古今注》："凫食，凫常在海边沙上食沙石，皆消烂，唯食海蛤不消，随其矢出。用为药，俗胜常也。"唐·杜甫《白凫性》："君不见黄鹄高于五尺童，化为白凫似老翁。故畦遗穗已荡尽，天寒岁暮波涛中。鳞介腥膻素不食，终日忍饥西复东。"

凤头潜鸭 *Aythya fuligula*（Linnaeus），隶于雁形目鸭科，为鸭科的另一成员。体矮扁，身长40～47厘米，体重550～900克。头大，具特长羽冠，雄性亮黑色，腹白，雌鸟深褐。杂食性，寿命15年。俗称泽凫、凤头鸭子、黑头四鸭等。在我国分布于东南沿海地区

古称**冠凫**。宋·叶廷珪《海录碎事·鸟兽草木》："石首鱼，至秋化为冠凫，头中犹有石也。"明·李时珍《本草纲目·禽四·凫》："海中一种冠凫，头上有冠，乃石首鱼所化也。并宜冬月取之。"明·谢肇淛《五杂俎·物部一》："韦昭《春秋外传》注曰：'石首成凫。凫，鸭也。'《吴地志》亦云：'石首鱼，至秋化为冠凫。'今海滨石首，至今未闻有化鸭者。"头带特长羽冠，曰凤头，曰冠；属鸭类，曰凫，曰鸭；主要靠潜水取食，称凤头潜鸟。至于石首鱼所化之说属伪说，谢肇淛所言为是。

鹗

鸠鸠　王雎　贞鸟　金嚎鸟　䴏　鵄　鸷鸟　大雕　白鷖　白鷢　鱼鹰　雕鸡
下窟鸟

鹗 *Pandion haliaetus*，隶于隼形目鹗科。本科仅此一种。中型猛禽，体长约 65 厘米，重 1000 ~ 1750 克。头白色，体背暗色，腹白，胸部有棕褐色斑纹。分布广，夏季见于我国西部和北部，冬季迁徙到华南地区。常见于江河、湖沼、海滨或开阔地；在热带，经常栖息于岩石海岸、珊瑚礁或红树林沼泽。常高空飞翔或近水面低飞捕食鱼类，偶尔潜入水中。趾爪长而锐利，强有力，趾底布满齿，外趾能前后反转，适于捕鱼。

鹗（è），初见于晋代典籍。《尔雅·释鸟》："雎鸠，王雎。"郭璞注："鵰类，今江东呼之为鹗，好在江渚山边食鱼。"鹗字从咢，咢亦声，双口，口大一倍，咢意为大嘴。咢与鸟合示大嘴鸟。宋·曾巩《一鹗诗》："尝闻一鹗今始见，眼俊骨紧精神豪。"

古称**雎鸠**（jū jiū）、**王雎**。《诗·周南·关雎》："关关雎鸠，在河之洲。"注："关关，音声和也。"朱注："雎鸠，水鸟，一名王雎。状类凫鷖，今江淮间有之。生有定偶而不乱偶，常并游而不相狎。"古云鸠有五，祝鸠、鵙鸠、鸤鸠、雎鸠及鹘鸠。其中祝鸠和鹘鸠属鸠鸽，鹗为雎鸠，鹰为鸤鸠，布谷为鵙鸠。"鹏鹗奋羽仪，俯视荆棘丛。（唐·储光签句）"唐·李白《赠宣城赵太守悦》诗："差池宰两邑，鹗立重飞翻。"宋·陵佃《埤雅·雎鸠》："雎鸠，鵰类，江东呼之为鹗。"又"鹗，性好跱，故每立更不移处，所谓鹗立，义取诸此。"其仁立不动，也喻卓然超群。清·钱谦益《送福清公归里》诗之二："鹗立朝端领搢绅，飘萧鬓发见风神。"

美称**贞鸟**。汉·焦延寿《焦氏易林》："贞鸟雎鸠，执一无忧。"

代称**金嚎鸟**。清·厉荃《事物异名录·禽鸟·鹗》：《苍颉解语》："鹗，金嚎鸟也。又李华：鹗，《执狐记》名黄金鹗。"

别名**䴏**。《广韵》："䴏，鹗别名。"䴏，读音 cán。

别名**鵄**。《广韵》："鵄，鹗也。"鵄，读音邪。

代称**鸷鸟、大雕、白鷖、白鷢**。《汉书·邹阳传》："鸷鸟累百，不如一鹗。"孟康注："鹗，大雕。"鸷（zhì）鸟，凶猛的鸟。《禽经》曰："鸷鸟之善搏者，曰鹗。"又"王鴡，雎鸠，鱼鹰也……亦曰白鷖（yī），鷖之色白者，亦曰白鷢（jué）。状如鹰，尾上白也。"元·郝经《幽懑赋》："王鴡暗而不鸣兮，蜩鸠肆其啁啾。"

啁啾（zhōu jiū），鸟鸣声。

代称**鱼鹰、雕鸡、下窟乌**。《梁书·武帝纪》："鹗视争先，龙骧并驱。"明·李时珍《本草纲目·禽四·鹗》："鱼鹰、雕鸡、雎鸠、王雎（音疽）、沸波、下窟乌。鹗状可愕，故谓之鹗。其视雎健，故谓之雎。能入穴取食，故谓之下窟乌。翱翔水上，扇鱼令出，故曰沸波。"："鹗，雕类也。似鹰而土黄色，深目好峙。雄雌相得，鸷而有别，交则双翔，别则异处。能翱翔水上捕鱼食，江表人呼为食鱼鹰。亦啖蛇。"其目光锐利，称**鹗视**。

海 雕

雕，种类很多，其中海雕类我国有 4 种，即虎头海雕、玉带海雕、白腹海雕和白尾海雕。属于大型猛禽，最大者如虎头海雕重达 12 千克。上嘴勾曲，视力很强，利爪，属最古老的一类鸟。

雕，意凶猛，《史记》："而民雕捍少虑，有鱼盐枣栗之饶。"雕，从隹（zhuī），从周，周亦声。周，指周围、周边。雕，意空中盘旋，搜寻猎物，然后俯冲捕食的猛禽。唐·杜甫《呀鹘行》："强神非复皂雕前，俊才早在苍鹰上。"**皂雕**，黑色大型猛禽。

古称**敦**（tuán）。《埤雅·雕》："雕能食草，似鹰而大，黑色，俗呼皂雕，一名敦，其飞上薄云……雕，首欲长而额狭，顶平领大，项后毛磔生劲疾；目睛大而满脸长，眸子小而近前，主明慧；爪近肉粗圆，其末纤细，主多力；跗平润，主巧捷；不夭鼻大，主长飞不乏。"敦，通雕，意大雕。《说文·鸟部》："敦，雕也。鹃者，敦之省。"敦、敦、鹃三字音意均近，可互换。如《诗·大雅·行苇》："敦弓既坚，四镞锥既均。"敦弓即雕弓。意雕弓张起劲坚强，四支利箭分均匀。

《尔雅翼·释鸟四》："雕者，鹗之类。土黄色，键飞，击沙漠中，空中盘旋，无细不睹……又能翱翔水上，扇鱼令出，沸波攫而食之……古者雕之字作彫，至籀文乃作雕耳。"籀（zhòu），古代的一种字体，亦称大篆。明·李时珍《本草纲目·禽四·雕》："雕似鹰而大，尾长，翅短，土黄色…雕类能搏鸿鹄、獐鹿、犬豕。"《禽经》："窈玄曰雕，色浅黑而大者，其羽能落鸟毛也。"

代称**沸波、沸河**。《埤雅·雕》："大雕翱翔水上，扇鱼令出，沸波攫而食之。一名沸河。"《淮南子·说林训》："鸟有沸波者，河伯为之不潮，畏其诚也。"

贬称**奸禽**。《辍耕录》："雕，奸禽也。"

译称**海东青**。宋·徐梦莘《三朝北盟会编·政宣上帙》："海东青出五国（五国，今黑龙江东部乌苏里江与松花江流域），五国之东接大海。自海东而来者谓之海东青，小而俊键，爪白者尤以为异，必求之女真。"明·李时珍《本草纲目》："青鹘出辽东，最俊者谓之海东青。"《辍耕录》："海东青，俊禽也。"《三才图会》："海东青，《异物记》：登州海岸有鸟如鹘，自高丽飞渡海岸，名海东青。击物最键，善禽天鹅，飞时旋风直上云际。"明·僧梵琦《海东青行》："海东青，高丽献之天子庭，万人却立不敢睨，玉爪金眸铁作翎，心在寒空韝在手，一生自猎知无偶，孤飞直出大鹏前，猛志岂落驾鹅后。"韝（gōu），臂套。驾鹅，野鹅也。海东青，又称海青、海青少布、白鹰、玉雕、王雕、玉爪雕、白玉爪、海东青鹘，满语称松阔罗或松昆罗，意为东方之鹰。

海东青，一说指白尾海雕 *Haliaeetus albicilla* Linnaeus，隶于隼形目鹰科。此系大型猛禽，体长 82～91 厘米，重 2.8～4.6 千克。嘴大。体羽多为暗褐色，尾羽楔形，色纯白，因以得名。栖息于沿海、江河附近的沼泽地区及岛屿。常蹲立不动达几个小时，飞行似鹫，以鱼类、鸟类和腐肉及小型哺乳动物为食。吠声响亮似小狗。俗称白尾雕、芝麻雕、黄嘴雕。

海东青，另说指毛隼 *Falco gyrfalco*，隶于隼形目鹰科。中型猛禽，体长 56～61 厘米，体重 1.3～2.1 千克。体色有暗色、白色和灰色型。分布广，在我国分布于黑龙江、辽宁瓦房店和新疆，栖息于岩石海岸、开阔的岩石山地、沿海岛屿、临近海岸的河谷和森林苔原地带。主要以野鸭、鸥、雷鸟、松鸡等各种鸟类为食，尤善于擒拿天鹅，也吃少量中小型哺乳动物。俗称白隼、巨隼。

海东青一称由肃慎（即满洲）语"雄库鲁"汉译而来，意为万鹰之神。它是肃慎族系的最高图腾，代表勇敢、智慧、坚忍、正直、强大、开拓、进取、永远向上、永不放弃的肃慎精神。女真族属肃慎族系，女真一词含义为东方之鹰，即海东青。

从前，满族人、古代北方的帝王均用其狩猎，辽、金、元、明、清各代都设有专门机构，捕取和饲养毛隼。它是世界上飞得最高和最快的鸟，一旦空中发现猎物，迅即两翅一收，犹如飞镖，急冲而下，直取猎物。康熙皇帝有《海东青》诗赞曰："羽虫三百有六十，神俊最数海东青。性秉金灵含火德，异材上映瑶光星……"矛隼是价值连城的猛禽。清初，一只海东青价值 30 两白银，而当时一石小米不值 5 钱银。《柳边记略》记载："海东青者，鹰品之最贵重者也，纯白为上，白而杂他毛者次之，灰色者又次之。"

鹤

鹖　白鹤　霜鹤　雪鹤　青鹤　青田鹤　缟鹤　赤鹤　赤颊　阴骭　云鹤　碧胫　长人　八公　鹤鸟　玄鸟　茅君使者　兵爪　鹤氅　鹤氅裘　皋禽　九皋处士　九皋禽　介鸟　丹哥　丹歌　露禽　饮露飞　露鹤　阴　阴羽　胎禽　胎仙　青田翁　仙禽　仙子　仙人骐骥　仙骥　仙驭　仙羽　仙客　鸟仙　仙鹤　沈尚书　蓬莱羽士　丹使　轩郎　轩鸟　灵鹤　白云司　索索　紫卿　阳鸟　丹顶鹤　朱顶鹤

　　鹤，古称鹖。《集韵·人铎》："鹤，鸟名，或作鹖。"鹖（hè），古同"鹤"。鹤字从鸟，从隺（hè）。隺意为长颈。鹤，意长颈之鸟。而明·李时珍《本草纲目·禽一·鹤》则认为"鹤字，篆文像翘首短尾之形。一云白色，故名。"鹤别名颇多。

　　大型涉禽，喙、颈、腿均长。"鹤立鸡群"之成语即源于此。《晋书·稽绍列传》："昂昂然如野鹤之在鸡群。"《元曲选·举案齐眉》："休错认做蛙鸣井底，鹤立鸡群。"长腿是对涉水捕食生活的适应。《庄子·骈拇》："长者不为有余，短者不为不足。是故凫胫虽短，续之则忧；鹤胫虽长，断之则悲。"后以"强凫变鹤"谓硬把野鸭变作仙鹤。喻滥竽充数，徒多无益。也用"断鹤续凫"比喻强行违反自然规律办事。鹤形态美丽，性情雅致，素有"一品鸟"之称，地位仅次于凤凰。《淮南八公相鹤经》："体尚洁，故其色白；声闻天，故头赤；食于水，故其喙长；轩于前，故后指短；栖于陆，故足高而尾凋；翔于云，故毛丰而肉疏；大喉以吐故，修颈以纳新，故生天寿不可量。"

　　羽色白而称白鹤。此称源于《诗经·大雅·灵台》："麀鹿濯濯，白鸟翯翯。"麀（yōu），翯（hè），意母鹿体肥，白鹤羽毛亮。《说文·羽部》："翯，鸟白肥泽兒（mào，同"貌"）……翯与确音意皆同。贾谊书作皓皓，孟子作鹤鹤。"《广韵》："鹤，似鹄长喙。"明·李时珍《本草纲目·禽一·鹤》："鹤大于鹄，长三尺，高三尺余。喙长四寸，丹顶赤目，赤颊青脚，修颈凋尾，粗膝纤指，白羽黑翎，亦有灰色、苍色者。"

　　异称霜鹤。唐·杜牧《朱坡》诗："回野翘霜鹤，

鹤
图

图78　鹤（仿《古今图书集成·禽虫典》）

澄潭舞锦鸡。涛惊堆万壑,舸急转千溪。"唐·陆龟蒙《华顶杖》诗:"万古阴崖雪,灵根不为枯。瘦于霜鹤胫,奇似黑龙须。"

亦称**雪鹤**。唐·张说《玄武门侍射》诗:"雪鹤来衔箭,星麟下集弦。"明·刘基《戏为雪鸡篇寄詹同文》:"我为先生歌雪鹤,逸兴翩翩入寥廓。"

代称**青鹤**。唐·王勃《梓州元武县福会寺碑》:"时有弘演上人,自丹乌下日,昌帝篆于明堂;青鹤乘霄,降仙苗于太室。"唐·张籍《赠同溪客》诗:"自教青鹤舞,分采紫芝苗。"

代称**青田鹤**,意同青鹤。唐·徐坚撰《初学记》卷三十引南朝宋·郑缉之《永嘉郡记》:"有洙沐溪,去青田九里。此中有一双白鹤,年年生子,长大便去,只惟余父母一双在耳,精白可爱,多云神仙所养。"唐·陆龟蒙《送浙东德师侍御罢府西归》诗:"诗怀白阁僧吟苦,俸买青田鹤价偏。"清·曹寅《游仙诗三十韵》之三:"借得青田鹤一双,闲乘花月瞰春江。"

代称**缟鹤**。元·吴莱《夕泛海东》诗之二:"玄螭时侧行,缟鹤一回顾。"玄螭,龙一类的神物。缟鹤,白鹤。康有为《〈人境庐诗草〉序》:"而诗之精深华妙,异境日辟,如游海岛,仙山楼阁,瑶花缟鹤,无非珍奇矣。"

又称**赤鹤**。三国吴·陆玑疏:"(鹤)有苍色者,今人谓之赤鹤。"

代称**赤颊、阴骴**。《正字通》:"赤颊,鹤别名,又谓之阴骴。"骴(kuí),六畜头中骨。《博物志》:"鹤,骴颊骆(zé)耳,响则听远,眼赤则视远。"

代称**云鹤**。晋·陶潜《连雨独饮》诗:"云鹤有奇翼,八表须臾还。"八表:八方之外,指极远的地方。

代称**碧胫**。元·马祖常、王继学《都城南有道者居因作松鹤联句》:"玄玉熏麝煤,碧胫隘鸡。"鹤胫青绿色,因以代称。麝煤:麝墨。

拟称**长人**。唐·杜甫《通泉县署壁后薛少保画鹤》诗:"低昂各有意,磊落如长人。"宋·苏轼《题李伯时琴鹤图二首》之二:"丑石寒松未易亲,聊将短曲调长人。"后以长人作鹤之代称。

美称**八公**。《康熙字典》引《本草》:"鹤,白色皜皜(hū,意洁白貌),故又名八公。"八公,原意汉淮南王刘安八位门客总称,此用作鹤之别称。

异称**鸰鸟**。《广韵·平青》:"鸰鸟,鹤别名也。"鸰,音 ling。

异称**玄鸟**。《文选·张衡〈思玄赋〉》:"子之有故于玄鸟兮,归母氏而告宁。"李善注:"玄鸟,为鹤也。"晋·崔豹《古今注》:"鹤,千年则变苍,又二千岁则变黑,所谓玄鹤也。"

拟人称**茅君使者**。宋·林逋《深居杂兴》诗之二:"茅君使者萧闲甚,独理丛毛向户庭。"茅君,传说中在句容、句曲山修道成仙的茅氏兄弟。

相传鹤能运气于任脉,故长寿。鹤的寿命可达 60 年,算得上是长寿鸟了。

清·许承钦《古古贻赠三首次答》之一："鹤爱引经能久眎（shì，古视字，久视意长寿不老），龙称无首是真才。"

鹤指称**兵爪**。唐·段成式《酉阳杂俎》："鹤左右脚里第一指名兵爪。"

鹤之羽毛可为衣，称**鹤氅**，亦称**鹤氅裘**，既可避风雪保暖，又有飘逸潇洒之风。鹤氅服饰，晋已有之。《晋书·谢万传》："着白纶衣，鹤氅裘。"唐·白居易《雪夜喜李郎中见访》诗："可怜今夜鹅毛雪，引得高情鹤氅人。"鹤氅被称为神仙道士衣。南宋·陆游《八月九日晚赋》诗云："薄晚悠然下草堂，纶巾鹤氅弄秋光。"鹤氅也成为隐逸避世的象征。

鹤善鸣于九皋。《诗·小雅·鹤鸣》"鹤鸣于九皋，声闻于野……鹤鸣于九皋，声闻于天。"九皋，曲折幽深的沼泽。鹤鸣于深泽，声传很远。引意为身隐而名著。喻民间未仕之贤人，劝皇帝招纳。故历代皇帝招贤之诏书都被称为鹤板，鹤板上的字被称为鹤书，宣读此类诏书称鹤唱。唐·孟球《和主司王起》诗："谁料羽毛方出谷，许教齐和九皋鸣。"

喻称**皋禽**。《文选·谢庄〈月赋〉》："聆皋禽之夕闻，听朔管之秋引。李善注曰：《诗》曰'鹤鸣九皋。'皋禽，鹤也。"又注："朔管，羌笛也。"吕向注："朔管，谓北胡之笛也。"李善注："秋引，商声也。"即商声曲调。《毛诗草木鱼虫疏》引《淮南子》云："鸡知将旦，鹤知夜半，其鸣高亮。"

拟称**九皋处士**。宋·陶谷《清异录·兽》："唐武宗为颍王时，邸园蓄禽兽之可人者，以备观玩。绘十玩图，于今传播。九皋处士：鹤；玄素先生：白鹇……"处士：古时称有德才而隐居不愿做官的人。《荀子》："古之所谓处士者，德盛者也。"此处借为鹤之美称。宋·梅尧臣《范饶州夫人挽词》："江边有孤鹤，嘹唳独伤神。"

代称**介鸟**。《文选·张衡〈思玄赋〉》："遇九皋之介鸟兮，怨索意之不逞。"吕延济注："介，大也。言卜兆遇九皋之鸟，谓鹤也。"

代称**九皋禽**。唐·李远《失鹤》："秋风吹却九皋禽，一片闲心万里云。"《尔雅翼·释鸟一》："鹤……常夜半鸣，其声扬闻八九里，雌者声差下。夜半水位，感其生气，则喜而鸣。所以寿者，无死气于中也。又性绝警，八月白露降，则警而鸣……咶咶，鹤也。"

喻称**丹哥**或**丹歌**。唐·刘禹锡《步虚词二首》之二："华表千年鹤一归，凝丹为顶雪为衣。星星仙语人听尽，却向五云翻翅飞。"宋·赵自然《诗》诗："丹哥时引舞，来去跨云峦。"清·厉荃《事物异名录·鹤》引《秘阁闲谈》："池州道士赵自然曾为诗曰：'丹歌时引午。'或问：'何为丹哥？'曰：'鹤也。'"

鹤饮露则飞去，故称**露禽、饮露飞**。《禽经》："露鸷则露。露禽，鹤也。子野鼓琴，玄鹤来舞。露下，则鹤鸣也。鹤之驯养于家庭者，饮露则飞去。"子野，春秋时晋国乐师师旷之字，其目盲，善弹琴。梁·简文帝《〈南郊颂〉序》："露禽乍聚，望比翼之翱翔。"

喻称**露鹤**。宋·苏轼《正辅既见和复次韵慰鼓盆劝学佛》诗："由来惊露鹤，不羡撮蚤鹬。"宋·王十朋集注："（晋）周处《风土记》：白鹤性警，至八月露降，流于草叶上，滴滴有声，即鸣。"

因鹤喜阴而代称**阴**、**阴羽**。《周易》："鸣鹤在阴"。《逸周书·王会》："成周之会，埠上张赤帝阴羽。"晋·孔晁注："阴，鹤也，以羽饰帐也。"《类书》："《汲冢书》：'鹤曰阴羽，以其爱阴而恶阳也，故《易》曰'鹤鸣在阴'。"

鹤不仅活着时善鸣，其骨骼作成的乐器音质也很好。如鹤骨为笛，甚清越。1987年，河南省舞阳县发掘出的新石器时代文化遗址骨器中，最为珍贵的是丹顶鹤的腿骨和鹤的翅膀骨所制的骨笛，有的仍然可以吹奏。经鉴定，这些鹤笛制于9 000多年前，是目前世界上发现的年代最早的乐器。元明时期咏鹤骨笛的诗很多。元·萨都剌《鹤笛》诗云："九皋声断楚天秋，玉顶丹砂一夕休。"

前人误认为鹤胎生，认为鹤乃羽族之宗，千六百年乃胎产。因此而获有胎仙、胎禽之美称。《禽经》："鹤，以声交而孕。雄鸣上风，雌承下风，而孕。""以声交而孕"之说为谬。

代称**胎禽**。清·王昶《金石萃编》卷二六引南朝梁·陶弘景《瘗鹤铭》："相此胎禽，浮丘著经。"宋·吴世延《十二峰·聚鹤峰》诗："方怜病羽困樊笼，仰见胎禽唳远空。"

拟称**胎仙**、**青田翁**。明·陶宗仪《辍耕录鹇闻》："闻蓬莱之巅有胎仙焉，胎仙名鹤，号青田翁。"元·张养浩《寨儿令·夏》曲："见胎仙，飞下九重天。"

美称**仙禽**。唐·韦庄《信州溪岸夜吟作》诗："一城人悄悄，琪树宿仙禽。"宋·鲍明远《舞鹤赋》："散幽经以验物，伟胎化之仙禽。"《尔雅翼·释鸟一》："鹤，一起千里，古谓之仙禽，以其于物为寿。"明·李时珍《本草纲目·禽一·鹤》："仙禽，胎禽。"世谓鹤不卵生者，误矣。其实前人也早就知晓鹤非胎生。宋·赵令畤《墨客挥犀录》有一段记载说："刘渊材迂阔好怪，尝蓄两鹤。客至，夸曰：'此仙禽也，凡禽卵生，此禽胎生。'语未卒，园丁报曰：'鹤夜半生一卵。'渊材呵曰：'敢谤鹤耶！'未几延颈伏地，复诞一卵。渊材叹曰：'鹤亦败道，吾乃为刘禹锡嘉话所误。'"

拟称**仙子**。清·张英等《渊鉴类函·鸟部·鹤三》："蓬莱羽士"引《尔雅》："鹤一名仙子，一名蓬莱羽士。"

前人认为鹤为"仙人之骐骥（意千里马）"，鹤为张天师（张道陵，道教门派之一的"正一道"领袖）坐骑之事，明文载入道书之中。晋·王嘉《拾遗记》称，昆仑山上"群仙常驾龙乘鹤，游戏其间"。因此鹤获诸多美称。

代称**仙骥**。宋·黄庭坚《倦鹤图赞》："伟万里之仙骥，矼九关而天翔。"矼（hóng）到达。九关，谓九重天门或九天之关。元·倪瓒《送张伯雨入茅山》诗："仙骥归来风满林。"

代称**仙驭**。唐五代·薛能《答贾支使寄鹤》诗："瑞羽奇姿踉跄形，称为仙驭过青冥"。青冥，指青苍幽远的青天、天空。

又称**仙羽**。唐·钱起《送陆贽擢第还苏州》诗："华亭养仙羽，计日再鸣飞。"清·厉荃《事物异名录·禽鸟·鹤》："仙羽，谓鹤也。"

拟称**仙客**。唐·温庭筠《河传》词："仙客一去燕已飞，不归，泪痕空满衣。"宋·杨亿《杨文公谈苑》："鹤曰仙客。"元·郭若虚《图画见闻志·五客图》："李元正尝于私第之后园，育五禽以寓目，皆以'客'名之，后命画人写以为图。鹤曰'仙客'，孔雀曰'南客'……各以诗篇，题于图上。"《谈苑》："李昉曰鹤曰仙客。"

美称**鸟仙**。《逸史》："李卫公游嵩山，见鹤呻吟曰'我，鸟仙，为樵者所伤，得人血则愈'。"

在道教中，鹤是长寿的象征，被称作**仙鹤**。《佩文韵府》引唐·白居易诗："仙鹤未巢月，衰风先坠云。"宋·林景熙《仙坛寺西林》诗："古坛仙鹤杳，野鹿自成群。"道教的先人也多以仙鹤为座骥。"昔人已乘黄鹤去。（唐·崔颢《黄鹤楼》）"历史上，老人去世有驾鹤西游之说。唐·李峤《鹤》："翱翔一万里，来去几千年。"《离骚》曰："黄鹤之一举兮，知山川之纡曲；再举兮，知天地之圆方。"

沈尚书、蓬莱羽士，拟人化爱称。元·伊世珍《嫏嬛记》卷下引《采兰杂志》："鹤，一名仙子，一名沈尚书，一名蓬莱羽士。"羽士，道士的别称。自东汉以来，道教盛行，鹤与神仙相伴，成为仙鹤，号"蓬莱羽士"。宫延对道教的尊崇，鹤渐渐成为神仙和道士的化身。元·萨都剌《题玄妙观玉皇殿》诗："老鹤如人窗下立，闲听羽士理瑶琴。"清·袁枚《新齐谐·叶生妻》："读书白鹤观，戏习道教，竟成羽士。"沈尚书，原指沈约，南朝宋、齐、梁三代为官，梁武帝时，官至尚书令，故称。此借以为鹤之别称。

拟称**丹使**。《茅君传》："鹤是九转还丹使。"九转还丹，指修炼内丹所需旋转的次数。

别称**轩郎**。《左传·闵公二年》："卫懿公好鹤，鹤有乘轩者。"后以"轩郎"为鹤的别称。宋·陶谷《清异录·轩郎》："韩中书俾舒雅作《鹤赋》，有曰：'眷彼轩郎，治兹松府。'"

又称**轩鸟**，同轩郎。南朝宋·谢庄《怀园引》："轩鸟池鹤恋阶墀，岂忘河渚捐江湄？"阶墀：台阶。

美称**灵鹤**。唐·孙昌胤《遇旅鹤》："灵鹤产绝境，昂昂无与俦。群飞沧海曙，一叫云山秋。"唐代是养鹤的盛期，文人雅士争相擅宠，以至"家家皆养鹤，鸡鸣鹤亦鸣"。

代称**白云司**。唐·刘禹锡《和乐天送鹤上裴相公别鹤之作》："昨日看成送鹤诗，高笼提出白云司。"白云司，刑部的别称。相传黄帝以云命官，秋官为白云。《佩文韵府》引唐·严维诗："苏耽佐郡时，近出白云司。"

爱称**索索**。清代《内观日疏》："晁采有鹤名索索，题诗系足寄其夫。"晁采，唐代诗人。

爱称**紫卿**。元·戚辅之《佩楚轩客谈》："潘昉，字庭坚，号紫崖；有鹤，字紫卿。"

代称**阳鸟**。明·周履靖辑《相鹤经》："鹤者，阳鸟也，而游于阴，因金气依火精以自养……瘦头朱顶则冲霄，露眼黑睛则视远，隆鼻短啄则少暝，髯颊鸵耳则知时，长颈竦身则能鸣，鸿翅鸽膺则体轻，凤翼雀尾则善飞，龟背鳖腹则伏产，轩前垂后则能舞，高胫粗节则足力，洪髀纤指则好翘。圣人在位，则与凤皇翔于郊甸。"

鹤是鹤科鸟类的通称，在我国有 9 种。其中数量最多、分布最广的是灰鹤，个体最大的是黑颈鹤。**丹顶鹤** *Grus japonensis*（P.L.S.Müller），隶于鹤形目鹤科。嘴长、颈长、腿长，直立时高达 1 米多，成鸟除颈部和飞羽后端为黑色外，全身洁白，头顶皮肤裸露，呈鲜红色。具有其他鹤类的优点：温文尔雅，亭亭玉立；婀娜多姿，步履轻盈；振翅助跑，直冲云宵；引颈高歌，声震四野。俗称仙鹤、白鹤。分布很广，以"人"字形队列，结队迁飞，在我国东南沿海及长江下游等地越冬。其寿命长达 50 ～ 60 年。

别名**朱顶鹤**。唐·白居易《同微之赠别郭虚舟炼师五十韵》："朱顶鹤一只，与师云闲骑。"

丹顶鹤常被当做幸福、吉祥、长寿和忠贞的象征。殷商时代的墓葬出土的雕塑中，就有鹤的形象。春秋战国时期的青铜器中，就有鹤体造型的礼器。有人愿以鹤自比。唐·白居易《代鹤》："我本海上鹤，偶逢江南客。"唐·李群玉《池州封员外郡斋双鹤丹顶霜翎仙态浮旷罢政之日因呈此章》诗："潇洒二白鹤，对之高兴清。寒溪侣云水，朱阁伴琴笙。顾慕稻粱惠，超遥江海情。应携帝乡去，仙阙看飞鸣。"

图79　丹顶鹤
（仿郑作新）

鹬

鹬（yù），多种海鸟（包括鹬和沙锥）的通称。尤指几种小、中型涉禽，体长约60厘米，翅长约29厘米，在迁徙期间多集中在海滨和内陆泥滩者。嘴形直，有时微向上或向下弯曲，鼻沟长度远超过上嘴的一半，雌雄羽色及大小相同。我国有38种，栖息于海岸、沼泽、河川等地。飞翔力强，取食甲壳动物、昆虫和植物。在沼泽、河川附近的草丛中筑巢。

白腰杓鹬 Numenius arguata Linnaeus，隶于鸻形目鹬科。雄性体长57.5～61.6厘米，重659～800克；雌性长59.2～62.5厘米，重700～1 000克。顶和上体淡褐色；下背、腰及尾白色。栖息于海岸、近海岸沼泽、池塘、河口三角洲、水田等处，常20～30只成群涉水在淤泥中寻找食物。涨潮时，常在海岸沙滩上整理羽毛。潮退后，到沙滩寻食。飞行十分迅速，受惊扰则高声喧噪，发"go-ee"的鸣叫。在大群中，如有一部分鸣叫，其他也跟着鸣叫不已。分布于中国大部分地区，为旅鸟。

《说文·鸟部》："鹬，知天将雨鸟也。知天文者冠鹬。陈藏器云：鹬如鹑，色苍喙长，在泥涂。邠民云：田鸡所化。"田鸡，蛙类俗称，善鸣，不会变为鳞。此处之田鸡或指鸟类的一种。明·李时珍《本草纲目·禽二·鹬》："鹬如鹑，色苍嘴长，在泥涂间作鹬鹬声，村民云田鸡所化，亦鹤鹑类也。苏秦所谓鹬蚌相持者，即此。鳞与翡翠同名，而物异。"鳞古时亦为翡翠之异名。

单称翠。《尔雅·释鸟》："翠，鹬。《郭注》似燕，绀色，生郁林。《疏》李巡曰：鹬，一名翠，其羽可以为饰。又一种，赤足，黄文，曰鹬。"此为一名两用。

又称述。宋·陵佃《埤雅·鹬》："鹬，一名述。似燕，绀色。知天将雨之鸟也，故传曰，知天者冠述。而庄子曰，皮弁鹬冠，以约其外，字从矞，矞，述者也。鹬知天时而述之者也。"

鹬，制字从矞（yù），原有鸟兽惊飞、疾走貌之意。《文选·木华〈海赋〉》："鹬如惊凫之侣。"李善注："鹬，疾貌。"此处为拟声，鹬鸟的叫声鹬鹬。述，知天时声"矞"告之。

鹬蚌相争典故。《战国策·燕策二》："赵且伐燕，苏代为燕谓惠王曰："今者臣来，过易水，蚌方出曝，而鹬啄其肉，蚌合而箝其喙。鹬曰：'今日不雨，明日不雨，即有死蚌！'蚌亦谓鹬曰：'今日不出，明日不出，即有死鹬！'两者不肯相舍。渔者得而并擒之。今赵且伐燕，燕赵久相支，以弊大众。臣恐强秦之为渔父也。故愿王熟计之也。"惠王曰："善！"乃止。注释：赵，春秋、战国时的国名，疆域在现今河北省南部、山西省东部一带地区。明·侯恪《题苏汉臣鹬蚌图》诗："秋风瑟瑟芦花白，秋山如洗涧泉碧，夕阳远桂枫树林，鹬蚌无心相逼迫，蓑衣渔子下垂纶，却看手取如有神，人生万事皆如此，谁谓此图苏汉臣。"

海 鸥

凫鹥　信鸥　信鸟　白鸥　白鸟　银鸥　江鸥　沙鸥　沤鸟　水鸮　江鹅　信凫　三品鸟　碧海舍人　婆娑儿

鸥，按现代鸟类学分为贼鸥、鸥、燕鸥、剪嘴鸥和海雀等五大类群。为长翼蹼足水鸟，形体较大，身体较粗壮，喙较厚，喙端略呈弯钩状。前人对它早有区分，"在海者名海鸥，在江者名江鸥"。海鸥，是鸥科海鸟的通称，有40余种。

海鸥 *Larus canus* Linnaeus，隶于鸥形目鸥科。身长38～44厘米，翼展106～125厘米，体重300～500克，头、颈白色，背、肩石板灰色，下体纯白色。寿命24年。常漂浮水面，游泳，觅食，低空飞翔，喜群集于食物丰盛的海域，以鱼、虾、蟹、贝等为食。迁徙时见于中国东北各省，越冬在整个沿海地区，包括海南岛及台湾。

图80　海鸥

古称**凫鹥**（fú yī）。《山海经·海外东经》："玄股之国在其北，其为人衣鱼食鸥。"《诗经·大雅·凫鹥》："凫鹥在泾，公尸来燕来宁。"燕通"宴"。意野鸭沙鸥在河水，公侯之尸入宴心宽慰。孔颖达撰毛诗正义云："鹥，苍颉解诂云，鸥也。"鹥，有清黑色之意。如《周礼·春官·巾车》："雕面鹥总。"郑玄注："鹥总者，青黑色。"鹥，制字从殹，原意呻吟声，此处意海鸥叫声。当暴风雨来临，海鸥飞回海滨，发出"袅—袅"，或"夸噢—夸噢"，如猫叫的悲鸣，故"鹥者，鸣声也"。唐·韩愈《南内朝贺归呈同官》诗："明庭集孔鸾，曷取于凫鹥。"明·高启《孤雁》诗："不共凫鹥宿，兼葭夜夜寒。"

亦称**信鸥、信鸟**，言其随潮水涨落而来去。《禽经·信鸟》："鸥，水鸟，如鸧鹒（cāng gēng，即黄鹂）而小，随潮而翔，迎浪蔽日，曰信鸥，鸥之别类，群鸣，喈喈（jiē jiē，鸟鸣声）优优，随大小潮来也，食小鱼虾之属。虽潮至则翔，水响以为信。"明·陈继儒《珍珠船》卷三："鸥之别类，群鸣喈喈，随潮往来，谓之信鸥。"

别名**白鸥**。南朝梁·何逊《咏白鸥兼嘲别者》："可怜双白鸥，朝夕水上游。"宋·罗大经《鹤林玉露》甲编卷一"池鸥"："太学蕴道斋有小池，忽一鸥飞来，容与甚久。一同舍生题诗云：'……昨夜雨余春水满，白鸥飞下立多时。'读者赏其蕴藉。"

代称**白鸟**。唐·崔道融《江鸥》诗："白鸟波上栖，见人懒飞起。为有求鱼心，不是恋江水。"

别名**银鸥**。唐·李绅《忆东湖》诗："菱歌罢唱鹚舟回，雪露银鸥左右来。"银鸥，亦特指海鸥的一种，学名 *Larus argentatus*。菱歌，采菱之歌；鹚舟，船头画有鹚鸟图像的船或船的泛称。

别名**江鸥**。南朝宋·沈怀远《南越志》："江鸥，一名海鸥，涨海中随潮上下。"宋·王安石《白鸥》："江鸥好羽毛，玉雪无尘垢。"

别名**沙鸥**。鸥常栖息海滨沙洲，故名。唐·孟浩然《夜泊宣城界》诗："离家复水宿，相伴赖沙鸥。"唐·杜甫《旅夜书怀》诗："飘飘何所似？天地一沙鸥。"

又称**沤鸟**。《埤雅·鹭》："鹭，凫属。苍黑色。凫好没，鹭好浮。故鹭一名沤。列子曰：'沤鸟之至者，百住而不止，今字从鸟，后人加之也。凫鹭安乐于水者也。'"沤，同鸥。凫，野鸭。鹭非凫属，"苍黑色"指凫而非鸥。

代称**水鸮**（xiāo）。《说文·鸟部》："鸥，水鸮也。从鸟，区（ōu）声。"《尔雅翼·释鸟五》："鹭，鸥也。一名水鸮。"明·刘基《都离子·专心》："水鸮翔而大风作，穴蚁徙而阴雨零。"

讹称**江鹅、信凫**。明·李时珍《本草纲目·禽二》 释名 ："鸥者，浮水上，轻漾如沤也。鹭者，鸣声也，鸮者，形似也。在海者名海鸥，在江者名江鸥，江夏人讹为江鹅也。海中一种随潮往来，谓之信凫。"又 集解 ："鸥生南方江海湖溪间，形色如白鸽及小白鸡，长喙长脚，群飞耀日，三月生卵。"鸮，是古代对猫头鹰的统称，水鸮，意鸥形似鸮。

戏称**三品鸟、碧海舍人**。陶谷（903—970）《清异录·碧海舍人》："隋宦者刘继诠，得芙蓉鸥二十四只以献。毛色如芙蓉，帝甚喜，置北海中，曰：'鸥字三品鸟，宜封碧海舍人。'""碧"一作"北"。三品指鸥的繁体字中的品字，鷗的拆字。舍人：原意古代豪门贵族家里的门客或显贵弟子。清·许珂《清稗类钞·动物类》："鸥，嘴钩曲而强，羽毛白色，翼灰白色，长过其尾，前三趾间有蹼。常集海上，捕食鱼介，喜随海舶而飞翔。"

戏称**婆娑儿**。《清异录》:"郑遨(唐代诗人)隐居,有高士问何以阅日,对曰:'不注目于婆娑儿,即侧耳于鼓吹长。'谓玩鸥而听蛙也。"

鹭,古时亦为凤凰别名《山海经》:"九疑之山有五彩之鸟名曰鹭。"又"蛇山有鸟五色,飞蔽日,名鹭鸟。"屈原《离骚》:"驷玉以乘鹭兮。"王逸注,"鹭,凤凰别名,身有五采,文如凤凰。"

鸥,制字从區,區原为瓯(ōu)字的初文,意小盆之类的容器,其中的品字犹如容器中的物品,象形字。《说文》:"瓯,小盆也。"又"沤,久渍也"。意长时间地浸泡。即鸥浮水面,形如小容器,体内装满拣食船上人们抛弃的残羹剩饭,故名鸥。

南朝宋·沈怀远《南越志》曰:"海鸥,在潮海中,随潮上下,常以三月风至,乃还洲屿。颇知风云,若群飞至岸,渡海者以此为侯。"南越为今之两广。唐·钱起《戏鸥》诗:"乍依菱蔓聚,尽向芦花灭,更喜好风来,数片飘晴雪。"唐·杜甫《鸥》:"江浦寒鸥戏,无他亦自饶。却思翻玉羽,随意点春苗。雪暗还须浴,风生一任飘。几群沧海上,清影日萧萧。"元·宋元《海鸥》:"群飞独宿水中央,逐浪随波羽半伤。莫去西湖花里睡,芰(ji,古指菱)荷翻雨打鸳鸯。"

《列子·黄帝篇》云:"海上之人,有好鸥鸟者,每旦之海上,从鸥鸟游;鸥鸟之至者,百住而不止。其父曰:'吾闻鸥鸟皆从汝游,汝取来,吾玩之'。明日之海上,鸥鸟舞而不下也,诚伪之不可掩也。"通俗典故,后被文人所普遍引用。《三国志·魏·高柔传》注引孙盛曰:"机心内萌,则鸥鸟不下。"机心,指心怀捉鸥之心。喻觉察别人将加害于自己而注意防范。后有"鸥鸟忘机"、"鸥鹭忘机"等成语。"忘机"是道家语,意忘却了计较、巧诈之心,自甘恬谈,与世无争。此成语喻淡泊隐居,不以世事为怀。

金丝燕

金丝燕 *Aerodramus fuciphagus*,隶于雨燕目雨燕科。体较小,长只有11~14厘米,比家燕小。如爪哇金丝燕,体小而轻,体上部羽色褐至黑,带金丝光泽,体下部灰白或纯白。嘴细弱,向下弯;翅膀尖长;脚短而细弱,4趾朝前,不适于行步和握枝;尾羽的羽干不裸出。在我国分布于东南沿海和南海诸岛。明·陈懋仁撰《泉南杂记》;"闽之远海近番处,有燕名金丝者。首尾似燕而甚小,毛如金丝。临卵育子时,群飞近沙沙泥有石处,啄蚕螺食。有询海商,闻之土番云,蚕螺背上肉有肋如枫蚕丝,坚洁而白,食之可补虚损,已劳痢。故此燕食之,肉化而肋不化,并津液呕出,结为小窝附石上。久之,与小雏鼓翼而飞，海人依时拾之，故曰燕窝。"

燕，述其形，字从廿、北、口、火。廿拟其头，北拟其翅，口为其身，火示其尾。其羽带金丝光泽，故名金丝燕。

每年春天，金丝燕做窝育雏。其咽部舌下腺发达。产卵前，它一口口吐出唾液，凝结成窝，是名燕窝。形如碟，直径 6～7 厘米、深 3～4 厘米，洁白晶莹。由此，《泉南杂记》所述之燕窝，乃属杜撰。

海 鸡

秩秩　黝鸡

《广雅·释鸟》："野鸡，鸡也。"《尔雅翼·释鸟一》："鸡，耿介之禽，应义气。十一月雷在地中，鸡先知而鸣。"明·李时珍《本草纲目·禽二·鸡》："野鸡。宗曰：雉飞若矢，一往而堕，故字从矢……雉，长尾，走且鸣。秩秩，海鸡也。"

海鸡为鸡类的一种。《尔雅·释鸟》："秩秩，海鸡。"郭璞注："如鸡而黑，在海中山上。"《说文·隹部》："鸡，有十四种…秩秩、海鸡。"清·郭柏苍《海错百一录》："海鸡，《禽经》朱黄曰鷩鸡，白曰鸐鸡，黝曰海鸡。海鸡曰秩秩，如鸡而黑，在海中山上，盖即夏小正所谓黝鸡也。"

四　海洋哺乳类

兽

毛　毛虫　毛物　毛宗　毛兽　毛群　毛族　走兽　倮兽　蜇兽　乳兽　禽
畜　野兽　猛兽　海兽

何谓兽？哺乳动物之通称。《尚书·武成》序："往伐归兽。"疏："在野自生为兽，人家养之为畜。"《尔雅·释鸟》："四足而毛谓之兽。"《周礼·兽人》："大兽公之，小禽私之。"《周礼·庭氏》："兽，狐狼之属。"《左传·襄四年》："民有寝庙，兽有茂草。"《尔雅·注疏》卷十·释鸟："毛则曰兽……兽者，守也。言其力多，不易可擒，先须围守，然后乃获，故曰兽也。"《说文》："兽，守备者。"康殷《文字源流浅析·獸》认为此属误解："兽字的原意是兽猎——动词。古文中称兽而不见猎字，后来才转为兽猎的对象，如禽兽，野兽，另造狩等形声字，以代兽字。"甲骨文"獸"字从"單"（与干是同义字，是狩猎工具），从犬，狗会追捕野兽，所以"獸"是狩猎义。"單"字下后加口字，是围的本字。

甲骨文　　　铜器铭文　　　秦篆

图81　古文中的兽字写法《古文字类编》

兽类多全身被毛，故毛为兽之借称。宋·范仲淹《雕鹗在秋天》诗："下眄群毛动，横过百鸟瞵。"眄（miǎn），斜视。

代称**毛虫**。古人把动物分为五类，即羽虫（禽类、凤凰为羽虫之长）、毛虫（兽类）、甲虫（后多称介虫，即有甲壳的虫类及水族，如贝类、螃蟹、龟等）、鳞虫（鱼类及蜥蜴、蛇等具鳞的动物，还包括有翅的昆虫）、倮虫（也作赢虫，倮通裸，即无毛动物，指人类及蛙、蚯蚓等），合称"五虫"。兽为毛虫。《大戴礼·曾子天圆》："毛虫之精者曰麟，羽虫之精者曰凤。"又古人谓麒麟为毛虫长，虎为毛虫祖。宋·苏轼《起伏龙行》诗："何年白竹千钧弩，射杀南山雪毛虎。至今颅骨带霜牙，尚作四海毛虫祖。"《关尹子》："羽虫盛者，毛虫不育；毛虫盛者，鳞虫不育。"《释兽释文》："兽，毛虫总号。"

代称**毛物**。《周礼·地官·大司徒》："以土会之法，辨五地之物生。一曰山林。其动物宜毛物。"汉·郑玄注："毛物，貂、狐、貒（tuān）貉之属，缛毛者也。"

代称**毛宗**。汉·班固《典引》："是以来仪集羽族于观魏，肉角驯毛宗于外囿。"张铣注："观魏，皆阙也。"囿（yòu），养动物的园子。晋·陆机《七徵》："简牺羽族，考生毛宗。"晋·葛洪《抱朴子·讥惑》："羽族或能应对焉，毛宗或有知言焉。"

别名**毛兽**。《管子·幼官》："君服赤色，味苦味，听羽声，治阳气，用七数，饮于赤后之井，以毛兽之火爨。"尹知章注："毛兽，西方白虎。用西方之火，故曰毛兽之火。"爨（cuàn），烧火做饭。

代称**毛群**。汉·班固《西都赋》："毛群内阗，飞羽上覆。"《文选》晋·左思《蜀都赋》："毛群陆离，羽族纷泊。"刘渊林注："毛群，兽也；羽族，鸟也。"

代称**毛族**。《后汉书·马融传·广成颂》："脰完羝，扰介鲜，散毛族，梏羽群。"脰，音豆，颈也，谓中其颈也。完羝，野羊也。《说文》："扰，裂也。"扰，分裂、剖开。梏，《說文》："手械也。"梏与搅同。羽群，犹羽族。故脰、扰皆裂也。散、梏皆分也。

别名**走兽**。《孟子·公孙丑上》："麒麟之于走兽，凤凰之于飞鸟，泰山之于丘垤，河海之于行潦，类也。"赵岐注："行潦，道旁流潦也。"丘垤、小山丘；小土堆。三国·魏 阮籍《咏怀》之十六："走兽交横驰，飞鸟相随翔。"唐·温庭筠《洞户二十二韵》："画图惊走兽，书帖得来禽。"明·冯梦龙《东周列国志》第一回："众军士各将所获走兽飞禽之类，束缚齐备，奏凯而回。"

倮（luǒ）**兽**，短毛之兽。《管子·幼官》："饮于黄后之井，以倮兽之火爨。"尹知章注："倮兽，谓浅毛之兽，虎豹之属。"石一彦注："倮兽，非毛非羽非鳞非介之族。"倮兽，也指身无毛羽鳞甲的动物。

蛰兽，藏于洞中过冬之兽类。《周礼·秋官·穴氏》："掌攻蛰兽，各以其物火之。"郑玄注："蛰兽，熊罴之属，冬藏者也。"

乳兽，未断奶之家畜或幼兽。唐·杜甫《课伐木》："空荒咆熊罴，乳兽待人肉。"宋·梅尧臣《送许当职方通判泉州》："乳鸟不远飞，乳兽不远游，异类尚有恋，人独安所求。"清·朱彝尊《孟忠毅公神道碑铭》："潜狙乳兽，争磨其牙。"

古称**禽**。《说文》："禽，走兽总名。"汉·班固《白虎通》："禽者何？鸟兽之总名。"《礼记·月令》："命主祠祭禽于四方。"疏："兽之通名也。"《三国志·华陀传》："吾有一术，名五禽之戏。一曰虎，二曰鹿，三曰熊，四曰猿，五曰鸟。"汉·王充《论衡·遭虎》"虎亦诸禽之雄也。"康殷《文字源流浅析》:禽"后专指飞鸟"。

家养者称**畜**。徐中舒主编《甲骨文字典》："（畜）甲骨文字形，表示牵引，下象出气的牛鼻形。牛鼻被牵着，说明是已被人类驯服豢养的家畜。"《说文》："畜，田畜也。"《左传·昭公二十三年》："家养谓之畜，野生谓之兽。"《汉书·李广苏建传》："拥众数万，马畜弥山，富贵如此！"《易·杂卦》："大畜时也，小畜寡也。"

家畜以外的兽类称**野兽**。《小雅·吉日》二章："兽之所同，麀鹿麌麌（yǔ yǔ）"。毛传："麌麌，众多也。"《逸周书·王会》"兹白牛。"晋·孔晁注："兹白牛，野兽也。"《晋书·凉后主李歆传》："谚曰：'野兽入家，主人将去。'"

体硕大而性凶猛的兽类称**猛兽**。《周礼·夏官·服不氏》："掌养猛兽而教扰之。"郑玄注："猛兽，虎豹熊罴之属者。"晋·葛洪《抱朴子·微旨》："入山则使猛兽不犯，涉水则令蛟龙不害。"金·元好问《两山行记》："守真住山五十年，不省有为猛兽毒螫所伤害者。"《淮南子·说山训》："山有猛兽。"曹操《却东西门行》："猛兽步高岗。"

海栖者称**海兽**。南朝梁·任昉《述异记》卷上："却尘犀，海兽也，然其角辟尘，致之于座，尘埃不入。"辟尘犀，传说中海兽名。状如犀牛，其角可以避却尘埃。实则，海兽是海洋哺乳动物的简称或俗称，种类很多，非此一传说动物所能概全。

哺乳动物，属脊椎动物亚门哺乳纲。胎生、哺乳、体温恒定，生活力强。分布范围很广如丛林、草原、天空、陆地，有一部分又二次入水开拓到江河湖海中去，就形成海兽。

鲸

京　鱣　鲸鱼　京鱼　摩迦罗鱼　摩竭鱼　鲲　神鲸　鱼王　长鲸　鲸鲵　鲵

鲸，鲸目动物的通称。体呈纺缍形，颇似鱼。大小因种而异，从1米多到最大者30多米都有。体裸露无毛。前脚鳍状，称鳍肢，后肢退化，尾末有水平尾鳍，是为其游泳器官。鼻孔一或两个，位于头顶，称喷气孔，行肺呼吸。胎生，一般一胎一仔，哺乳。皮下脂肪很厚，借以保持恒定体温。无外耳壳，听觉灵敏。有些种类具洄游性，夏季寒海索饵，冬季暖海产仔。共80余种，在我国海域有35种。分两类，一类口内无齿有须，称须鲸。体巨大，须为其特有的滤食器官，以磷虾等浮游动物及小型鱼类为食，约11种，如蓝鲸、长须鲸、座头鲸和露脊鲸等。另一类口内无须有齿，称齿鲸，约70种。以鱼和头足类为食，如抹香鲸、虎鲸、领航鲸和各种海豚。

古称**京**、**鳁**（jīng）。《说文·鱼部》："鳁，海大鱼也，从鱼，畺声。"又"鲸，鳁或从京。"段玉裁注："古京音如姜。"《文选·左思〈吴都赋〉》："鲸从京，京大也。亦京观之义欤？不唯水族畏之而已。"《尔雅·释丘》："绝高为之京"。古时京与鲸或通用。《汉书·杨雄传上》："乘钜鳞，骑京鱼。"颜师古注："京，大也。或读为鲸。鲸，大鱼也。"钜，大也，一本作"巨鳞"。鲸，制字从京，京意大。称鳁，京字谐音。又因其形似鱼，会游泳，古时曾长期被看做鱼，故俗称鲸鱼。

图82　古代鲸图（仿《古今图书集成·禽虫典》）

俗称**鲸鱼**。唐·杜甫《别张十三建封》："择材征南幕，湖落回鲸鱼。"唐·贾至《闲居秋怀，寄阳翟陆赞府、封丘高少府》："鲸鱼纵大壑，鹙鹭鸣高冈。"鹙鹭（yuè zhuó），古书上指一种水鸟。唐·陆龟蒙《奉和袭美酬前进士崔潞盛制见寄因赠至一百四》："空持一竿饵，有意渔鲸鱼。"宋·王安石《明州钱君倚众乐亭》："酒酣忽跨鲸鱼去，陈迹空令此地留。"宋·文天祥《六歌》："汝兄十三骑鲸鱼，汝今知在三岁无。"

唐代依梵语（即古印度语）而译称鲸为**摩迦罗鱼**、**摩竭鱼**等。唐·释玄应《一切经音义》卷一："摩迦罗鱼，亦言摩竭鱼，正言摩迦罗鱼，此云鲸鱼，谓鱼之王也。"《慧琳音义》卷四十一："摩竭，海中大鱼，吞啖一切。"《事物异名录》卷三十六："《华夷志》：'海中大鱼可容舟，其名曰摩竭，梵语即鲸鱼也'。"明·胡世安《异鱼赞闰集》："摩竭大鱼，罟（渔网）师莫干，瀛渊角鼻（即角鼻龙），可与齐观。"引《四分律》云："摩竭大鱼，长三百由旬，极大者，长七百由旬。"由旬，古印度长度单位。据《大唐西域记》卷二载，一由旬指帝王一日行军之路程。又《智度论》云："昔有五百估客，下海采宝，值摩伽罗鱼王开口，见三日出，白山罗列，一是实日，两是鱼眼，白山是鱼齿，眼如日月，鼻如大山，口如赤谷。"其中如"吞咽一切"、"可吞舟"、"口如赤谷"等夸张过分而失实。

借称**鲲**。《列子·汤问篇》："有鱼焉，其广数千里，其长称焉，其名为鲲。"《庄子·逍遥游》："北冥有鱼，其名为鲲。鲲之大，不知其几千里也。化而为鸟，其名为鹏。"《陆德明·音义》崔譔云："鲲当为鲸。"由此可见，鲲也指鲸类。

尊称**神鲸**。东晋·曹毗《观涛赋》："神鲸来往，乘波跃鳞，喷气雾合，噎水成津。骸丧成岛屿之虚，目落为明月掷觊。"跃鳞，指鲸游动。雾合，如雾聚合。明月掷觊，珠有夜光之明月。

尊称**鱼王**。明·杨慎《异鱼圆赞·鲸》："海有鱼王，是名为鲸，喷沫雨注，鼓浪雷惊。"

别名**长鲸**。晋·左思《吴都赋》："于是乎長鲸吞航，修鲵吐浪。"清·王锡《哀海贾》："吞舟多长鲸，载山有巨鳌。"

又称**鲸鲵**。一是鲸的通称。三国魏·曹操《四时食制》："东海有鱼如山，长五六丈，谓之鲸鲵。次有如屋者，时死岸上，膏流九顷，其髯长一丈二三尺，厚六寸，瞳子如三升碗大，骨可为方臼。"汉·杨孚《异物志》曰："鲸鲵或死于沙上，得之者皆无目。俗言其目化为月明珠。"唐·卢纶《奉陪浑侍中上巳日泛渭河》诗："舟楫（jí 同楫，扁舟）方朝海，鲸鲵自曝腮。"元·马致远《岳阳楼》："想鸾鹤只在秋江上，似鲸鲵吸尽银河浪。"鸾鹤，鸾与鹤，相传为仙人所乘。唐·黄滔《贾客》："鲸鲵齿上路，何如少经过？"明 李梦阳《鄱阳湖十六韵》："力屈（竭）鲸鲵仆，声回雁鹜（鹅和鸭）呼。"清·卢若腾《哀渔夫》："月落天昏迷南北，冲涛触石饱鲸鲵。"这里的鲸鲵都是泛指鲸类。

二是分指雌、雄鲸，雄叫鲸，雌曰鲵。《正字通·鱼部》："鲵，鲸属，雌者为鲵。"孔颖达疏引裴渊《广州记》："鲸鲵长百尺，雄曰鲸，雌曰鲵。"《文选·左思〈吴都赋〉》："长鲸修航，修鲵吞浪，言其为患同也。"宋·范成大《新年》诗："鲵渊方止水，鲲海任扬尘。"

三喻凶恶之人。曹冏《六代论》："扫除凶逆，剪（意尽）灭鲸鲵。"杜预注："鲸鲵，大鱼名，以喻不义之人。"《左传·宣公十二年》"楚子曰：'古者明王伐不敬，取其鲸鲵而封（用土筑高坟埋之）之，以为大戮。于是乎有京观，以惩淫慝。"大戮，死刑或大耻辱。慝（音 tè），意邪恶，罪恶。京观，颜师古注："京，高丘也，观，谓如阙形也。"阙是宫门前两边供瞭望的楼。古代为炫耀武功，聚集敌尸，封土而成的高冢。《晋书·愍帝纪》："扫除鲸鲵，奉迎梓宫。"梓宫，中国古代帝王、皇后所用以梓木制作的棺材。《资治通鉴·晋愍帝建兴元年》引此文，胡三省注曰："鲸鲵，大鱼，钩网所不能制，以此敌人之魁桀（指首领或出众的人物）者。"《文选·左思〈吴都赋〉》："王者之行戮，亦除旧布新之义，故以鲸鲵言之。"

四借指海盗。用巨鲸横卧比喻强敌当前。明·高启《感旧酬宋军咨见寄》诗："金镜（月亮）偶沦照，干戈起纷争。中原未失鹿，东海方横鲸。"清·昭梿《啸亭杂录·李壮烈战迹》："海中盗艇猖獗，鲸鲵日盛。"

五比喻受害者，即无故被诛戮者。《文选·李陵〈答苏武书〉》："妻子无辜，并为鲸鲵。"李善注："鲸鲵，鱼名。喻不义以务吞食也。"妻子无辜，也一齐被杀害。唐·元稹《王迪贬永州司马》："〔家属〕适遭蜂虿，并为鲸鲵。"蜂和虿（chài）都是有毒刺的螯虫。

鲸潮之误。晋·崔豹《古今注》卷中："鲸鱼者，海鱼也。大者长千里，小者数千丈，一生数万子，常以五六月间就岸边生子，至七八月，导从其子还大海中。鼓浪成雷，喷沫成雨。水族警畏，皆逃匿，莫敢当者。"鲸是哺乳动物，须不时浮水呼吸。换气时，呼出之气夹带海水一起喷出，形成雾柱，可高达10米，是故有"喷沫成雨"之说。"长千里"、"数千丈"之说失实。"一生数万子"之说误。鲸，胎生，一般一胎一子，大型须鲸的寿命虽至百岁，难生万子，此误视鲸群为一母所生。西晋·木华《海赋》："鱼则横海之鲸，突兀孤游，噏波则洪涟踧踖，吹涝则百川倒流，巨鳞刺云，洪须插天，头颅成岳，流膏成渊。"突兀，亦作 突杌 、突屼，高耸特殊貌。洪涟，巨浪。踧踖（cù jí），踧古同蹙，促迫。上述欠实之述，或与李白的"白发三千丈"诗句有同功之效。

　　我国先民很早就了解潮汐形成的原因。汉代王允在《论衡》中就说："涛之起也随月盛衰。"但《尔雅翼·释鱼三》："鲸，海中大鱼也。其大横海吞舟，穴处海底。出穴则水溢，谓之鲸潮。或曰：'出则潮下，入则潮上'。其出入有节，故鲸潮有时。"此说误，凭空想象。

　　古人还误以为鲸能吞舟。唐·韩愈《海水》："海有吞舟鲸，邓有垂天鹏。"《文选·左思〈吴都赋〉》："长鲸吞航（即船），修鲵吐浪，言其为患同也。"《秘阁闲谈》："李崇矩见海上沙岛有大鱼，剖其腹，得一艇船兼三死人，衣服犹备。"秘阁，宋官名。魏泰记载北宋太祖至神宗六朝旧事的《东轩笔录》中说，胡旦作长鲸吞舟赋，其状鲸之大："鱼不知舟在腹中，其乐也融融；人不知舟在腹中，其乐也泄泄。"融融，泄泄，都是和乐貌。实则巨大须鲸，口内无齿，以磷虾等浮游动物及小型鱼类为食。捕食时张开巨口，吞入大量海水，滤取食物。它滤食的效率很高，一张口就能过滤上百吨水，杜甫《〈饮中八仙歌〉》中借用来描述饮酒者的海量："饮如长鲸吸百川，衔杯乐圣称世贤。"但它从不吃人，更不能吞舟。《尔雅翼·释鱼三》："盖鲸鲵有力，能驱食小鱼，故以喻夫疆（强）暴而凌弱者，如兽之有猰㺄，如虫之有长蛇，如鸟之有鸥鹑……《吴都赋》所谓'鱛鲸辈中于群犗，挽抢暴出而相属'是也。"鱛（huì），鱼有力者鱛。犗（Jie），阉割过的牛，犍牛。挽抢，彗星。猰㺄（Yà yǔ），古代传说中一种吃人的猛兽。巨鲸虽大和犍牛同是哺乳动物之辈，彗星虽暴出也是星辰之属。

　　殷墟出土的鲸骨说明，至少3 000年前，我先民就已能征服巨鲸。唐·李白《临江王节士歌》："安得倚天剑，跨海斩长鲸。"宋·陆游《泛三江海浦》："醉斩长鲸倚天剑，笑凌骇浪济川舟。"猎捕大型鲸类，多采用多船联合的方法。《雷州府志》载："亘

图83　长须鲸

户骤船数十，用长绳系铁枪掷击之，谓之下标，三下标乃得之。次标最险，盖首标尚未知痛也，末标后犹负痛行数日，船而尾之，俟其困毙，连船曳绳至水浅处始屠。无鳞，皮黑色，厚寸许，身有三节。首下标者得头节，次得中节，三得尾节。一鱼之肉载数十余船，货钱百万，不数年辄有标而得之者。"鲸肉可食，味鲜美不亚于牛肉，皮可制革，脂肪可炼油，是重要化工原料和高级润滑油，须可作工艺品，骨可制肥料和药材，内脏可提取维生素和营养素，全身都是宝。南宋《诸蕃志》云："每岁常有大鱼死漂近岸，身长十余丈，径高二丈余。国人不食其肉，惟刳取脑髓及眼睛为油，多者至三百余镫，和灰修舶船或用点灯。民之贫者，取其肋骨作屋桁，脊骨作门扇，截其骨节为臼。"《淮南子》曰："麒麟斗则日月食，鲸鱼死而彗星出。"

金·王丹桂《月中仙·望海》："直待成功后，骑鲸笑傲超于彼。"连苏轼也不甘寂寞，要"骑鲸遁沧海。(《次韵张安道读杜诗》)"陈造《次韵程安抚蟹诗》诗："平生一窟不自辨，敢羡鲸鳢游天池。"宋·陆游《七月一日夜坐舍北水涯戏作》："斥仙岂复尘中恋，便拟骑鲸返玉京。"斥仙，古代传说中的仙人名。玉京，泛指仙都。赵蕃《淳熙稿》："此日骑鲸去，它年化鹤还。"《文选·扬雄〈羽猎赋〉》："乘巨鳞（大鱼），骑京鱼。"李善注："京鱼，大鱼也，京字或为鲸。鲸亦大鱼也。"后因以比喻隐遁或游仙。清·王枢《琅玡台观海》："欲跨长鲸临弱水，神州东去访蓬莱。"弱水，古时许多浅而湍急的河流，水羸弱而不能载舟，只能用皮筏过渡，这样的河流称之为弱水，骑鲸过弱水当然是个理想而又方便的方式了。

历史故事。《春秋后语》："楚襄王问宋玉曰'先生其有遗行与？何士民庶民不誉之甚也？'宋玉对曰：'夫鸟有凤而鱼有鲸，凤凰上击九千里，翱翔乎窈冥之上，藩篱之鹖岂能料天地之高哉？鲸鱼朝发于昆仑之墟，暮宿于孟津。尺泽之鲵岂能与量江汉之大哉？故非独鸟有凤，而鱼有鲸，士亦有之。'"宋玉，战国楚辞赋家，是屈原弟子。遗行，品德有缺点，可遗弃的行为。窈冥，深远难见貌。藩篱，篱笆。鹖（Yàn），古书上说的一种小鸟。昆仑之墟，昆仑山又名昆仑丘、昆仑墟，是中国古神话中的神山，道教奉为神仙所居的仙山。《海内西经》曰："海内昆仑之墟，在西北，帝之下都。昆仑之墟，方八百里，高万仞。"孟津，古津渡名，在今河南孟津东、孟县东南。相传周武王伐纣，在此盟会诸友并渡河，故又称盟津。据《尚书 禹贡》注"孟为地名，在孟置津（即渡口），谓之孟津"。

楚襄王问宋玉："先生品德有何缺陷么？为什么老百姓对你的口碑欠佳呢？"宋玉对曰："鸟中有凤凰，鱼中有鲸，凤凰上击九千里，翱翔于深远渺茫的苍穹之上。篱笆中的鸭子，能知天有多高？鲸朝发于昆仑之墟，晚就抵达孟津。小水池中的鲵，能知江汉有多大？所以，不仅鸟有凤凰，鱼有鲸，而人间也有（像凤凰、像鲸这样的、为一般人所不能理解的人）。"

贾谊吊屈原文："彼寻常之污渎兮，何以能容吞舟之巨鱼；横江湖之鱣鲸兮，固将制夫蝼蚁。"贾谊，西汉政论家、文学家。渎（dú），小沟渠。它只是平常的污水沟，怎能容得下吞舟之鱼？纵横江湖之鲟鱼、巨鲸，到了水沟也要受制于蝼蚁小虫。

《后汉书·班固传》："于是发鲸鱼，铿华钟，蹬玉辂，乘时龙。"古时候，击钟的器具是木头雕刻而成的长木鱼，木鱼的形状像鲸，已知一件旧存长木鱼，全长 106 厘米，厚 9 厘米，高 16 厘米。有篆刻文的钟叫华钟；发是举之意；铿，意击。发鲸鱼，铿华钟就是举起像鲸鱼形状的木鱼，敲击刻有篆文的钟，描述了汉帝出行登辇时，击钟令事相告。另外，皇帝在上朝时，即鸣钟召集百官入觐。

黑露脊鲸

海鳛　海主　海龙翁　把勒亚鱼　潮鱼　浮礁　海鳅

黑露脊鲸 *Eubalaena glacialis* Borowski，隶于鲸目露脊鲸科。体肥胖，形似鱼，长 16 ~ 18 米，重达百吨。头大，具若干瘤，口大，内有长髯，是滤食器官，以浮游性甲壳类等动物为食。体色黑，腹面略淡。头背部有两个喷气孔。

古称**海鳛**。元·熊忠《古今韵会举要·尤韵》："酋，酋长。魁帅之名。"《闽大记》："海鳛，最巨能吞舟……遒键

图84　黑露脊鲸

好动，故曰鳛。"清·李调元《然犀志》："海鳛，海鱼之最伟者，故谓之鳛。犹酋长也，有大不可限量。长数百十里，望之如连山者。"人类社会中，部族的首领称作酋长。鳛，犹鱼中酋长，故称海鳛。

《尔雅翼·释鱼二》："鳛，亦鱼之类，首尖锐，色黑黄，身有鬐（li，即涎沫）。似鱼而非鱼，故卫史鳛字之子鱼……《水经曰》：'海中鳛，长数千里，穴居海底。入穴则海溢为潮，出穴则潮退。出入有节，故潮水有期。'"鳛，非鱼。"长数千里"，失实，亦并非"穴居海底"，出入与潮水的涨落无关。清·屈大均认识有一飞跃，《广东新语》卷二十："昔人多以为潮者海鳛之所为，不知潮长则海鳛随之出，潮消则海鳛随之入，海鳛之出入以潮，非海鳛之自能为潮也。此海鱼之应

潮者也。"但仍不知，海鳍栖于外海大洋，其出入与海潮毫无关系。

唐·刘恂《岭表录异》卷上云："海鳍，即海上最伟者也，其小者亦千余尺。吞舟之说，固非谬也，每岁广州常发铜船，过安南（今越南北部）贸易，路经调黎（指我国海南岛附近南海海域）深阔处，或见十余山，或出或没。篙工曰'非山岛，鳍背也。'双目闪烁，鬐若簇朱旗。日中忽雨震霖。舟子曰：'此鳍鱼喷气，水散于空，风势吹来若雨耳'。"鳍行肺呼吸，呼气时喷气孔常将一部分海水随气带上去，形成雾柱，俗称喷水。雾柱可高达 6～9 米。故有海酋喷沫，飞溅成雨之说。鲸潜水以觅食，出水以换气，每次潜水可持续 8 分钟，乍出乍没，来去若移山岳。鳍漫游海面时常脊背外露。唐·元稹《侠客行》："海鳍露背积沧溟，海波分作两处生。"唐·刘禹锡《有僧言罗浮事》诗云："日光吐鲸背，剑影开龙鳞。"因此而有"黑露脊鲸"、"脊美鲸"、"直背鲸"、"黑真鲸"等称。

方言**海主**、**海龙翁**。清《广东通志·舆地志·动物》："海鳍，大抵即长鲸也……高廉呼为海主，雷、琼谓之海龙翁。"清·李调元《然犀志》卷下："海鳍，海鱼之最伟者，故谓之鳍……俗名海龙翁。"

译称**把勒亚鱼**。清·南怀仁（西人）《坤舆图说》卷下："把勒亚鱼，身长数十丈，首有二大孔，喷水上出，势若悬河。见船舶则昂首注水舶中，顷刻水满舶沉。迁之者以盛酒巨木罂投之，连吞数罂，俛首而逝。"首有二大孔应指须鲸类，"把勒亚"或许露脊鲸科学名 Balaenidae 的音译。罂（音 Ying），是大腹小口的盛酒器。此注水舶中及吞罂之说实误。

代称**潮鱼**。清·屈大均《广东新语》卷二十："海酋……入穴则海水为潮，出穴则水潮退。其出入有节，故潮水有期，是名潮鱼。"

喻称**浮礁**。《宁波府志·盐政·物产》："海鳅大者长数十丈，海中浮载，如一二里山，俗呼为浮礁，舟行避之。"

把勒亚鱼图

图85　把勒亚鱼（仿《古今图书集成·禽虫典》）

海鳍，有人疑指长须鲸（*Balaenoptera physalus*）。但"鳍背平水"，它应无背鳍，而长须鲸有背鳍。"牡蛎聚族其背"，即身上有牡蛎等附着生物，特别在头部许多疣上，更"崒屼水面如山"，应是露脊鲸的特点。由于海鳍游速较慢，许多附着生物常趁机附着。故体表常有藤壶等附着动物附着。《鸟兽续考》："海鳍长者亘百余里，牡蛎聚族其背，旷岁之积崇十许丈，鳍负以游，鳍背平水，即牡蛎崒屼（lù wù，山秃貌）水面如山矣。"清·李调元《南越笔记》卷十："海鳛出，长亘百里，牡蛎蚌蠃积其背，岬屼如山，舟人误以为岛屿，就之往往倾覆。昼喷水为潮为汐，夜喷火，海面尽赤，望之如雨火。"所以海鳛应指露脊鲸。当然这里说它喷水形成潮汐，是错误的；夜喷火，倒可能出现这种现象。因海水里有大量的小型发光生物，在夜间它们受到触动时就发光，使海面看起来像燃烧的火。所以鲸换气时喷出的雾柱有时可能会像燃放的焰火，小水滴四散开起来犹如雨火，非常壮观迷人。

海上遭遇海鳛，令人恐怖。《宋记》："赵鼎谪珠崖，自雷州浮海而南，顾见洪涛间红旗靡靡，相逐而下，疑为海寇或为外国兵革。呼问舟人，舟人摇手令勿语，恐怖之色可掬，惶遽入舟，被发持刀出，篷背上割其舌出血滴水中，戒令闭目危坐（即臀着脚掌而腰身端正的坐着，与跪相似）。凡经两时顷，闻舟人呼曰，更生，更生（意死里逃生）。顷所见者，巨鳛也。"赵鼎，南宋大臣。明·屠本畯《闽中海错疏》中也说："海鳛，舟人相值，必鸣金鼓以怖之，布米以厌之。鳛攸然而逝，否则，鲜不罹（lí 遭遇）害。"海鳛并不伤人。清·郭柏苍《海错百一录》卷一："舶猝遇之，如当其首，辄震，以铳炮（古代金属管形射击火器）鳛惊，嘘嘘而没鳛漩涡数里，舶颠顿久之乃定，人始有更生之贺。"

该鲸夏季北极海域索饵，冬季至暖海产仔，有的可进入黄海、东海、南海、台湾以东等海域。明·顾岕《海槎余录》云："海鳛乃水族之极大而变异不测者。梧川山界有海湾，上下五百里，横截海面，且极其深。当二月之交海鳅来此生育……俟风日晴暖，则有小海鳅浮水面，眼未启，身赤色，随波荡漾而来。"明·杨慎《异鱼图赞》卷三："鱼之最巨，曰海鳅尔。舟行逢之，不知几里。七日逢头，九日逢尾。产子仲春，赤遍海水。"《古今图书集成·禽虫典·鳛鱼部》引《诸城县志》云："海鳛鱼巨甚，每春深来洋中产子，跳波鼓浪，鸣声如雷，子方成鱼，未开目者已大如三间屋。""鸣声如雷"之说失实。

明·顾岕《海槎余录》详述海鳛的猎捕："土人用舴艋船（即小船）装载藤丝索为臂，大者每三人守一茎，其杪（即末梢）分萦逆髯仓头二三支于其上，遡流而往，遇则并举仓中其身，纵索任其去向，稍定时复似前法施射一二次。则棹船并岸，创置沙滩，徐徐收索，此物初生眼合无所见，忍仓疼轻漾随波而至，渐登浅处，潮落阁置沙滩不能动。"

早在宋代就有海鳛搁浅的记载。宋·陈耆卿《赤城志》云："海鳛，淳熙（宋孝宗年号，公元 1179 年）五年八月出于宁海县铁厂港，乘潮而上，形长十余丈，皮黑如牛，扬鬐鼓鬣，喷水至半空，皆成烟雾，人疑其龙也。潮退阁泥中不能动，但睛嗒嗒然视人，两日死。识者呼为海鳛，争斧其肉，煎为油，以其脊骨作臼。"《夷坚志》："绍兴二十四年秀州海盐县……一巨鳛，因阁沙上，时时扬鬣拨刺，额上有窍径尺，其中空。经日有架梯蹑其背者，两日尚能掉尾转动，遭压死者十人。或疑为谪龙，弗敢食。一无赖子（原意为刁顽耍奸、为非作歹的人）煮尝之，云极美。于是厥（其）价徒贵，至持入州城，每斤二百，涉旬乃尽。"

古代把鲸鱼的死亡看做是要发生什么重大事件的征兆。《淮南子·天文训》："鲸鱼死而彗星出。"彗星古代也称妖星，一般也叫扫帚星。元·鲜子枢《海鳍行》："至元辛卯之季冬，浙江连日吹腥风。有物宛转泥沙中，非鼋非鼍非蛟龙，神物失势谁为雄？万刃刲割江水红。九州岛之外四海通，出纳日月涵虚空，汪洋浩瀚足尔容，胡为一出荡忘返，糜躯鼎俎虾蚬同。吁嗟人有达与穷，无以外慕残厥躬，古来妄动多灾凶。"元忽必烈至元二十八年冬，浙江连日吹着腥味的风。有物在泥沙中挣扎，非鼋非鼍（即扬子鳄）也不是蛟龙。神物遇难谁来称雄，任人宰割血染江水红。九州岛之外，汪洋浩瀚，四海连通，能纳日月，能涵太空，难道不能把你容，为什么出而忘归程？躯体被割得糜烂，也和虾蚬一样被切被烹。由此而告诫人生，有时鸿运高照，有时潦倒受穷。不要羡慕外面而随意弯躬，自古轻举妄动多灾凶。

海鳍肉可食，脂肪可炼油，皮可制革，须作工艺品，骨可制肥，经济价值极大。因其游速慢，易捕，世界猎捕过度，濒于灭绝，我国列为二类保护动物。

抹香鲸

海翁鱼

抹香鲸 *Physeter catodon* Linnaeus，鲸目抹香鲸科。体巨大，雄体长者可达 20 米，雌体长者 15 米。头大，占体长 1/4，前端截形。喷气孔一个，位头前端左侧。上颌无齿，下颌很窄，有 40 ~ 50 枚大齿。体色蓝灰、瓦灰或黑，腹面银灰色。常群栖，能潜水 2 200 多米，持续 70 分钟。分布于南、北纬 70° 间的热带、亚热带海域，赤道附近最多，在我国东海、南海亦产。在我国屡有抹香鲸搁浅的记载。

图86　抹香鲸

古称**海翁鱼**。清·朱景英《海东札记》："海翁鱼，大者三四千斤，小者千余斤，即海鳍也。皮生沙石，刀箭不入。或言其鱼口中喷涎，常自为吞吐。有遗于海滨者，黑色，浅黄色不一，即龙涎香也。"海翁，原意海边老人，此处意如海中游泳、潜水能手。如鸟类中的滑翔能手称信天翁。海鳍，前人把体巨大者多冠以海鳍，非单指露脊鲸。连横《台湾通史·虞衡志》卷二十八"鲸：俗称海翁。重万斤，舟小不能捕。时有随流而入毙于海澨（shì，海滨）者，渔人仅取其油。"

该鲸以乌贼、章鱼及鱼类为食，所捕大王乌贼长者 12 米，甚至 18 米，重300 多千克，常经激烈搏斗方可制胜。《古今图书集成·禽虫典·鲸鱼部》引《广异记》："开元末，雷州有雷公与鲸鲐，身出水上，雷公数十在空中上下，或纵火，或诟击，七日方罢。海边居人往看，不知二者何胜，但见海水正赤。"此所述应为抹香鲸与大王乌贼的搏斗情景。

抹香鲸现称是以其体内能产生龙涎香而得名。这是肠胃的病态分泌产物，类似结石，呈深灰色至黑色，主要成分为龙涎香醇，是一种三环三萜，蜡状芳香物质。为名贵的保香剂，被它熏过之物能保持持久芬芳，且可提神避暑。清·赵学敏《本草纲目拾遗·鳞部》引《峤南琐记》："龙涎香新者色白，久者紫，又久则黑。白者如百药煎，黑者次之，似五灵脂，其气近臊，和香焚之，则翠烟浮空不散。"甚至依其作为描述其他香味的参照。明·李时珍《本草纲目·鳞一·龙》龙涎："是春间群龙所吐涎沫……亦有大鱼腹中剖得者。"清·郭柏苍《海错百一录》卷一："引《岭海续闻》：'南巫里洋（苏门答腊以西海域）之中有龙涎屿，当春明景和，群龙来集于上，交戏而遗涎沫，夷人采之归市番舶（古时西方商船通称）。其香若脂胶，黄黑色，闻之颇觉鱼腥，能收敛脑麝清气，虽经数十年不变，以少许和香焚之，凝结不散。（郭柏）苍曾祖，乾隆间从粤东购买一块，正与《岭海续闻》相合。'"此说有误，世上无龙，便无戏水、吐涎之事。夷人岛上采者系被鲸排除体外而漂至岛屿者。同书还记述抹香鲸搁浅盛况："（郭柏）苍闻兴化湄州界外，前百年天后诞时，每有海鳅阁沙屿间，土人以巨木揰（zhī，意支）其齿，以灰糁其舌，数十百人荷担执刀剟其脑以祭，煎其膏燃釭（即灯），鳅若无关痛痒，六时潮满乘流而逝。""揰其齿"，说明是齿鲸，非须鲸的海鳅。搁浅鲸确有随涨潮而返回大海者，但经数十百人割其脂者，遍体鳞伤，何能再潮满乘流而去，也不会无痛痒。属耳"闻"之故。

江　豚

鯆䱐　鯆　鯯鱼　江猪　溥浮　鲜鯆　敷常　海狶　奔鲜　灪　井鱼　鯆
屯江小尉　追风侯　汤波太守　拜江猪　江鈍　鲜鯆　水猪　犹　懒妇鱼
魟鱼

　　江豚 *Neophocaena phocaenoides*（ G.Cuvier ），鲸目鼠海豚科。体长 1～1.9 米，重 30～45 千克。头圆，无喙，齿成铲形。额突出，眼小，无背鳍。全身蓝灰，或瓦灰。动作迟钝，无戏水习性，喜独游或二三头同游。以小鱼和头足类为食。寿命可达 23 年。

古称鱁鮬（bèi pū）。始见于先秦典籍。《山海经·北山经》："〔少咸之山〕敦水出焉，东流注于雁门之水，其中多鱁鮬（鮬一作"鮅"）之鱼，食之杀人。"

亦称鱁、鮈（jú）鱼、溥浮、江猪。《说文·鱼部》："鱁，鱁鱼也。"又"鮈，鮈鱼也。出乐浪潘国。从鱼，匊声。一曰鮈鱼出九江，又有两乳；一曰溥浮。"段玉裁注："鮈即今之江猪，亦曰江豚。"乐浪即今之朝鲜平壤，九江指长江流域鄱阳湖至洞庭湖一带包括各

图87　古代江豚图（仿明·王圻等《三才图会·鸟兽五》）

支流。江豚之称首次出现。清·毕沅注："即鮈鱼也，一名江豚。"因体肥圆充沛，而称鱁鱼。鮈，制字从匊，意其憨态可掬。亦有考者谓鮈同鞠，意其腹部浑圆。溥通"浦"，有水边，水涯之意。《汉书·扬雄传上》："储与乎大溥，聊浪乎宇内。"溥浮可意为水边沉浮。鲏鯆乃古时溥浮之俗字，与溥浮意同。清·段玉裁在《说文解字注》云："溥浮俗字作鲏鯆。普姑覆浮二反。鲏一作鱛。吴东门谓鱛鯆门，即今苏州蛌门也。"可见当时人们不但对江豚很熟悉，而且曾经用其名给城门命名。江豚分布范围很广，不限于长江、九江，我国各海域都有，洞庭湖亦均能见其踪影。

别名鲟鱁、敷常。三国魏·曹操《魏武四时食制》："鲟鱁鱼，黑色，大如百斤猪，黄肥不可食。数枚相随，一浮一沉，一名敷常。"

古称海狶（xī）。三国吴·沈莹《临海水土异物志》："海狶，豕头，身长九尺。豚是小猪，狶指野猪。"

异称奔鯆（fū），瀱（jì）、井鱼。唐·段成式《酉阳杂俎·广动植二·鳞介篇》"奔鯆，一名瀱（原意泉，意江豚呼气如喷泉）。非鱼非鲛。大如船，长二三丈。色如鲶……相传懒妇所化。"又"井鱼，脑有穴，每翕水，辄于脑穴蹙出，如飞泉散落海中，舟人竞以空器贮之。海水咸苦，经鱼脑穴出，反淡如泉水焉。"此说实误，其头顶之穴通肺不通脑，呼气时将海水带上空中，形成雾柱，并不变成淡水。因其呼吸时间短促而激烈，故赫赫作声。"大如船，长二三丈"之说失实。因头顶有鼻孔似井而称井鱼。

单称鯆。《唐韵·平模》："鯆，鱼名，又江豚别名，天欲风则见。鲏，同鯆。"

拟称追风侯、汤波太守、屯江小尉。宋·毛胜《水族加恩簿》："屯江小

尉宜授追风侯,试汤波太守。按:
谓江豚也。"追风侯、扬波太守、
拜江猪、溥浮等称,都缘于其"逢
风则涌"、"一浮一沉"的习性。

明·李时珍《本草纲目·鳞
四·海豚鱼》:"海豚、江豚,
皆因形命名。"藏器曰:"江豚

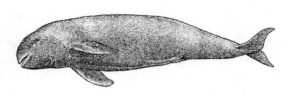

图88 江豚

生江中,状如海豚而小。出没水上,舟人候之占风。"时珍曰:"其状大如数百
斤猪,形色青黑如鲶鱼,有两乳,有雌雄,类人。数枚同行,一浮一没,谓之
拜风。"

俗称**拜江猪**。明·彭大翼《山堂肆考·鳞虫·脑上有孔》:"江豚俗呼拜江猪,
状似彘,鼻中有声,脑上有孔,喷水直上,出入波浪中,见则有风。"

别名**鯹鰤**(zā)。明·杨慎《异鱼图赞》卷一:"鱼有鯹鰤,或名江豚,天
欲风则湧,恒随浪翻。"

俗称**水猪**。《异物志》:":江豚,一名水猪。"江豚,因常见于江,状似豚
而得名,也俗称江猪,海豨。

单称**犹**。清·方旭《虫荟4·江豚》:"《说文外编》;'江豚一名犹。'"《颜
氏家训·书证》:"犹,兽名也。"

贬称**懒妇鱼**、**魧**(háng)**鱼**。江豚皮下脂肪层很厚,以利其水中保持体温。
脂肪可炼油,古时主要用于点灯。但用其照读书纺织显弱,照娱乐宴席则显得强,
故托称江豚由懒妇转化而成,名江豚为懒妇鱼。南朝梁·任昉《述异记》卷上:"淮
南有懒妇鱼,俗云昔杨氏家妇为姑所溺而死,化为鱼焉。其脂膏可燃灯烛。以
之照鸣琴博奕则烂然有光,及照纺绩则不复明矣。"明·李时珍《本草纲目·鳞四》:
"江豚有油脂,点灯照樗蒱即明,照读书工作即暗,俗言懒妇所化也。"樗蒱(chū
pú),古代一种类似掷骰子的博戏,也指赌博。明·张岱《夜航船》:"江南有
懒妇鱼,即今之江豚是也。鱼多脂,熬其油可点灯。然以之照纺绩则暗,照宴
乐则明,谓之馋灯。"明·杨慎《丹铅续录》:"魧鱼,即懒妇鱼也,多膏以为灯,
照酒食则明,照纺绩则暗,佛经谓之馋灯。"魧,意鱼膏。馋灯又成懒妇之喻。
丁福保《佛学大词典》:"阅佛经,有馋灯,初不解,查为魧鱼,即懒妇鱼也。
多膏,可以为灯,照酒食则明,照纺绩则暗,此可为懒妇之喻。"实则,读书、
纺织,需灯光强,而赌博、音乐、宴会等则弱光亦可。同是江豚油灯,用于前
者显弱,后者用显强,并非江豚是由懒妇所化。神话中也充满对妇女的不敬。

江豚"逢风则涌",即大风将至时甚活跃。水上作业之渔民或船员等,依
经验知江豚的异常活动,与欲来的风雨有关,从而尽早预防,避免损失,"舟

人候之占风"，也称作拜风。唐·许浑《金陵怀古》诗："石燕拂云晴亦雨，江豚吹浪夜还风。"唐·皮日休《沪》诗："涛头倏尔过，数顷跳鲔鲟。"倏尔，迅疾状，时间短暂。明·王贵一《海啸》："江豚拜鲸浪，奋激吹盘涡。"鲸浪，意巨浪；盘涡，言水深风壮，流急相冲，盘旋作深涡如谷之转。甚至《周易·中孚》中云："中孚：豚鱼吉，利涉大川，利贞。"其中的豚鱼吉，信及豚鱼也。有学者谓豚指江豚，中孚是"诚信"的意思，意江豚知风而守信。民间谓江豚知风，逢风则涌，南风则口向南，北风则口向北，从不失信。《周易》卦辞是将江豚作为守信的象征，守信如江豚就吉。

有人还借江豚讽刺当时的朝政。《中山诗话》："王元之与执政不相能，作江豚诗，以讥之。曰：'江云漠漠江雨来，天意为霖不干汝。'"漠漠，无声；霖，久雨；凡雨，三日以往而成霖。

对江豚的捕获和利用也早有记载。《古今图书集成·禽虫典·海豚鱼部》引《岳阳风土记》云："江上渔人取江豚，冬深水落视其绝没处，布网围而取之，无不获。或用钩钓，若钩中喉吻，虽巨纶亦掣断。或挂牙齿间，则随上下，惟人所制，略不顿掣然。"

宋代孔仲武《江豚诗》对江豚占风的习性以及给人们带来的好处作了生动的描述："黑者江豚，白者白鱀。状异名殊，同宅大水，渊有群鱼，掠以肥己。是谓小害，顾有可喜。大川夷平，缟素不起，两两出没，矜其颊嘴，若俯若仰，若跃若跪。舟人相语，惊澜将作，亟入湾浦，踏樯布笮，俄顷风至，簸山摇岳，浪如车轮，氛雾相薄。舟人燕安，如在城郭。先事而告，昭哉尔功。鳄啖牛马，头鼍像龙，暴殄天物，安德尔同。于人无害，所欲易充。暴露形体，告人以忠，又多膏油，以助汝工，江湖下贫，机抒以农。乌鹊知风，商羊识雨。大厦之下，风雨何苦。岂知舟航，方在积险，以尔占天，蓍蔡之验。古之报祭，不遗微虫。孰扬尔烈，登荐蜡宫。世不尔好，复为尔恶，我作此歌，为昭尔功。"矜，自恃、自夸之意。商羊，古时传说中的鸟，只有一足。蓍蔡，犹蓍龟筮卜。机抒，织布机。蜡宫，供蜡祭用的宫室。乌鹊，指乌鸦和喜鹊或单指喜鹊。暴殄天物：暴，损害、糟蹋；殄，灭绝；天物，指自然生物。指残害灭绝天生万物。

整首诗的意思为：黑者是江豚，白色谓白鱀。状异名不同，同住大水里，那里有群鱼，捕食肥自己。说有小危害，优点又可喜。江水平如镜，波纹都不起。江豚成对出，夸张颊嘴举。像俯又像仰，似跃又似跪。船员互传话，台风将要至。船亟入港湾，降桅帆收起。刹时风来到，山摇又簸地。浪大如车轮，雾气相搏击。船员都平安，像在城郭里。事先来通告，功劳应该记。鳄鱼吃牛马，鼍头很像龙，肆意糟蹋物，焉能与尔同。对人无害处，需求易满足。暴露自形体，告人以信息。身体多脂肪，点灯照做工，贫苦百姓家，纺织及农用。乌鹊预测风，商羊能识雨。

身居大厦下，风雨奈何如？岂知船航行，随时有险情，以尔占天气，龟卜一样灵。报恩祭祀会，不漏微虫功。孰扬尔业绩，被打入蜡宫。世不说你好，反而说你恶，我来作此歌，是为昭尔功。

白鱀豚

白旗豚　鱀　鱁　白鱀　既　水猪　白鱁　馋鱼　鳂鱼　建

白鱀豚 *Lipotes vexilifer* Miller，隶于鲸目淡水豚科。体呈纺锤形，长 1.5 ~ 2.3 米，重 135 ~ 239 千克。齿鲸，眼小如盲。喙极狭长，前端上翘。喷气孔位头顶偏左。背鳍、尾鳍为三角形。体背蓝灰或灰色，腹白，鳍白色。以鳊、鲌、鲤等为食，五月产仔。栖息于我国长江中下游、洞庭湖及鄱阳湖，钱塘江内亦有发现。1923 年 Hog 报道洞庭湖的白鱀豚，英文名 white flag dolphin，直

图89　白鱀豚

译名为白旗豚，白旗或为白鱀之音讹。1955 年，中国科学院自然科学名词编订室《脊椎动物名称》核定其称为白鳍豚，或谓旗为鳍矣。

古称鱀、鱁（zhú）。《尔雅·释鱼》："鱀，是鱁。"郭璞注："鱀，鳠属也。体似鳣，尾如鮸鱼。大腹。喙小，锐（原书讹作"鲵"）而长。齿罗生，上下相衔。鼻在额上，能作声。少肉多膏。胎生。健啖细鱼。大者长丈余。江中多有之。"鱀，制字从既，从鱼。"既，小食也。（《说文》）"鱀字上部之既为小食者，下部之鱼为小食，意其"健啖细鱼"者。鱁，从逐，意逐鱼者。鳠指海豚类。鮸指江豚，鳣即鲟。

单称既。明·杨慎《异鱼图赞》卷三："鱀，一名鱁……鱀又作既。"

俗称水猪。清·厉荃《事物异名录》卷三十八：《南方异物志》：（鱀），谓之水猪，又名馋鱼，谓其多涎也。"

唐至明称其为白鱀豚。宋·孔武仲《江豚诗》："黑者江猪，白者白鱀。"明·杨慎《异鱼图赞》卷三："鱀一名鱁。喙锐，大腹，长齿罗生，上下相覆。"

异称白鱁。明·包汝楫《南中纪闻》："洞庭湖中有白鱁，稍类江豚而大过之，重者每一二千斤。白鱁有雌雄，肚下牝牡状酷类男、妇，雌者有乳二只。"鱁，鱀同音。重一二千斤之说失实。

　　贬称**馋鱼**。清·李元《蠕范·物生》:"鱀，鰑也，馋鱼也，海豚也，海豨也，鲟身鳓尾。"

　　别名**鲣（jì）鱼**。宣统《南海县志》卷四:"鱀鱼，俗作鲣鱼。"鲣，为鱀的谐音字。

　　单称**建**。清·方旭《虫荟4·海豚》:"《尔雅》云鱀是鰑，或又名建。"建为鱀的谐音字。

　　唐·陈藏器《本草拾遗》和明李时珍《本草纲目》均曾把白鱀豚误为江豚。清·郝懿行义疏正:"陈藏器、李时珍以鱀为江豚，但江豚名膊胇，即鳓鱼，见《广雅》。鱀尾似之，而体则异。郭云鳝属，体似鳣，非江豚矣。"清·方旭《虫荟》:"海豚，一名鱀……大腹尖喙。齿罗生，上下相衔。其鼻如象，生额上，能喷水……今江中时有之，大者长丈余，肉可食，味如牛肉。"

　　其为我国特产，属濒危珍稀动物，对研究动物进化有一定科学价值。我国将其列为一类保护动物，并开展了对其形态、生理、分布、发声、繁殖、保护等一系列的研究。

海　豚

海豨

　　海豚是体长不足5米的小型齿鲸的通称。体呈纺锤形，裸露无毛。前肢鳍状，尾末有水平尾鳍，多数种具背鳍。喷气孔一个，位头顶偏左。种类较多，一类口部有喙，在我国常见的有宽吻海豚、真海豚、条纹原海豚、中华白海豚等。一类无喙，常见的有江豚、镰鳍斑纹海豚、鼠海豚、灰海豚等。海豚有复杂的大脑，智力发达，学习速度快，如可驯练作各种表演、进行海底侦察、为潜水人员充当助手等。皮肤结构特殊，可消除游泳时水在动物体表产生的紊流，游速快，耗能少。有复杂的声纳系统，靠回声定位，即不停地发射超声波，凭监听超声波遇物后产生的回声来了解环境，控制行动，避开障碍，捕捉食物。皮下脂肪很厚，利其维持恒定体温。以小鱼和头足类水族为食。多为海栖，仅少数能进入淡水。但海豚温顺，不伤人，并屡有为船导航、助人捕鱼甚至海上救助落难之人的记录。

　　古称**海豨**。《文选·郭璞〈江

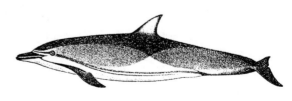

图90　真海豚

赋》》："鱼则江豚，海狶。"李善注引三国吴·沈莹《临海水土异物志》："海狶，
豕头，身长九尺。"明·李时珍《本草纲目·鳞四·海豚鱼》："海狶。时珍曰：
'海豚、江豚皆因形命名。'"陈藏器云："海豚生海中，候风潮出没。形如豚。
鼻在脑上，作声，喷水直上，百数为群。其子如蠡鱼子，数万随母而行，人取
子系水中，其母自来，就而取之。"狶（xī），古指巨大的野猪。"数万随母而
行"之说属误解。海豚为胎生，一般一胎一子。海豚喜群游，常百只千只或更
多为群。有时大群海豚蜂涌而至，渔民常称为龙兵，每遇之常退避三舍。清·徐
珂《清稗类钞·动物类》："海豚，体长八九尺，头小，口吻尖锐，其上下两颚
有圆锥形小齿五十六，背蓝黑色，腹白色，脊鳍在背之正中，形如镰，鼻孔连
合为一。产我国山东之沿海。以软体动物为食。捕之，鸣声奇异。其皮见日不
裂，经水不透，与筋骨皆可为工艺品之用，肉可食。"此应指有喙海豚，如宽
吻海豚（*Tursiops ttunctus*）等。

海豚与鸱吻。我国古代建筑房屋，屋脊两端有叫做鸱吻的陶治装饰物，就
是根据海豚的尾形设计的。例如，大雄宝殿屋顶上就有十个，正中脊两端各一个，
垂脊四个，岔脊四个。就是天安门城楼屋顶正脊的两端，也有一对，古代称为
大吻或正吻。《事物纪原》卷八引《青箱杂记》："海有鱼，虬尾似鸱，用以喷
浪则降雨。汉柏梁台灾，越巫上厌胜之法。乃大起建章宫，遂设鸱鱼之像于屋
脊，以厌火灾，即今世之鸱吻是也。"柏梁台是汉武帝元鼎二年（公元前115年）
建的皇宫，梁是柏木的，所以称柏梁台，因大火而付之一炬。武帝太初二年（公
元前103年）又在长安郊外修建豪华的皇宫，名建章宫。在建章宫修建时，广
东巫师上厌胜之法，云海里有鱼叫虬，尾巴像鸱，以尾激浪则降雨，作其像于
屋，能避火灾。这就是屋脊上的鸱吻。厌胜法是古代方士的一种巫术，谓能以
诅咒制服人或物。虬，是虬龙，古代传说中有角的小龙。鸱，古书上指鹞鹰。
有人认为指鸱鸺，古书上的鸱鸺，是凶猛的大鸟。《拾遗记》还说鲧（即禹之父）
治水无功，自沉羽渊，化为玄鱼。海人于羽山下修玄鱼祠，四时致祭。尝在此
处海里见其出水，长百丈，喷水激浪必雨降。越巫请以鸱鱼为厌火灾，今之鸱
尾即此鱼之尾也。鸱是鸟，尾是水平的。海里的鱼，尾都是垂直的。只有海豚
的尾与鸟相似，也是水平的。所以虬或蚩，就是海豚。唐·苏颚《苏氏演义》
卷上："蚩者，海兽也。汉武帝做柏梁殿，有上疏者云：'蚩尾水之精，能辟火
灾，可置之殿堂。'今人多作鸱字，见其吻如鸱鸢，遂呼之为鸱吻。"鸱鸢（chi
yuan）即鸱鸟，亦作鸱鸢。虬也有的称作蚩，后用鸱替代蚩，用鸱吻代替蚩尾。

斑海豹

鮨鱼　豽　牛鱼　海牛　海哥　骨豽兽　骨腽兽　阿慈勃他你　海狗
腽肭兽

斑海豹 *Phoca largha* Pallas，鳍脚目海豹科。体呈纺锤形，长 1.5 ~ 2 米，重 150 千克。头圆，颈短，无外耳壳，眼大。四肢鳍状，后肢恒向后伸，不能自脚踝处朝前弯，不能陆上步行，后鳍脚和尾是其主要游泳器官。全身披毛，色灰黄或炭灰，具许多黑、白小斑。平时海栖，以鱼和软体动物为食，繁殖时上陆或冰。在陆上只能向前蠕动。我国主要分布于渤海，少数达于黄海、东海。

图91　斑海豹

最早称作鮨（yì）鱼、豽（nà）。《山海经·北山经》：“［北岳之山］诸怀之水出焉，而西流注于嚣水，其中多鮨鱼。鱼身而犬首，其音如婴儿，食之已狂。”郭璞注：“音诣。今海中有虎鹿鱼及海狶，体皆如鱼而头似虎鹿猪，此其类也。”郝懿行云：“推寻郭义，此经鮨鱼，盖鱼身鱼尾而狗头，极似今海狗，本草家谓之骨（腽）肭兽是也。”《尔雅·释兽》：“豽，无前足。”非无前足，实则是前足呈鳍状。豽，古书上说的一种野兽，状似海狗，此借以称海豹。

汉代亦称**牛鱼**、**海牛**。《太平御览》卷九百三十九引《临海异物志》：“牛鱼，形如犊子，毛色青黄，好眠卧，人临上及觉，声大如牛，闻一里。”明·杨慎《异鱼图赞》卷四：“海牛鱼皮，潮信可卜，潮至毛涨，潮退则伏。”此说无据。《古今图书集成·禽虫典·杂鱼部》引《登州府志》：“海牛出文登海中，紫色无角，性捷疾，见人则飞入于海。”又引《齐地志》云：“海牛出文登海岛中，形似牛，鼍脚、鲶毛。”从“见人则飞入于海”等特点看，显然与儒艮不符，所以并非指海牛类的儒艮。牛鱼，海牛，体有毛，似牛而得名。

别名**海哥**。海豹之称最早见于宋代朱彧《萍州可谈》卷二：“海哥，盖海豹也。有斑文如豹而无尾，凡四足，前二足如手，后二足与尾相纽如一。”海哥或为海狗之音讹。《山堂肆考·鳞虫》引寇宗奭曰：“今出登、莱州，其状非狗非兽亦非鱼也。但前脚似兽而尾即鱼。身有短密淡清白毛，毛上有深青黑点，久则亦淡，腹胁下全白色。皮厚蚵（音 nù）如牛皮。”海豹系兽，并非“似兽”、“非兽”。

译称**骨肭兽、骨貀兽、阿慈勃他你**。明·李时珍《本草纲目·兽二·膃肭兽》集解陈藏器曰："骨肭兽，生西番突厥国，胡人呼为阿慈勃他你。其状似狐而大，长尾。"时珍曰："按《唐书》云：骨貀兽出辽西营州（今渤海西北海域）及结骨国……似狐之说非无也。盖似狐似鹿者，其毛色尔；似狗者，其足形也；似鱼者，其尾形也。"其实，其毛色似鹿，而足形鳍状，似鱼，尾形不像鱼。康熙《登州府志》："海豹……丛居水涯，常一豹护守，如雁奴之类。"海豹并无此习性。栖于海，形似豹，称海豹。膃肭，音译虾夷语 onnep，意肥软。明·李时珍的解释是：《唐韵》：膃肭，肥貌。或作骨貀，讹为骨讷，皆番言也。"

图92　膃肭兽（仿《古今图书集成·禽虫典》）

俗称**海狗**。清·赵学敏《本草纲目拾遗·兽部》："海狗出辽东、登州（汉、唐辖区，相当今山东蓬莱、龙口、栖霞、海阳以东地区）海中，即膃肭兽也……其地登州海口，出海狗皮，可作裘帽，俗美其称海龙，即此。其肾乃药中膃肭脐……此物昼夜栖海底，惟孳乳时登陆，产子稍大即相率入水，人不可得……海狗油。性热而降。善消利。治三焦浊逆之气。能清水脏积寒停欲。"

对海豹的猎捕和利用三国时已早有记录。三国吴·沈莹《临海水土异物志》云："出东海水中，状若鹿形头似狗，长尾。每日出即浮在水面，昆仑家（方士和"仙家"）以弓矢射之，取其外肾，阴干百日，味甘香美也。"昼夜栖海，而非栖于海底。其皮可制革，肉可食，脂肪可炼油，骨制肥，雄性生殖系统可入药，称膃肭脐，作三鞭酒，有补肾壮阳之效。海豹可养作观赏动物。北宋元祐年间有人就驯养海豹供玩赏。"其水以槛实（同置）鱼，得金钱则呼鱼，应声而出。"此鱼即海豹也。清·杨宾《柳边纪略》卷三："海豹皮出东北海中（唐开元中新罗国与果下马同贡者也）……京师人误指为海龙皮，染黑作帽。"清·徐珂《清稗类钞·动物类》："海狗出东海及宁古塔，土人跳冰而取之。"

海　狗

海驴

海狗 *Callorhinus ursinus* Linnaeus，隶于鳍脚目海狮科。体呈纺锤形，四

肢鳍状。大型雄性长约 2.5 米，重 300 余千克。和海豹的主要区别是后鳍脚能自脚踝处向前弯，能在陆止步行、跳跃。以鱼和乌贼等为食。体色灰黑，腹面橙褐，被粗毛和密厚绒毛。陆上生殖，属一雄多雌型，一头大型雄性可控制几到上百只雌兽。其皮为珍贵毛皮，不亚于貂皮。雄性生殖系统可入药，称腽肭脐，有壮阳补肾之效。

图93　海狗

《广东通志·海狗》云：“海狗纯黄，形如狗，大如猫，常群游，背风沙中，遥见船行则没海，渔以技获之，盖利其肾也，医工以为腽肭脐云。”海豹、海狗，过去虽统称海狗或腽肭兽，但主要应指海豹，因其数量多。海狗主要分布于北方康曼多群岛等地，少数来游我国沿海。据李时珍云“脚高如犬走如飞”，应是指海狗。古时海狗有海驴之俗称。明·李时珍《本草纲目·兽部一·驴》：“东海岛中出海驴，能入水不濡。”孔平仲《望海亭》诗：“海中百怪所会聚，海马海人并海驴。”有人疑指北海狮或加州海狮（*Zalophus californianus*），但后者我国至今尚无记录。北海狮（*Eumetopia jubatus*）在我国偶有捕获，且古称海驴。其体魄大，长近 3 米，重达 1 000 余千克，色黄褐，主要分布阿留申群岛等地。按“入水不濡”推断，应指海狗，因北海狮体无绒毛，不可能入水不濡。

儒　艮

陵鱼　鲮鱼　人鱼　和尚鱼　海蛮师　海和尚　海女　䶂　鳀鱼　西楞

儒艮 *Dugong dugon* Müller，隶于海牛目儒艮科。体肥胖，长者达 4 米，重 1 000 余千克。吻短而钝，口腹位。眼小，颈短。前肢鳍状，后肢消失，尾末有铲状尾鳍。皮甚厚，被稀疏硬毛和绒毛。其肉可食，酷似小牛肉，油可入药，皮可制革。分布很广，主要是热带海域，我国主要见于南海、东海。英文名 dugong 或 sea pig。

古称**陵鱼、鲮鱼、人鱼、和尚鱼**等。《山海经·海内北经》曰：“陵鱼人面手足，鱼身，在海中。”两栖类中的鲵鱼古时也被称作人鱼，但它仅栖于淡水。因此，此“在海中”的陵鱼应指儒艮。《楚辞·天问》：“鲮鱼何所？”刘逵注《吴都赋》引作“‘陵鱼曷止（即停住不动）’，即人鱼也。”陵与人音很近。明·胡世安《异鱼图赞补》卷中:"《海内北经》云:东洋大海有和尚鱼,状如鳖,其身红赤色,从潮水而至。"《三才图会》也有相同记载。和尚鱼一般指儒艮,但"状如鳖,身红赤"又与儒艮特点不符。

图94　西楞鱼(仿清·南怀仁《坤舆图说》卷下)

三国至明清时期仍称其**人鱼**,还称**海蛮师**。三国·沈莹《临海异物志》:"人鱼,似人,长三尺,不可瞰。"唐·郑常《洽闻记》:"海人鱼状如人,眉目口鼻手爪,皆为美丽女人,皮肉白如玉,发如马尾,长五六尺。"宋·沈括《梦溪笔谈·异事》:"嘉佑(1056～1063)中,海州渔人获一物,鱼身而首如虎,亦作虎文。有两短足在肩,指爪皆虎也,长八九尺,视人辄泪下,升至郡中,数日方死。有父老云,昔年曾见之,谓之海蛮师。"这些记述都将儒艮过于人格化,和美人鱼的传说相似,失真。明代有些记述则更甚之。明·李时珍《本草纲目·鳞四·鳜鱼》引宋·徐铉《稽神录》云:"谢仲玉者,曾见妇人出没水中,腰以下皆鱼,乃人鱼也。"又引《徂异记》云:"查奉道使高丽,见海沙中一妇人,肘后有红鬣。问之,曰:人鱼也。"

拟人称**海和尚**、**海女**。清·屈大均《广东新语》卷二十二云:"人鱼雄者为海和尚,雌者为海女。"

称**鲵**(yī)**鱼**、**魜**(rén)。《正字通·鱼部》:"魜(音人),按鲵鱼,即海中人鱼。眉、耳、口、鼻、手、爪、头皆具,皮肉白如玉,无鳞,有细毛,五色,发如马尾,长五六尺,体亦长五六尺。临海人取养池沼中,牝牡交合与人无异,亦不伤人。郭璞有人鱼赞,鱼加人作魜。"对其交配方式的记述更明确此人鱼即儒艮。

别名**西楞**。清·南怀仁(西人)《坤舆图说》卷下有西楞一称:"大东洋海产鱼,名西楞。上半身如男女形,下半身则鱼尾。其骨能止血病,女鱼更效。"此亦应指儒艮,但描述失真。"西楞"似是海牛目拉丁名 Sirenia 的音译。

它以海洋植物为食,类牛,称海牛。胸部鳍肢后腋下各有一乳房,其状类人,因以得名人鱼或美人鱼。见于我国海域的海牛称儒艮,是马来语 dū yung 音译而来。

海獭与水獭

海獭　水獭　水狗　獭　水猫　鱼獭　狸奴　猵狙　獱　猵

海獭 *Enchydra lutris* Linnaeus，食肉目鼬科。栖息于海，体长 1.5 米左右，重近 50 千克。头小，躯干肥圆，后部细，形似鼬鼠，眼小。前肢小而裸，适于把握食物，后肢扁平呈鳍状，适于游泳。被密厚绒毛，深褐色。喜仰游，嗜吃蟹、海胆、鲍等动物。主要分布于北太平洋。其毛皮非常珍贵。俗称猎虎、海虎、海龙。

图95　海獭

宋·范成大《桂海虞衡志》："海獭生海中，似獭而大，毛着水不濡。"明·李时珍《本草纲目·兽部二·海獭》 集解 引藏器曰："海獭生海中。似獭而大如犬，脚下有皮如人胼拇，毛着水不濡。人亦食其肉。"时珍曰："大面小獭，此亦獭也。今人以其皮为风领，云亚于貂焉。"清·郭柏苍《海错百一录》卷五："海獭，其肉腥臊，海人剥其皮为帽、为领。但南风发潮易烂而不蛀。"獭，字从赖，意依靠，依赖，《方言十三》："赖，取也。"海獭依海而栖。

水獭 *Lutra lutra* Linnaeus，食肉目鼬科。栖于江河湖沼的岸边，穴居于土坡上的灌丛中或岩石间。头躯干长约 70 厘米，尾长 46 厘米。毛色深褐，听觉、嗅觉灵敏。通常昼伏夜出，善于奔驰、游泳及潜水。食物以鱼类为主，亦吃蛙、野鼠等。易驯养，毛皮珍贵。俗称土拨鼠。

古称水狗。《广雅·释兽》："獭，一名水狗。"《孟子·离娄上》："故为渊殴鱼者，獭也。"殴 gū，同驱。《说文·犬部》："獭，如小狗，水居食鱼。从犬，赖声。"宋·陆佃《埤雅·释兽》："獭，似狐而小，青黑色，肤如伏翼，水居食鱼……獭取鲤于水裔上，四方陈之，进而弗食，世谓之祭鱼。"水裔（yì）意水边。獭为渔业养殖之害。《淮南子·兵略》："夫畜池鱼者必去猵獭。"汉·高诱注："猵，獭之类，食鱼者也。"

代称水猫。清·李元《蠕范》卷四："獭，水狗也，水猫也，似狐而小……能知水性为穴。"

别名鱼獭。南朝宋·刘敬叔《异苑》卷一："永宁县涛山有河，水色红赤，有自然石桥，多鱼獭异禽。"鱼獭，亦指水獭皮。

喻称**狸奴**。五代·王仁裕《玉堂闲话》："狸奴，獭也。"

异称**猵狙**（biān dàn）。《庄子·齐物论》："猿，猵狙以为雌。"按："猵狙，獭也，獭无偶，故以猿为妇。"此说误。

单称**猵**、**獱**。明·李时珍《本草纲目·兽二·水獭》 释名 水狗"时珍曰：'……其形似狗，故字从犭，从赖。大者曰獱，音宾，曰猵，音编。'"又 集解 时珍曰："獭状似狐而小，毛色青黑，似狗，肤如伏翼，长尾四足，水居食鱼。能知水信为穴，乡人以占潦旱，如鹊巢知风也。古有'熊食盐而死，獭饮酒而毙'之语，物之性也。"猵，《说文·犬部》："猵，獭属。从犬，扁声。獱，或从宾。"獱古同猵。獭又称猵獭，简称獱或猵。

南朝宋·东阳无疑《齐谐记》云："魏徐邈善画。明帝（三国魏明帝曹睿）游洛水，见白獭，爱之不可得。邈曰：獭嗜鲻鱼，乃不避死。遂画板作鲻悬岸。群獭竞来，一时执得。帝曰：卿画何其神也。"《元史·英宗纪》：英宗三年"征东末吉地兀者户，以貂鼠、水獭、海狗皮来献，诏存恤三岁。"

古人利用水獭嗜吃鱼的特点，驯养其捕鱼，称水獭渔业。唐·段成式《酉阳杂俎》："元和末，均州郧乡县有百姓年七十，养獭十余头，捕鱼为业，隔日一放。将放时，先闭与深沟斗门内，令饥，然后放之，无网罟之劳，而获利相若。老人抵掌呼之，群獭皆至，缘襟籍膝，驯若守狗。"

附：淡水脊椎动物选辑

鱼类

鲤　鱼

鳣　赤骥　青马　玄驹　白骐　黄雅　琴高鱼　白骥　三十六鳞　六六鳞　六六鱼　赤鲜公　稚龙　赤鲤　朱砂鲤　鲤　李本　跨仙君子　世美公　键鱼　赤稍　桃花春　时鲤　红鲤　王字鲤　鱼王　点额鱼　文鲤　三色鲤　頳鲤　大头鲤　柏氏鲤　磔鱼

　　鲤 *Cyprinus carpio* Linnaeus，隶于鲤形目鲤科。体侧扁，腹部圆，长一般30～60厘米，偶有越1米者，重者3千克。口端位，触须二对。体背绿褐，腹面银白。侧线鳞33~36片。杂食性，分布广。

　　称鲤，始于先秦典籍，并沿用至今。《诗·陈风·衡门》："岂其食鱼，必河之鲤。"又《小雅·六月》："饮御诸友，炰鳖脍鲤。"炰同炮，急火烹煮鳖肉；脍鲤，用切细的鲤鱼片做成的佳肴。所谓"金盘脍鲤鱼"。又《鱼丽》："鱼丽于罶，鲿鲤。"《尔雅》释鱼，以鲤冠篇，足见其重要性。鲤鱼一称缘于其鳞。明·李时珍《本草纲目·鳞三·鲤鱼》："鲤，鳞有十字文理，故曰鲤。"《埤雅·释鱼》："鲤，里也。"

　　古称鳣（zhān）。《说文·鱼部》："鲤，鳣也，从鱼里声。"鳞有纹理，称鲤。鳣为鲟，以其释鲤，不妥。

　　代称赤骥、青马、玄驹、白骐、黄雅（zhuī）。旧题唐·陆广微撰《吴地记》中记有琴高乘鲤鱼登仙的神话传说。说当地有法海和琴高两人，

鲤鱼图

图96　鲤鱼（仿《古今图书集成·禽虫典》）

在东皋种地，见一长丈余的鲤鱼，有角有足又有翼，琴高骑上去，鲤鱼便振翼高飞，冲天而去。所以，晋代给不同体色之鲤命以不同的马名。晋·崔豹《古今注·鱼虫》："兖州人呼赤鲤为赤骥，谓青鲤为青马，黑鲤为玄驹，白鲤为白骐，黄鲤为黄雅。取马之名，以其灵仙所乘，能飞越江湖故也。"鲤被视为龙，仙人坐骑，飞跃龙门。《埤雅·释鱼》："俗说鱼跃龙门过而为龙唯鲤，或然亦其寿有至千岁者……殆亦龙类，是以仙人乘龙，或骑鲤乃至飞越山湖。"《列仙传》："子英者，舒乡人也，善入水捕鱼。得赤鲤鱼，爱其色，持之着池中，数以米谷食之，一年，长丈余，遂生角，有翼。子英怪异，拜谢之。鱼言：'我来迎汝，汝上背，与汝俱升天。'即大雨。子英上其鱼背，腾升而去。"神话而已，不足为凭。鲤鱼马名，合者甚寡。鲤鱼性活跃，每逢春江水涨，总是迎急流，跃险滩，寻找良好的场所产卵。这种习性也是鲤跃龙门传说形成的诱因。唐·章孝标《鲤鱼》诗："眼似真珠鳞似金，时时动浪出还沉。河中得上龙门去，不叹江河岁月深。"

代称**琴高鱼**，亦省称琴高。宋·黄庭坚《送舅氏野夫之宣城》诗："霜林收鸭脚，春网荐琴高。"鸭脚，银杏。又陆游《冬夜》诗："一掬琴高鱼，聊用荐夜茶。"

代称**白骐**（jì）。清·蒲松龄《聊斋志异·白秋练》："会有钓鲟鳇者，得白骐。生近观之，巨物也。"何垠注："兖州人呼白鲤为白骐。"骐与骥皆意马。

戏称**六六鳞**。《梦溪笔谈》云："鲤鱼当胁一行三十六鳞，鳞有黑文如十字，故谓之鲤。"鲤侧线鳞三十六，是唐代陈藏器首先发现："鲤鱼，从脊当中数至尾，无（论）大小，皆有三十六鳞。（宋·唐慎微《重修政和经史证类本草》卷六）"《神农书》也记载："鲤为鱼王，无（论）大小，脊旁鳞皆三十有六。鳞上有小黑点，文有赤黄白三种。"鲤因此而获有"六六鳞"之美称。宋·陆游《九月晦日作》诗："锦城谁与寄音尘，望断秋江六六鳞。"

三十六鳞。唐·卢仝《观放鱼歌》："老鲤变化太神异，三十六鳞如抹朱。"《埤雅·释鱼》："鲤三十六鳞，具六六之数，阴也，"《学林》："二四为六六者，老阴之能变者也。鲤三十六鳞六六之数也，能神化。"六在《易经》中称老阴。阴对阳，互相转化。老阴是至极之阴将转阳。老阴之鲤，蓄势待变。但变至今日，鲤还是鲤。

六六鱼。宋·宋祁《祗答太傅邓国张相公》诗："君轩恋结萧萧马，客素愁凭六六鱼。"

唐代隐称**赤鲜公**。唐·段成式《酉阳杂俎·鳞介篇》："国朝律，取得鲤鱼即宜放，仍不得吃，号赤鲜公，卖者杖六十，言李为鲤也。"宋·方勺《泊宅编》："唐律禁食鲤，违者杖六十。岂非李鲤同音，彼自以为后裔出。老君不敢斥言之，至号鲤为赤鲜公。"一则认为鲤鱼给唐朝带来兴盛的征兆。《海山记》："炀帝在西苑，一日，洛水渔者获生鲤一尾，金鳞赪（chēng，红色）尾，鲜明可爱。炀帝问渔者之姓，姓解，帝以朱笔于鱼额上题解字，以记之，放之北海中。后帝幸北海，其鲤已长丈余，浮水见帝不没。帝与萧后及诸院妃嫔同看鱼之额，朱字尚存，惟解字无半，尚隐隐角字存焉。萧后曰：'鲤有角，龙也。'"暗含鲤（李，唐帝姓）是龙。《广五行志》曰："隋炀帝三月三日江上作凤媚歌，乃唐兴之兆。隋炀帝《凤媚歌》：'三月三日向江头，正见鲤鱼波上游，意欲垂钓往撩（挑弄）取，恐是蛟龙还复休。'"唐·段成式《酉阳杂俎》："道书以鲤鱼多为龙，故不欲食。"二则因鲤与皇帝李姓同音，他自以为是老君后裔，又不敢明言直说，排号到鲤就叫它"赤鲜公"。老君就是老子，道教最高神明之一，据说母亲怀孕72年所生，生而白发，所以取名老子，又因是生于李树之下，所以姓李，叫李耳。唐代皇室以为自己与老子同姓，崇奉老子为太上老君。鲤被当成龙，被禁食，甚至养殖，捕捞，销售均被禁止。鲜为草鱼古称，似鲤，故借为鲤称，讳其鲤与李同音也。

美称**稚龙**。《采蓝杂志》："鲤鱼一名稚龙。"汉·辛氏撰《三秦记》中说："大禹所凿之龙门，其水急千仞，鱼鳖之属莫能上达，惟有河鱼之长之鲤，能跳龙门，上则成龙。"

美称**赤鲤**。唐·杜甫《观打鱼歌》云："绵州江水之东津，鲂鱼泼泼（鱼甩尾状）色如银。鱼人漾舟沉大网，截江一拥数百鳞。众鱼常材（即普通之材）尽却弃，赤鲤滕出如有神。"元·李祁《题赤鲤图》："风翻雷吼动干坤，赤鲤腾波势独尊。无数闲鳞齐上下，欲随春浪过龙门。"宋·马永卿《懒真子》："鄱阳湖水连南康江一带，至冬深水落，鱼尽入深潭中。土人集船数百艘，以竹竿搅潭中，以金鼓振动之，候鱼惊出，即入大网中，多不能脱。惟大赤鲤鱼能跃出至高丈余，后入他网中，则不能复跃矣，盖不能三跃也。故禹门化龙者，是大赤鲤鱼，他鱼不能也。"

朱砂鲤。唐·段成式《酉阳杂俎》："句容赤砂湖出朱砂鲤，带微红，味极美。"

单称**鲏**（bǐ）。《康熙字典·鱼部》引《博雅》："黑鲤谓之鲏。"鲏（音bēi），卑。

拟称**跨仙君子**、**世美公**。宋·毛胜《水族加恩簿》："李本，亦授跨仙君子、世美公。"

异称**键鱼**。宋·陆佃《埤雅·释鱼》引《神农书》称："鲤为鱼之主。虽困鳞，以盘水养之，不反白，盖键鱼也。"盘水指静止的水。

代称**赤稍**、**桃花春**、**时鲤**。《古今图书集成·禽虫典·鲤鱼部》引《丹徒县志》："鲤出江中者谓之赤稍。"又《万安县志》："有鲤名桃花春，桃盛开则鱼多而味美。又谓之时鲤，以因时而生也。"

美称**红鲤**。清·陈维崧《愉声木兰花·怀戴无忝客成都》诗："竹郎祠畔红棉好，濯锦江头红鲤少。"

美称**王字鲤**。《格致镜原·水族二》引宋·陶谷《清异录》云："鲤鱼多是龙化，额上有真书王字者，名王字鲤。"此说无据。

拟称**鱼王**。清·李元《蠕范·物体》："鲤……鱼王也，稚龙也。黄者每岁季春逆流登龙门山，天火自后烧其尾，则化为龙。"此说无据。

别名**点额鱼**。唐·白居易《点额鱼》诗："龙门点额意何如，红尾青鬐却返初。见说在天行雨苦，为龙未必胜为鱼。"

别名**文鲤**。唐·李公佐《谢小娥传》："或一日，春携文鲤兼酒诣兰。"

三色鲤，是说同一种鲤鱼，在同一条江里的三个江段内呈现三种颜色。《直省志书·余姚县》："鲤分三色。自出黄山港至汪姥桥，曰姚江，其鲤口尾青；自桥而西至西石庙，曰舜江，其鲤口尾赤；自庙而西，曰蕙江，其鲤口尾白而微黄。共在一水中而分界不乱。"明·皇甫方《三色鲤》："三江横贯两城中，同是潜鳞色不同。"

双鲤鱼含义。汉·古乐府《饮马长城窟行》："客从远方来，遗我双鲤鱼。呼童烹鲤鱼，中有尺素书。"双鲤鱼是指寄信的信封形状像鲤鱼，后因以鲤鱼作书信的代表；尺素书是指古代写文章用的绢帛，通常长一尺，故称尺素。至于鲤鱼中有尺素书，是比喻隐秘之意。明·顾元庆《夷白斋诗话》："古诗有'客从远方来……中有尺素书'，鱼腹中安得有书，古人以喻隐密也。鱼，沉潜之物，故云。"清·陈大章《诗传名物集览》："说者谓古人多于鱼腹寄书，非也。古者尺素结为鲤形即缄耳。烹鱼得书，亦譬况之言，非真烹也。"

鲤鱼肉质细嫩，味道鲜美，尤以黄河鲤鱼为佳，鲤鱼脍尤妙，人们都爱吃。古谚说："洛鲤伊鲂，贵于牛羊。"即洛河的鲤鱼和伊河的鲂鱼（鳊鱼），被称为中原名鱼，有些地方还叫它拐鲤子、鲤子等。唐·夏彦谦《夏日访友》诗，纪录了主人用生鲤鱼片待客的情形："春盘擘紫虾，冰鲤斫银鲙。荷梗白玉香，荇菜青丝脆。腊酒击泥封，罗列总新味。"擘（bò），分开、剖裂；荇菜，多年生水生植物；腊酒，指腊月（农历十二月）里自酿的米酒。宋·梅尧臣《设脍示坐客》诗："汴河西引黄河枝，黄流未冻鲤鱼肥。随钩出水卖都市，不惜百金持于归。"刚出水上市的鱼，要用百金去买。唐代禁食鲤鱼之令并没有被认真执行，平民百姓甚至政府官员都照吃鲤鱼不误。唐诗里有许多有关捕食鲤鱼的诗歌。王维在《洛阳女儿行》诗中写道："良人玉勒乘骢马，侍女金盘脍鲤鱼。"白居易在苏州刺史任上，到松江亭观赏打鱼，吃鲤鱼。《松江亭携乐观渔宴宿》："朝盘鲙红鲤，夜烛舞青娥"。即白天吃生鲤鱼片，晚间看歌妓跳舞。

鲤鱼不仅是美味佳肴，还有很大医疗作用。李时珍在《本草纲目》中说："鲤乃阴中之阳，其功长于利小便，故能消肿胀、黄疸、脚气、喘嗽、湿热之病。"

鲤鱼的适宜性强，能耐寒、耐碱、耐缺氧，杂食性，分布广，生长快，重者可达 3 千克。所以，早在 2400 多年前，鲤鱼就成了我国的养殖对象，它是我国淡水鱼类中总产量极高的一种。《神农书》称："鲤为鱼之主。"旧题周·范蠡《养鱼经》："朱公居陶，齐威王聘朱公，问之曰：'闻公在齐为鸱夷子，在西戍为松子，在越为范蠡，有诸？'曰：'有之。'曰：'公居足千万，家累亿金，何术乎？'朱公曰：'治生之法有五，水畜第一，水畜所谓鱼池也。以六亩地为池，求怀子鲤鱼，长三尺者二十头，牡鲤鱼长三尺者四头，以二月上庚纳池中，令水无声，鱼必生……至来年二月，得鲤鱼长一尺者一万五千枚，三尺者四万五千枚，二尺者万枚。枚直五十，得钱一百二十五万……所以养鲤者，鲤不相食，易长又贵也。"鸱夷，皮制的口袋；鸱夷子皮，是范蠡治产经商时用的名字；松子，隐士；不相食，就是同类不相残。

　　宋朝以后，欧洲人来华，将我国鲤鱼养殖移植奥地利，后由奥传播到其他国家。鲤鱼养殖，几遍全球。我国还培育出许多鲤鱼养殖品种，如"镜鲤"、"革鲤"、"荷包鲤"、"红鲤"等。

　　大头鲤 *Cyprinus pellegrini* Tchang，亦称柏氏鲤。头大而宽，体长 40 厘米，重 2 千克。鳞大，体背灰黑，腹部银白。分布于云南盘江水系的星云湖和杞麓湖，喜栖于湖泊中央、水深而清处中上层，以浮游生物为食。肉嫩味美，含脂量多，是产区上等鱼类。

　　古称碌鱼。《古今图书集成·禽虫典·杂鱼部》引《澂江府志》云："碌鱼出星云湖，形似鲤而首巨，极肥美，俗呼大头鱼。"碌，平庸，庸碌，碌鱼，意普通之鱼。头大，而称大头鲤。

四大家鱼——青草鲢鳙

青鱼　鲭　鳉鱼　青鲲　乌鰡　青波鱼　溪鱼　大麦青　五侯鲭　草鱼　鲩
鮅　鳗　鲲　鮸　草鲩　鳟　鲜子　鲢鱼　鲌　秃尾　鸨鶄　胡鳙　白鲦　严鱼
鳙　白扁　白苏　连鱼　鳙鱼　黑包头鱼　鳜鱼　皂鲢　红鲢　青鲢　兀鱼
鳙　黑鲢　鲢胖头　花鲢　包头鱼　鳊头　大头　乌苏　鳏

　　青鱼 *Mylopharyngodon piceus*（Richardson），鲤形目鲤科。体略呈圆柱状，常见个体重 15~20 千克，重者达 70 千克。头稍平扁，口端位，咽喉有齿，臼齿状，适于捕食蚌、螺蛳、蛤蜊等动物。体背青黑，腹部乳白。主要分布于长江以南，华北较少。因其体似鲩，方言黑鲩、青鲩、乌鲩、青鲭、铜青、螺蛳青、青棒、乌鰡等。

　　古称鲭、鳔（lóu）鱼。青鱼因体色而得名。唐·王昌龄《送程六》诗："冬

夜伤离在五溪，青鱼雪落鲙橙
齑。"明·李时珍《本草纲目·鳞
三·青鱼》："青亦作鲭，以色
名也，大者名鲩鱼。苏颂曰：'青
鱼生江湖间，南方多有，北地
时或有之，取无时。似鲩而背
正青色。'"取无时意一年四季
都能捕得到。明·顾起元《鱼品》：

图97 青鱼

"江东，鱼国也。为人所珍者，自鲥鱼、刀鲚、河魨外……有青鱼。"

别名**青鲲**。《文选·晋·潘岳〈西征赋〉》："于是弛青鲲于网钜，解赪鲤
于黏徽。"唐·李善注："鲤、鲲，二鱼名。《说文》曰：'黏，相着也。'……
又曰：'徽，大索也。'言鱼黏于网，故曰黏徽也。"吕向注："徽，纲也。"

俗名**乌鰡**。《正字通·鱼部》："鲭……即青鱼，俗呼乌鰡。"明·屠本畯《闽
中海错疏》卷上："乌鰡，形似草鱼，头与口差小而黑色，食螺。"乌，黑色；
鰡，从溜，意鱼体圆溜如棒。鲩，草鱼。铜，同筒，铜青，其体圆如筒；青棒，
体如棒。鲩字从娄，乃鰡之音讹。

俗名**青波鱼**。清·邓仁垣《会理州志》："鲭，别名鲩，曰鳒，曰乌鰡……
俗呼青波鱼。"青波鱼，亦为"中华倒刺鲃"之俗称。

方言**溪鱼**。清·汪曰桢《湖雅》："青鱼，双林志俗名溪鱼。"溪鱼，也是
栖息于小溪里的鱼之泛称。

代称**大麦青**。光绪《重修常昭合志》："（鲭）府志出常熟海道，麦熟时至，
俗呼大麦青，腴莫及焉。"

代称**五侯鲭**。明·杨慎《异鱼图赞》："江有青鱼，其色正青。泔以为酢，
曰五侯鲭。"泔，米泔，也作烹调之意解释；"酢"即古"醋"字；五侯鲭，出
自《西京杂记》卷二。汉成帝封娘舅王谭等五人为侯，称五侯。五侯不和，能
言善辩的娄护，历游五侯之门，五侯赐家珍膳给他，他将其烹饪成杂烩，称五
侯鲭。后世称美味佳肴为五侯鲭。

青鱼的肉颇佳，嫩而鲜美，蛋白质含量超过鸡肉，经常食用有补胃醒脾、
益智强心等功效，还能治脚气、湿气、烦闷、疟疾、血淋等症，是淡水鱼类中
的上品。清·王士雄《随息居饮食谱》："唯青鱼为最美，补胃醒脾，温运化食。"
南人多以作鲊，即加盐等调料腌渍及糟鱼类。唐·王维《赠吴官》："江乡鲭鲊
不寄来，秦人汤饼那堪许。"江乡，古国名，相当今之河南正阳西南。《南史·临
川静惠王宏传》："宏……纵恣不悛（quān，悔改），奢侈过度……好食鲭鱼头，
常日进三百。"宏即梁临川静惠王宏，为扬州刺史。

此系我国重要的淡水渔业资源，四大家鱼之一，也是湖泊和池塘中的主要养殖对象。生长迅速，二至三龄鱼，体重就达 3~5 千克，现已被引入世界的其他许多国家。

宋·叶绍翁《四朝闻见录·秦夫人淮青鱼》："宪圣召桧夫人入禁中赐宴，进淮青鱼。宪圣顾问夫人：'曾食此鱼否？'夫人对曰：'食此久矣，又鱼视此更大且多，容臣妾翌日供进。'盖桧方秉权诸道，诣奉逾于上贡也。夫人归，亟以语桧，恚之曰：'夫人不晓事。'翌日，遂易糟鲑鱼大者数十枚以进。宪圣笑曰：'我便道是无许多青鱼，夫人误尔。'"意思说，宪圣（宋高宗的吴皇后）以青鱼宴请秦桧夫人，问夫人是否吃过此鱼？夫人说吃过，比这大，明天送些鱼过来。桧妻归家告知秦桧，秦怨她不懂事，这等于告诉皇后，送到相府的贿赂比进贡给皇家的还要好。于是第二天，秦选了数十条用绍兴酒烹调好的草鱼送到宫中。宪圣一看，笑夫人错将草鱼认为青鱼。由此足见秦桧之狡诈和青鱼之可贵。

草鱼 *Ctenopharyngodon idellus*（Cuvier et Valenciennes），鲤形目鲤科。体呈亚圆柱形，六龄鱼长近 1 米，重 12 千克，最大重 35 千克。头宽平，口端位，咽喉齿扁平梳状，鳞中大。体色茶黄，腹部灰白。草食性，以苦草等植物为食。分布广，栖于江河、湖泊中下层，性较活泼。方言称鲩、白鲩、混子、鳡，东北称草根、草青等。

古称鲩（huàn）、鰀（huàn）。《尔雅·释鱼》："鲩。"郭璞注："今鰀鱼，似鳟而大。"

亦称鰀（huàn）。《集韵·上缓》："鰀，鱼名。或作鲩、鰀。"明·李明珍《本草纲目·鳞三·鲩鱼》："鲩……郭璞作鰀。其性舒缓，故曰鲩，曰鰀，俗名草鱼，因其食草也。"清·徐珂《清稗类钞·动物类》："鰀，可食，形长身圆，颇似青鱼，而色微灰，江湖中处处有之，食草，亦谓之草鱼，又作鲩。"清·李元《蠕范·物性》："鰀，鲩也，鰀也，草鱼也。似鳟而大，形长身圆，肉厚而松，有青白二色。其性舒缓。"此处的青色者应指青鱼。

单称鲲。明·屠本畯《闽中海错疏》："鰀，色微黑，一名鲲。"鲲，原为古代传说中的大鱼，此借以为草鱼别名。

异称鯇（huàn）、草鯇。清·应先烈《常德府志·物产》："鯇，其形似鲤，青黑色，土人畜于池，饲以草，又名草鯇。"按："鯇"为"鲩"的异体，二字音义均同。

又称鱣。清·方鼎《晋江县志》："草，一名鲩，又名鱣，似鲻身圆而长，以其畜于池塘，饲之以草，故名。"

代称鰀子。清·金吴澜《昆新两县续修合志》："鲩，一名草鱼，又名鰀子。"

草鱼，因食草而得名。鰀、鯇，均有圆之意，述草鱼体圆如棍；鲩，古缓字，与鰀，皆意性舒缓，草鱼虽也算活泼，但与鲢鱼等相比较就显舒缓。

因草鱼食料简单，鱼苗来源容易，生长快，肉味佳，已人工繁殖成功，向来为我国主要养殖和放养的对象。我国很早就人工养殖，唐代末期在广东有将荒田筑埂，灌以雨水，放养草鱼一二年，以清除野草的记载。草鱼还常和鲢、鳙鱼混养。生长快，一冬龄鱼体长就达 34 厘米，重约 750 克。草鱼肉质细嫩，食而不腻，骨刺又少，很适合切花刀制作菊花鱼等佳肴。其营养也很丰富，常吃草鱼肉有抗衰老和养颜的作用，对肿瘤还有一定的防治作用，颇受人们的喜爱。自 1958 年人工繁殖成功后，以其食性和觅食手段独特，被当做'拓荒者'，已被引入到亚、欧、美、非各大洲的许多国家。本来是我国的家鱼，现已发展成世界许多国家的家鱼了。

鲢鱼 *Hypophthalmichthys molitrix*（Cuvier et Valenciennes），鲤形目鲤科。体侧扁，大型个体重达 35 千克。头大，吻圆钝。鳃耙连成多孔膜质片，适于滤食浮游生物。中上层鱼，性活泼，喜跳跃。生长快，分布广。方言有洋胖子、连子鱼、胖子、苏鱼，东北和北京等地称其为胖头鱼，因其大头占体长 1/4 之故，珠江称其为扁鱼。

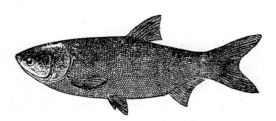

图98　鲢鱼

称鲢（xù），始见于先秦典籍。《诗·大雅·韩奕》记述道："孔乐韩土，川泽吁吁，鲂鲢甫甫。"吁吁，广大貌；甫甫，大，多也。意为孔子住在韩地很欢乐，川泽水泊广又大，鲂鱼和鲢鱼肥又肥。"夫鲢，不美鱼也，而何足特称以为韩土之乐？盖言川泽之善者，以其美恶之并蓄。鲂美而鲢不美，今皆甫甫，然则其土之乐可知矣。（《尔雅翼·释鱼一》）"就是说，虽然鲂好而鲢不好，但在韩地的辽阔江河里，鲂和鲢的数量都很多，是因其优劣并蓄之故，可见韩地之好。《诗·齐风·敝笱》："敝笱在梁，其鱼鲂鲢。"笱，捕鱼竹笼；梁，河中筑起的堤坝，中有过水口，渔具置其中可捕鱼。《广雅·释鱼》："鲢，鲢也。"

方言**秃尾**。唐·杜甫《观打鱼歌》："徐州秃尾不足忆，汉阴搓头远遁逃。鲂鱼肥美知第一，既饱欢娱亦萧瑟。"钱谦益注："徐州谓之鲢或谓之鳙，殆所谓徐州秃尾也。"

鸮鸺（xiāo hóu）、**胡鳙**。明·毛晋《毛诗陆疏广要》云："鲢似鲂，厚而头大，鱼之不美者。故俚语曰：'网鱼得鲢，不如啖茹。'（茹 rú，蔬菜的总称）。其头尤大而肥者，徐州人谓之鲢或谓之鳙，幽州人谓之鸮鸺（hou）或谓之胡鳙。"明·李时珍《本草纲目·鳞三·鲢鱼》时珍曰："酒之美者曰酎，鱼之美者曰鲢。陆佃云，鲢好群行相与也，故曰鲢；相连也，故曰鲢。鲢鱼，处处有之。状如鳙而头小，形扁，细鳞，肥腹，其色最白。故《西征赋》云：华鲂跃鳞，素鲢扬鬐。"

方言**白鲢**。明·彭大翼《山堂肆考》："鲢鱼似鲂而长。北土呼为白鲢，徐州人谓之鲢。"

俗称**严鱼**。清·邓仁垣《会理州志》："鲢，一名鲢鱼……俗呼严鱼。"严，鲢的近音字。

方言**鳙、白扁、白苏**。清·马呈图《高要县志》："鲢，俗呼作鳙……身扁而白，故俗呼白扁，又曰白苏。"鳙，与鲢同音；白苏，原为植物名，用作鱼名系方言。

亦称**连鱼**。清·童岳荐《调鼎集·水族有鳞鱼·连鱼》："（连鱼）喜同类相连而行，故名。"

鲢好结群而行，彼此联系紧密，所以称鲢、鲢。鲢，制字从连；鲢，制字从与，合起来表偕同、朋友，述其性喜群行。因其体色银白，故称白鲢。胡鳙，胡有大之意。

因饵料易得，生长迅速，二至三龄鱼，体重可以从 1 千克增至 4 千克，抗病能力强，很早就人工养殖。人工繁殖成功后，产量颇高。明·顾起元《鱼品·江东鲢》云："江东，鱼国也，有鲢，头巨而身微，类鳖。鳞细，肉颇腻，江南人家塘池中多种之，岁可长尺许，俗曰此家鱼也。"明·胡世安《异鱼图赞补》云："白鲢，鱼之贵者，爰有白鲢。纳池白露，违时则朘。"爰（yuán），于是。朘，（juān），减少。明·黄省曾《养鱼经》云："鲢乃鱼之贵者。白露左右始可纳之池中。或前一月，或后一月，皆不育。"

鲢鱼肉细腻，但刺细小而多，有丰富的胶质蛋白，有健身美容之功效，对皮肤粗糙，头发干脆易脱落等症有疗效，是女性滋养肌肤的良好食品。唐·郑璧曾诗云："镬中清炖鲢鱼头，天味人间有。"郑板桥诗曰"夜半酣酒江月下，美人纤手炙鱼头。"都对鲢鱼大加赞扬。有些地区民间就流传有"鲢鱼吃头，青鱼吃尾，鸭子吃大腿"的谚语。鲢鱼是颇受人们喜爱的美味而优秀的食用鱼，多少年来在我国淡水鱼类养殖中一直昌盛不衰，甚至移植国外。

鳙鱼 *Aristichthys nobilis*（Richardson），鲤形目鲤科。体侧扁而高，重可达 45 千克。头大，可占全长 1/3。吻钝，口阔，鳃耙细密，鳞小。体背微黑，腹部灰白。栖于流水或静水域，以浮游藻为食，分布较广。方言胖头鱼、黑鲢、花鲢、黄鲢，珠江称松鱼。

鳙鱼一称首见于宋代典籍，并沿用至今。《史记·司马相如列传》："魾鳙鳞离，鰝鳙鳑魠。"郭璞曰：'鳙似鲢而黑。'"《埤雅·释鱼》云："鳙，庸鱼也。故其字从庸，盖鱼之不美者……而鳙读曰慵者，则又以其性慵弱而不健，故也。"鳙，是以习性平庸而得名。

先秦时代称**兀鱼**。《山海经·东山经》曰："旄山，苍体之水出焉，而西流注于展水，其中多兀鱼。其状如鲤而大首，食者不疣。"兀，原意其状昏沉无知。此处意鱼昏沉不活跃。

异称**鰫（yōng）鱼**。明·李时珍《本草纲目·鳞三·鳙》时珍曰："此鱼中之下品，盖鱼之庸常以供馐食者，故曰鳙曰兀，郑元作鰫鱼。处处江湖有之。状似鲢而色黑，其头最大，有至四五十斤者，味亚于鲢。鲢之美在腹，鳙之美在头。"鰫同鳙。

黑包头鱼、鳝（qiū）鱼。元·李杲《食物本草》："鳙似鲢而黑，俗呼黑包头鱼。一名鳝鱼"

别名**皂鲢**。明·张自烈《正字通》："鳙，一名鳝鱼，俗呼皂鲢。"皂，意黑色；皂鲢，似鲢而黑；曰鳝，源于馐，美食。故鳙并非鱼之下品。

别名**红鲢**。明·屠本畯《闽中海错疏》："红鲢，似鲢而色红。"此鱼色黑，说色红未必恰切。

别名**青鲢**。明·彭大翼《山堂肆考》："青鲢曰鳙，白鲢曰鲊。"

俗称**黑鲢**、**鲢胖头**。清·徐珂《清稗类钞》："鳙，产于江湖，似鲢而黑，头甚大。俗呼黑鲢，又称鲢胖头。"

俗称**花鲢**、**包头鱼**。清·汪曰桢《湖雅》："鳙，即花鲢，湖录一名鳝……俗之所谓鲢胖头也，武康疏志俗名包头鱼。"

俗称**鳑头**。清·方文《品鱼·下品·鳙》诗注："鳙，即鳑头，此鱼之庸常供馐食者，故名。"鳑头应为胖头之谐音。

俗称**大头**、**乌苏**。清·马呈图《高要县志》："鳙一作鰫，俗作鰫……鳙头大而黑，故俗呼大头，又曰乌苏。"

代称**鰫（chóng）**。清·屈大均《广东新语·鱼花》："正西为柳州右江，其水多鳙、鰫。"

鳙鱼蛋白质含量比鲢鱼高，但其含脂量比鲢鱼低。其味甘、温，有暖胃、益筋骨之功效，很适宜营养不良者食用。清·赵其光《本草求原》："鳙鱼，暖胃，去头眩，益脑髓，老人痰喘宜之。"清·王士雄《随息居饮食谱》云："鳙鱼甘温，其头最美，以大而色较白者良。"鳙为我国四大家鱼之一，也是重要的淡水经济鱼类，生长快，疾病少，是湖泊和池塘养殖的重要物种，产量可观。

鲫 鱼

鮒 鰿 鰜 鮒鱼 鲫核 佛鲫 逆鳞 鲜于羹 轻薄使 屡德郎 喜头鱼 荷包鲫 土鱼

鲫鱼 *Carassius auratus*（Linnaeus），鲤形目鲤科。体侧扁而高，长者达 28 厘米，重 500~1000 克。无须，鳞大，体背褐，腹面银灰。杂食性，分布广，我国各地淡水域都有。方言称寒鮒、鮒鱼，湖北称其喜头，福建称鲫仔、鲫母、田池仁等。

战国时称鮒（fù）、鰿（jì）。《庄子·外物》："夫揭竿累，趣灌渎，守鲵鮒，其于得大鱼难矣。""夫揭竿累"，提着钓鱼竿和鱼线；"趣灌渎"，疾走小水渠。《墨子·公输》："江汉鱼鳖鼋鼍为天下富，宋所谓无雉兔鮒鱼者也，此犹粱肉与糠糟也。"江汉，指《诗经·大雅》篇名；粱肉，泛指美食佳肴，粱，通粱。《楚辞·大招》："煎鰿膗雀，遽爽存只。"王逸注："鰿，鮒。"膗，音霍，肉羹。北周·庾信《谢赵王赉干鱼启》："洞庭鲜鮒，温湖美鲫。"《说文·鱼部》："鰿，鰿鱼也，从鱼脊声。"

亦称鰿（jì）。《尔雅翼·释鱼一》："鮒，今谓之鲫鱼……古者谓鮒为鰿，其字从责。今之鲫字，乃乌鰂之鰂，后世借用为鮒之别名耳。"鲫与鰂无相似之处。鰿、鰿（音 jì），与鲫同音，可互换。

异称鮒鱼。《埤雅·释鱼》："吕子曰：鱼子美者，洞庭之鮒。鮒，小鱼也，即今之鲫鱼。其鱼肉厚而美，性不食钓。本草所谓鲫鱼，一名鮒鱼，形亦似鲤，色黑而体促，腹大而脊隆，所在池泽皆有之是也。"西汉·刘安《淮南子》曰："今此鱼旅行，吹沫如星然，则以相即也谓之鲫，相附也谓之鮒。"鲫，鮒，是言鲫鱼喜成群结队，相即、相附而行，制字从即、从付，意靠近，接近。所以《仪礼·士婚礼》记，古时男女完婚，婚礼后要吃鮒鱼，以取夫妇相附和的吉兆。由此，人们也常用过江之鲫一语来描绘社会现象。对于某些事情或朝某个地方人们蜂拥而上、接踵而至的情形时，就说是犹如过江之鲫。"过江名士多于鲫"来自一个典故，说当年西晋灭亡时，中原纷乱，东晋王朝在江南建立之后，中原名士纷纷来到江南，数量之多，像过江之鲫。

方言鲫核、佛鲫。《直省志书》："《山阴县志》：'郤志云越人谓鲫之小者为鲫核。'《浮梁县志》：'鲫出北湖中者，名佛鲫。'"

代称逆鳞。明·彭大翼《山堂肆考·鳞虫》："鲫鱼，一名鮒，熊氏谓之逆鳞。

俗语曰：冬鲫夏鳊，盖鲫至冬而肥味甚美也。"

戏称**鲜于羹、轻薄使、餍（yàn）德郎**。宋·毛胜《水族加恩簿》："以尔鲜于羹，斫脍清妙，见称杜陵，宜授轻薄使、餍德郎。"餍（yàn），意吃饱。

方言喜头鱼。邹遐龄《武昌县志》："鲋，一名鲫，俗名喜头鱼。盖喜头为吉，吉音近鲫。"

方言荷包鲫。光绪《浦城县志》："鲫，诸鱼皆属火，惟鲫鱼属土，其脊隆腹大者尤益人，邑名荷包鲫。"

别名土鱼。清·陈鉴撰《江南鱼鲜品》："鲫鱼，水中自产，为野鱼……其性属土，亦曰土鱼。"

鲫鱼肉味鲜美，可做脍、做羹。唐·杜甫《陪郑广文游将军山林十首之二》诗："鲜鲫银丝脍，香芹碧涧羹。"宋·郑望《膳夫录》："脍莫先于鲫鱼。"《尔雅翼·释鱼一》："其味最美，吴人以菰首为羹，以鲤鲫为鲙，谓之金羹玉鲙。"鲙与脍相同，是指切得很细的鱼肉或把鱼切成薄片；菰即蘑菇或香菇。宋·黄庭坚《谢荣绪惠贶鲜鲫》："偶思烟老庖玄鲫，公遣霜鳞贯柳来。商曰方看金作屑，脍盘已见雪成堆。"贶（音 kuàng），意赠与；庖，厨师；贯柳，用柳条穿着。宋·陆游《秋郊有怀四首》："缕飞绿鲫脍，花簇頳鲤鲊"。《医林纂要》："鲫鱼性和缓，能行水而不燥，能补脾而不清，所以可贵耳。"《南史·梁宗室卜·临川靖惠王宏》："江无畏好食鲭鱼头，常日进三百。"江无畏，临川靖惠王的爱妾。至唐以后，皇帝与士官多用鲫做脍。历史记载唐玄宗就"酷嗜鲫鱼脍"，派人专取洞庭湖大鲫鱼，放养于长安景龙池中，"以鲫为脍，日以游宴"。而民间秘方，鲫鱼煨汤，则用于产妇下奶，男子可增强性欲，亦可治阳痿不坚等症。鲫鱼以冬季最肥美，明·李时珍《本草纲目》："鲫喜偎泥，不食杂物，故能补胃。冬月肉厚子多，其味尤美。"鲫鱼的适应性强，对水的条件要求不高。《庄子》称，"车辙中有鲋，得斗升之水而活。"晋·葛洪《抱朴子·刺骄篇》："寸鲋游牛迹之水，不贵横海之巨鳞。"清·黄亨《无题》："激泉济鲋涸，解网纵兽奔。"鲫肉味鲜美，是我国重要食用鱼，脍莫先于鲫。鲫鱼还是金鱼的祖先。

宋·李昉《太平广记》："谢康乐守永嘉，游石门洞，入沐鹤溪旁，见二女浣纱，颜貌娟秀，以诗嘲之曰：'我是谢康乐，一箭射双鹤，试问浣纱娘，箭从何处落？'二女邈然不顾。又嘲之曰：'浣纱谁氏女，香汗湿新雨，对人默无言，何自甘良苦。'二女微吟曰：'我是潭中鲫，暂出溪头食，食罢自还潭，云踪何处觅？'吟罢不见。"谢康乐即谢灵运（385—433），南朝宋诗人，做永嘉太守。有一次去游石门洞，到达鹤溪旁，见二位美女浣（洗濯）纱，随作诗嬉戏。女初不答，谢继续诗戏，二女答是潭中鲫，出来找食吃，说罢去而不见了。

金 鱼

金鲫鱼　金鳞　火鱼　朱鱼　玳瑁鱼　五色文鱼　文鱼　丹鱼　赤鳞鱼
硃砂鱼　手巾鱼　变鱼　盆鱼

金鱼 *Carassius auratus* Linne，鲤形目鲤科。其体形有狭长、短圆，体色有灰、红、黄、黑、白、花斑、蓝、紫、五花，背鳍有龙背、残背、长背、短背，尾有单、双、上单、下双、残臀、长臀、短臀、缺臀，头有狭头、宽头、鹅头、狮头，眼有小眼、龙睛、望天眼、水泡眼，鳃有正常鳃、翻鳃，鼻孔有薄膜、绒球，鳞有不透明、透明和珠鳞等许多品种，玲珑透剔，千姿百态，共 5 类 29 型。

最早的记载见于明代。明·李明珍《本草纲目·鳞三·金鱼》："金鱼有鲤、鲫、鳅、鳖数种，鳅、鳖尤难得，独金鲫耐久，前古罕知……自宋始有畜者，今则处处人家养玩矣。"由此知金鱼有四种，只有金鲫自宋朝以来继续被人饲养，至明朝已传到各地。自然界的鲫鱼银灰色，宋代开宝年间（968～975 年）刺史丁延赞最早在嘉兴发现红黄色鲫鱼。因受佛教影响当时有放生之举。对金黄鲫鱼有神秘之感，是优先放生对象。放生池有二处，一在嘉兴，一在杭州六和塔寺。

初称**金鲫**，始见于宋·苏舜钦所作《六和塔寺诗》："沿桥待金鲫，竟日独还留。"独一作"欲"。稍后即称金鱼。事见宋·戴埴《鼠璞》之《临安金鱼》篇。该篇详记金鱼的发现与品种，并记 40 年后苏东坡重游六和塔寺时对苏舜钦诗的感悟及南宋王公贵人竞建园池，已得饲养之法。宋·吴自牧《梦粱录·物产》记钱塘门外，寻常百姓已多蓄之，入城货卖，名鱼儿活，云云。明·王恭《三山送客归钱塘》诗："浙水金鳞活，西湖白藕香。"1163 年南宋高宗赵构在杭州城建德寿宫，亦始家养金鱼。1276～1546 年金鱼由池养发展到盆养，元燕贴木儿时（1330 年前后）传播到镇江和北京。1547 年（即明朝），盆养已逐渐普及。明·屠本畯《闽中海错疏》卷上："金鲫，能变幻，可畜盆中供玩，闽人呼为盆鱼。金箍鱼，三尾，色如朱砂，盆鱼中品之佳者。"金鲫一词宋朝典籍里常见，至近代嘉兴杭州等地亦常用，但在其他地区早已废止，金鲫也不作四种鱼的总名，而成为专指了。

异称**火鱼**。明·彭大翼《山堂肆考·鳞虫》："金鱼体如金，一名火鱼。有通身赤者，有半身赤者，有乱赤文者，有背赤文作卦形者，有鳞身白者，色相各各不同。"明·郎瑛（1566 年前）《七修类》云："杭自嘉靖戊申（1548 年）来，生有一种金鲫，名曰火鱼，以色至赤，故也。人无有不好，家无有不畜。竞争射利（意追求财利），交相争尚，多者十余缸。"明·归有光《眈火鱼》长诗："水畜非昔种，火鱼自新肇，仅以数寸奇……置于盆盎中，弥觉江湖淼。"

别名朱鱼。明·文震亨《长物志》："（小池）中蓄朱鱼翠藻，游泳可玩。"

喻称玳瑁鱼。宋·岳珂《桯史》卷十二："又别有雪质而黑章，的皪若漆，曰玳瑁鱼；文采尤可观。"的皪（de lì），光亮、鲜明貌。

美称五色文鱼。明·黄省曾《养鱼经》："五色文鱼，其色相本异，而金鱼特总名也。"五色文鱼，意五色斑纹鱼或斑纹五彩。

异称文鱼。清·李斗《扬州画舫录》："费家花院，本费密故宅，草屋三四楹，与艺花人同居，自密移家入城，是地遂为蓄养文鱼之院。小队文鱼圆似蛋，一缸新水翠于螺。"

别名丹鱼、赤鳞鱼。清·李元《蠕范》卷四："金鱼，丹鱼也，赤鳞鱼也。春末生子草上，初生黑色，久则红色，或白色，或红白相间无常。"

硃砂鱼，公元1574年，火鱼改称硃砂鱼，用盆蓄养。明代苏州人张谦德（1596年）《硃砂鱼谱》上篇一："硃砂鱼，独盛于吴中。大都以色如辰州硃砂，故名之云尔。"又上篇二："有白身头顶朱砂王字者、首尾具朱腰围玉带者……满身纯白背点珠砂界一线，作七星者、满身珠砂皆间白色作七星者、巧云者、波浪纹者、白身头顶红硃者、药葫芦者、菊花者、梅花者、硃砂身头顶白珠者、白身硃戟者、硃缘池者、琥珀眼者、金背者、银背者、金管者、银管者、落花红满地者、硃砂白相错如锦者。"

戏称手巾鱼。清·历荃《事物异名录·水族部》引《正字通》："金鱼，吉安有一身具五色者，曰手巾鱼。"

俗称变鱼。清·王琛等《邵武府志》："金鱼，俗呼变鱼，有红白金黑诸色，江南鱼鲜品。"

别名盆鱼。公元1579年用缸盆养育的金鱼，杭州专称"盆鱼"。《直省志书·仁和县》云："盆鱼有金玉、玳瑁、水晶蓝，其异品者若梅花点、鹤顶红、天地分之类。名色甚众，不能尽识。说者谓鱼本传沫而生，即红白二色雌雄相感而生花斑之鱼，以溪花鱼与白鱼相感而生翠花之鱼，又取虾与鱼感则鱼尾酷类虾，至有三尾五尾者，皆近时好事者所为也。明弘治（1488年）之前盖无之。"感即杂交之意，当时已知通过杂交培育金鱼新品种，但虾不可能和鱼杂交，当时了解尚有误。清·句曲山农《金鱼图谱》云："咬子时，雄鱼须择佳品，与雌鱼色类大小相称。"16世纪末，张谦德在《朱砂鱼谱》一书中提到金鱼选种时说："蓄类贵广，而选择贵精，须每年夏间市取数十头，分数缸饲养，逐日去其不佳者，百存一二，并作两三缸蓄之，加意培养，自然奇品悉具。"看出古人是用混合选择法选择金鱼。金鱼的各种品种的形成，是我国人民对金鱼变异长期地、大量地选择的结果。明·屠隆等《考槃余事·金鱼品》："顾品有妍媸，而谓巧在配啸者……惟人好尚与时变迁。初尚纯红、纯白。继尚金盔、金鞍、锦被及印红头、裹头红、连鳃红、首尾红、鹤顶红、若八卦、若骰色。又出赝为继尚黑眼、雪眼、珠眼、紫眼、玛瑙眼、琥珀眼、四红至十二红、二六红，甚至所谓十二白，及堆金砌玉、落花流水、隔断红尘、莲台八瓣。"明·朱之蕃《金鱼》诗："谁染银鳞琥珀浓，光摇鬐鬣映芙蓉，清池跃处桃生浪，绿藻分开金在狖。"

　　世界各国的金鱼皆是由中国传入。1502 年传入日本。根据 Mitsukuri（1904年）：在 400 年前即约在 1500 年，由中国将一些金鱼带到大阪附近的山阪城。那时带进的品种即现在称为"和金者"。按照 Boulenger 记载，17 世纪末叶金鱼由中国传入英国，18 世纪中传到欧洲，Linne 把它命名为 *Carassius auratus*，意金黄色的鲫鱼。Jnnes 认为金鱼传入美国是 1874 年。

鳊

北京鳊　鳊　槎头鳊　缩项鳊　槎头刺史　缩项仙人　边鱼　青鳊　宿项鳊
石坎　鲂　鲌鱼　鲣　鲼　赤尾鱼　小头鱼　胭脂鱼　火烧鳊

　　北京鳊 *Parabramis pekinensis*（Basilewsky），鲤形目鲤科。体侧扁，呈菱形。长者 38 厘米，重 2 千克。头小，口小，端位。体背青灰，腹面银白。分布广，静水流水都能生存，喜栖于中下层。草食性，重要经济鱼之一。生长快，是养殖对象之一。东北称长身鳊、鳊花、草鳊，河南称鲂鱼，两广称白鳊鱼、槎头鳊等。

　　古称鳊（biān），始见于先秦典籍。旧题宋玉《钓赋》："精不离乎鱼喙，思不出乎鲋鳊。"《说文·鱼部》："鳊，鱼名。从鱼，便声。鳊、鳊又从扁。"《尔雅·释鱼》："鲂，鳊。"郭璞注："江东呼鲂鱼为鳊，一名鳊。"《玉篇·鱼部》："鳊，鲂鱼也，鳊同上。"

　　俗称槎（chá）**头鳊**。唐·孟浩然《岘潭作》诗："试垂竹竿钓，果得槎头鳊。"唐·杜甫《解闷十二首》之六："即今耆旧无新语，漫钓槎头缩项鳊。"《尔雅翼·释鱼一》云："鲂，缩头穿脊博腹，色青白而味美，今之鳊鱼也。汉水中者尤美。常以槎（木筏或树木的枝丫）断水，用禁人捕，谓之槎头鳊。"槎（音chá），原意木筏。因常以竹槎，即竹木编成的筏断水栏捕而得名槎头鳊。

　　缩项鳊。唐·唐彦谦《寄友》："新酒秦淮缩项鳊，凌霄花下共流连。"唐·皮日休《送从弟归复州》诗："殷勤莫笑襄阳住，为爱南溪缩项鳊。"金·元好问《峡口食鳊鱼》诗："凭君莫爱襄阳好，缩颈鳊鱼刺鲠多。"头后背部隆起，颈部如缩，因以称缩项鳊。

谑称槎头刺史、缩项仙人。宋·毛胜《水族加恩簿》："以尔缩项仙人，鬼腹星鳞，道亨襄汉，宜授槎头刺史。按：鳊，亦名槎头鳊。"槎头刺史，乃借人之名，相传襄阳刺史张敬儿为取宠齐高帝，特制"陆舻船"，载 1 600 尾鳊鱼往京都建业上贡。为此，齐高帝赐封张敬儿为"槎头刺史"。但此"槎头"乃地区名，位于广州地区。

别名边鱼。宋·强至《陈伯成学士垂访以病中新浴不克见走书二短篇谢之》诗："时情逐势饵边鱼，贫病由来俗易疏。"明·徐弘祖《徐霞客游记·粤西游日记四》："边鱼南宁颇大而肥，他处绝无之。"边，鳊的谐音字，同鳊。

别名青鳊。《埤雅·鲂》："鲂一名魾，今之青鳊也，细鳞、缩项、阔腹，鱼之美者，其广方，其厚褊，故一曰鲂鱼，一曰鳊鱼。鲂，方也；鳊，褊也。"

别名宿项扁。清·刘昌绪《黄陂县志》："鳊，项短，身匾，鳞细，俗呼曰宿项扁。"

方言石坎。光绪《光福志》："鳊鱼，按府志出太湖最佳，有一种巨者，曰石坎，出光福一带，形似而味逊于湖产者。"

单称鲂。明·李时珍《本草纲目·鳞三·鲂鱼》："鲂，方也。鳊，扁也。其状方，其身扁也。"

异称鮩（bīng）鱼、魾（pī）、鱀、赤尾鱼。明·杨慎《异鱼图赞》卷三："鮩鱼，黄帛其鮩，石鼓被镌（xi，古代石器名），查头缩项，味珍襄川。鮩即鳊。"清·徐珂《清稗类钞·动物类》："鳊，古谓之鲂，体广而扁，头尾皆尖小，细鳞。产于淡水，可食。"清·李元《蠕范·物体》："鲂，鳊也，鳊也，魾也，鱀也，赤尾鱼也，小首广腹，缩首穹脊，细鳞，色青白，其肪在腹。"

方言小头鱼。《古今图书集成·禽虫典》引《乌程县志》："鳊，一名鲂，湖鱼之最佳者，所谓小头鱼。出太湖者鳞白，出龙溪者鳞黑，更肥味美。"

鳊，从扁，因其体甚侧扁，呈长菱形而得。古人将鳊，魾，鲂三鱼混为一体。如"鲂鱼为鳊，一名魾"，"鳊，鲂鱼也"，"鲂一名魾，青鳊也"等。三者虽似，但属不同种。鲂是团头鲂，魾是长吻鮠，都不是鳊，见该条。

胭脂鱼 *Myxocyprinus asiaticus*（Bleeker），鲤形目胭脂鱼科。体侧扁，头后背部显著隆起。大者长达 1 米，重约 70 千克。背鳍基底甚长。体色黄褐或红。因其吻端至尾基有一条胭脂红色的宽纵带，而得名胭脂鱼。分布于长江、嘉陵江、沱江、金沙江等，栖于水质清新的水体中下层。性活泼，生长快。肉虽粗，味尚鲜美。方言黄排、红鱼、紫鳊鱼、木叶排、燕雀鱼。

古称火烧鳊。明·李时珍《本草纲目·鳞三·鲂鱼》："火烧鳊，头尾俱似鲂，而脊骨更隆，上有赤鬣连尾，如蝙蝠之翼，黑质赤章，色如烟熏，故名。其大有至二三十斤者。"其体色红如火，而得名火烧鳊。古时视火烧鳊与鳊为一鱼，实为两鱼。

翘嘴红鲌

鲦鲏　鲰　白鱼　白萍　鮅　触鱼　淮白　楚鲜　倾淮别驾　时里白　白鲦
轻鲦　红白鱼　鲜　鲦鱼　阳鲦　鲌　红鳍鲌　鳇　偃额白鱼　鳁

翘嘴红鲌 *Erythroculter ilishaeformis*（Bleeker），鲤形目鲤科。体延长而侧扁，长达23厘米。吻长，口大，口裂垂直，下颌肥厚，急剧上翘。腹部具一肉棱。被小圆鳞。体背灰黄，腹部银白。性凶猛，善跳跃。肉食性，分布江河湖泊中上层，常见食用鱼。福建称翘嘴巴刀、巴刀，广东称长江和顺，长江中游称翘白、白鱼，长江下游称太湖白鱼。方言还有翘嘴巴、大白鱼、翘壳、白丝、兴凯大白鱼、翘鲌子、鲌刺鱼、翘白等。

古称鲦鲏。《荀子·荣辱》："鲦鲏者，浮阳之鱼也。"杨倞注："鲦鲏，鱼名。浮阳，谓此鱼好浮于水上就阳也。"汉·刘向《说苑·政理》："夫极纶错饵，迎面吸之者，阳桥也，其为鱼薄而不美。"《字汇·鱼部》："《荀子》：'鲏者，浮阳之鱼也，一名阳乔。'"鲏字从本，本为鲌字音讹。

古称鲰（zōu）。《说文》："鲰，白鱼也。"鲰（zōu）小杂鱼。此是较大型经济鱼类，非小杂鱼，最大重15千克，但长六七尺之说失实。

白鱼、白萍、鮅、触鱼。晋·崔豹《古今注·鱼虫》："白鱼，赤尾者曰触，一曰鮅。或云雌者曰白鱼，雄者曰触鱼。子好群游水上者名曰白萍。"鮅，字从必，意高傲，示其嘴翘如傲；触，意嘴上翘状如以其触物。唐·陆龟蒙《袭美以鱼笺见寄因谢》诗："向日乍惊新茧色，临风时辨白萍文。"宋·梅尧臣《糟淮赶》诗："寒潭缩浅濑，空潭多鲌鱼。"明·屠本畯《闽中海错疏》卷中："白鱼板身，色白，头昂，多细鲠，大者六七尺，生江中。"明·胡世安《异鱼图赞补》卷上："北胜陈海，白鱼是育。江湖类生，太湖擅独。"

代称**淮白**。宋·杨万里《初食淮白鱼》诗："淮白须将淮水煮，江南水煮正相违。"元·袁桷《寄王仪伯太守》诗："逆上风高淮白上，寒沙云落海青低。"淮白，意淮河白鱼，即鲌鱼。鲌，亦如舶，制字从白，为舶的谐音。

别称**楚鲜、倾淮别驾**。宋·毛胜《水族加恩簿》："楚鲜，白鱼也。"又"以尔楚鲜，隐金沉糟，价倾淮甸（即淮河流域），宜授倾淮别驾（官职名）。"

方言**时里白**。清·历荃《事物异名录·水族部》引《避暑录》："太湖白鱼冠天下，梅后最甚，谓之时里白。"太湖白鱼每年夏至后尤盛，故称时里白。

别名**白鲦**。《青浦县志·鳞之属·白鱼》："郭志：今淀湖、三泖皆有之，本名白鲦。"

美称**轻鲦**。唐·王维《山中与裴秀才迪书》："当待春中，草木蔓发，春山可望，轻鲦出水，白鸥矫翼，露湿青皋，麦陇朝雉。"

方言**红白鱼**。清·汪曰桢《湖雅》："鳏，即红白鱼，一作黄白鱼，一作白鱼……此鱼身白而翅尾略有红色，故人谓之红白鱼。"

别名**鲜**（bīng）。清·朱希白等《孝感县志》："鲜，俗呼白鱼。"

异称**鲦鱼、阳鲦**。《广雅·释鱼》："鲌，鲦也。"王念孙疏证："今白鱼生江湖中，鳞细而白，首尾俱昂，大者长六七尺，一名鳏。"明·李时珍《本草纲目·鳞三·白鱼》："鲦鱼。时珍曰：'白亦作鲌，白者，色也。鲦者，头尾向上也。'刘翰曰：'生江湖中，色白头昂，大者长六七尺。'时珍曰：'鲌形窄，腹扁，鳞细，头尾俱向上，肉中有细刺。'"清·王士禛《题顾茂伦雪滩钓叟图》诗："投竿一笑烟波外，阳鲦纷纷入钓来。"清·徐珂《清稗类钞·动物四》："白鱼，一名鲦，古称阳鲦，长者三四尺。"鲦，如翅，述其体如两端上翘的船舶；阳鲦，阳，为上，或为仰翘，示其嘴上翘。

红鳍鲌 *Erythroculter erythropterus*（Basilewsky），鲤形目，鲤科。体侧扁而延长，长约 28 厘米，重 150～200 克。口小而上翘，腹棱完全，体色银白。分布很广，喜栖于水草繁盛的湖泊中。习见食用鱼之一，肉嫩味美，具一定经济价值。方言翘嘴巴、大白鱼，福建称巴刀、驼背巴刀、溪巴刀等。

古称**鳏**（yàn），始见于秦汉典籍。《诗·小雅·鱼丽》曰："鱼丽于罶，鳏鲤。君子有酒，旨且有。"毛传："鳏，鲶也。"

亦称**偃额白鱼**。《尔雅·释鱼》曰："鳏。"郭璞注："今偃额白鱼。"《正字通·鱼部》："鳏，身圆白额，

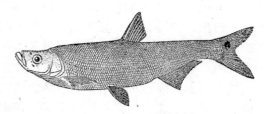

图99　红鳍鲌（仿张春霖）

性好偃。腹平着地，故得偃名。"鳏，字从匽，意藏匿。示额平低如隐；又喜腹平着地而偃，《说文》："偃，僵也。"

称**鳏**。但不少古籍中谓鳏为鲶。《说文·鱼部》："鳏，鲇也。鳏或从匽。"段玉裁注："按'鲇'也，乃'鲶'也之误。"明·李时珍《本草纲目·鳞四·鲦鱼》："鱼额平夷低偃，其涎黏滑……鳏，偃也，古曰鳏，今曰鲶；北人曰鳏，南人曰鲶。"将"鳏、鲶"注为一鱼，虽地区口音所致，但实则各自有别。

鱤

鳏　黄颊　鮥鱼　生母鱼　鰔　鰥

鳡 *Elopichthys bambusa*（Richardson），鲤形目鲤科。体细长，腹部圆。头长而尖，口大，颌粗壮。体长可达 1 米，重者 50 多千克。鳞小，体色微黄，腹部银白。性凶猛，游泳力强，以追捕其他鱼为食。其肉嫩鲜美，少刺，富脂肪，公认为上等经济鱼，天然产量尚高。分布于全国平原水系中。

古称鳏（guān），始见于先秦典籍。《诗·齐风·敝笱》："敝笱在梁，其鱼鲂鳏。"毛传："鳏，大鱼。"郑玄笺："鳏，鱼子也，鲂也，鳏也，鱼之易制者。"鳏，言其喜独游，如无妻之夫。亦有考者谓，鳏，犹如鲲，意体浑圆。

异称黄颊。《山海经·东山经》："［番条之山］减水出焉，北流注于海，其中多鳡鱼……［姑儿之山］姑儿之水出焉，北流注于海，其中多鳡鱼。"郭璞注："一名黄颊。"

别名鮥（xiàn）鱼、生母鱼。唐·刘恂《岭表录异》卷下："鮥鱼，南人云，鱼之欲产子者，须此鱼以头触其腹而产，俗呼为生母鱼。"《古今图书集成·禽虫典·鳡鱼部》引《异苑·鮥为鱼母》："鮥鱼，凡诸鱼欲产，鮥辄以头冲其腹，鮥鱼自欲生者，亦更相撞触。"

异称鰔（gān）。《集韵·感韵》："鰔，鱼名。"《正字通·鱼部》："鰔，俗鳡字。"鰔同杠，示鳡体圆如杆，如棍。

明·李时珍《本草纲目·鳞三·鳡鱼》："鮥鱼、鳏鱼、黄颊鱼。时珍曰：'鳡，敢也，鮥，脂也，脂音陷，食而无厌也。健而难取，吞陷同类，力敢而脂物者也。其性独行，故曰鳏。'"又 集解 ："鳡生江湖中，体似鲩而腹平，头似鳤而口大，颊似鲶而色黄，鳞似鳟而稍细。大者三四十斤，啖鱼最毒，池中有此，不能畜鱼。"鳡实是养鱼之害，养鱼者称其鱼虎，渔民称蛇蝎。方言还称竿鱼、大口鳡、黄颊鱼、水老虎等。

鳡字从感，感有触动之意。《增韵》"格也，触也"。示"诸鱼欲产"，鳡"触其腹"的习性。但鳡鱼"啖鱼最毒"，甚至"吞陷同类"、"池中有此，不能畜鱼"，鳡与其他鱼的关系是捕食与被捕食的生死关系，不可能为它的猎物催生。故"生母鱼"或"鱼母"之说，是错误的。或借其音，鳡，同敢、杆。敢，敢也，意凶猛；杆，示其体圆如杆。

异称鳏（guān）。《古今图书集成·禽虫典》卷一四八引《直省志书》："鳏鱼大者如指，长八寸，有锋刺，脊骨美滑，宜羹。"鳏，古同鳏，故鳏亦称鳏。

历史故事：《孔丛子抗志篇》："子思居卫，卫人钓于河，得鳏鱼焉，其大盈车。子思问之曰：'鳏鱼，鱼之难得者也，子果何得之？'对曰：'吾始下钓，垂一鲂之饵，鳏过而弗近视也，更以豚之半体则吞之矣。'子思喟然曰：'鳏虽难得，贪以死饵；士虽怀道，贪以死禄矣。'"子思，战国初哲学家，名孔伋，是孔子的孙子；卫，先秦时行政区划，九畿之一。说子思住在卫，当地人河边钓得大鳏鱼，一车还装不下。子思问："鳏鱼难钓，你如何能钓到如此大的鱼？"对曰："开始用一条鲂鱼作饵，鳏鱼不肖于一顾就过去了，后来换成半头猪作饵，它就吞下去上钩了。"子思叹气曰："鳏虽难得，死在贪吃鱼饵上。人虽满腹经纶，死在贪财上。"

鳑 鲏

中华鳑鲏　青衣鱼　婢妠　鳈　旁皮鲫　婢妾鱼　婢鳜鱼　鱼婢　鲜鱼　鳑鮍鲫　鳑鮏　鳑沽　鳑鱼　鳑鼓　刺鳑鲏　鳑　须鳞　鳒　妾鱼　鲮　鹅毛脡　鹅毛艇　春鱼

中华鳑鲏 Rhodeus sinensis Gunther，鲤形目鳑鲏亚科。体侧扁成卵圆形，长约4厘米。头小，吻钝，口小，前位。被中大圆鳞，侧线不完全。体背淡灰，腹白。栖于沟渠、池塘等浅水底层，摄食藻类。五月生殖，雌鱼具一长产卵管，将卵产于蚌体内。分布广，食用价值不大。

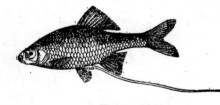

图100　鳑鲏

古称**青衣鱼**、**婢妠**（bì nà）。晋·崔豹《古今注·别名》："江东人呼青衣鱼为婢妠。"

异称**鳈**（zhǒu）、**旁皮鲫**、**婢妾鱼**。《尔雅翼·释鱼二》："鳜鳈，似鲫而小，黑色而扬赤，今人谓之旁皮鲫，又谓之婢妾鱼。盖其行以三为率，一头在前，两头从之，若媵妾之状，故以为名。"《格致镜原·水族四》引《山堂肆考》："梧州有大荒山，山上泥中有婢妾鱼，两翼及脐下有三条如练带。长四尺许，摇动有光。"此脐下之练带是其产卵管，长四尺之说属误。长4厘米的小鱼不会有4尺之带，且不会有3条。唐·白居易《禽虫十二章》诗之三："江鱼群从称妻妾。"注："江沱间有鱼，每游辄三，如媵随妻，一先二后，土人号为婢妾鱼。"

代称**婢鲗**（zhé）**鱼**。《广韵》："鲗，婢鲗鱼，即青衣鱼。"

喻称**鱼婢**。《尔雅·释鱼》："鰝鳒，鳜鲋。"晋·郭璞注："小鱼也，似鲋子而黑，俗呼为鱼婢，江东呼为妾鱼。"

别称**鲒**（jiè）**鱼**、**鳑鲏鲫**。明·李时珍《本草纲目·鳞三·鲫鱼》【附录】："鲒鱼，即《尔雅》所谓鳜鲋，郭璞所谓妾鱼、婢鱼，崔豹所谓青衣鱼，世俗所谓鳑鲏鲫也。似鲫而小且薄，黑而扬赤。"鲒为鲫的谐音字。

别名**鳑鲏**，**鳑沚**。清·汪曰桢《湖雅》："鳑鲏，即鳑沚。"

鳑鱼、**鳑鼓**。清·焦以敬《金山县志》："鳑鱼，春深有子曰鳑鼓。"鳑鼓，或意孕鱼腹大而侧鼓。鳑沚，与鳑鼓音意同。鳑，制字从旁，旁者傍也；鲏同鲏，鲏，制字从比，比者并也。鳑鲏三五同游，犹如左陪右伴的妾与使女，因以而得名。是故而有婢妾鱼、妾鱼、婢鱼诸称。媵妾，陪嫁的女子；婢妾，妾与使女。但群游鱼随机成群，何会以三为率？

刺鳑鲏 *Acanthorhodeus* sp，鲤形目鳑鲏亚科。体侧扁成菱形，长约7厘米。头小，吻短，口小，前位。咽齿一行，被中大圆鳞，侧线完全。我国约10种，都是淡水小鱼，经济价值不大。

古称**鲐**（kū），《玉篇·鱼部》："鲐鳜鲋。"明·杨慎《异鱼图赞》卷三："鲐惟妾鱼，厥形如瓜。"鲐，字从夸。夸，古通姱，意美好。如《淮南子·姱务》："曼颊皓齿，形夸骨佳。"故鲐，意此鱼很漂亮。

须鳑 *Acheilognathus barbatus* Nichols，鲤形目鳑鲏亚科。体呈长卵圆形，长7厘米。头小，口前下位，被圆鳞。体色银白，体侧上半部鳞后缘黑色。四到五月产卵，雌鱼具一浅灰色产卵管，卵产于蚌体内。栖于河溪底层，以水草和水生昆虫为食，食用价值不大。

古称**妾鱼**。《尔雅·释鱼》："鰝鲐，鳜鲋。"郭璞注："小鱼也，似鲋子，俗呼为鱼婢，江东呼为妾鱼。"此系四种鱼。鳑从乔，"三色而成乔"，示鱼体色美。婢，婢女。

鲅（qiè）。《正字通·鱼部》："鲅，即妾鱼。其行以三为率，一前二后若婢妾。"鲅从妾，旧时男人娶的小老婆或女人自称，述其"行以三为率，一前二后若婢妾"。此说欠妥，鱼结群而游，随机组合。

其盐制品细白如鹅毛，称**鹅毛脡**或**鹅毛鲣**。唐·段公路《北户录·鹅毛脡》："恩州出鹅毛脡，乃盐藏鳑鱼。其味绝美，其细如虾。郭义恭云：'小鱼一斤千头，未之过也。'"唐·刘恂《岭表异异》补遗："鹅毛鲣，出海畔恩州，乃盐藏鳑鱼也，甚美。其细如毛而白，故谓之鹅毛鲣。"

异称**春鱼**。明·李时珍《本草纲目·鳞三·鳑鱼》："春鱼，作腊名鹅毛脡。春鱼，以时名也。脡，系干腊名也。"

鳘条鱼

鳘条鱼　鲦　白鲦　鲦鱼　鲦　白鲦　鱎鱼　鳘鱼　鳘鲦　鲹鲦　鮂　参条鱼
鮂鱼　烙鱼　苦条　小白鱼

鳘条鱼 *Hemiculter leucisculus*（Basilewsky），鲤形目鲤科。体长而侧扁，最大长 24 厘米，18 厘米长者重 90 多克，习见小型鱼。头尖，体背淡青灰，腹部银白，腹棱完全。分布很广，在静水与流水中均能生长。繁殖力强，行动迅速。杂食性，常群游于水的上层索饵，冬季深水越冬。方言鳘子、白条、鲹鲦、白漂，福建称苦条仔、苦梭料仔、青条，四川称刀片鱼。

古称鲦、白鲦、鲦鱼、鲦、白鲦，其称始见于先秦典籍，并沿用至今。《诗·周颂·潜》："潜有多鱼，有鳣有鲔，鲦鳢鳏鲤。"郑玄笺："鲦，白鲦也。"潜，意深。《山海经·北山经》："〔带山〕彭水出焉，而西流注于芘湖之水，其中多鲦鱼。"郝懿行笺疏："鲦与鲦同，《玉篇》作鲦。"《庄子·秋水》："鲦鱼出游从容，是鱼之乐也。"郭象注："鲦鱼，即白鲦也。"晋·张华《答何邵》诗："属耳听莺（同鸶）鸣，流目玩鲦鱼。"属耳，以耳触物，常谓窃听；玩，玩。南朝宋·谢灵运《山居赋》："抚鸥鲦而悦豫，杜机心于林池。"唐·王维《山中与裴秀才迪书》："轻鲦出水，白鸥矫翼。"宋·罗愿《尔雅翼·释鱼一·鲦》："鲦，白鲦也。其形纤长而白，故曰白鲦。又谓之白鲦，江东呼为鮂……而《诗·周颂·潜》'……潜有多鱼。有鳣有鲔，鲦、鳢、鳏、鲤。'潜者，椮也。积柴水中，令鱼依之止息，因而取之。《尔雅》曰：鱼之所息谓之槮。盖《潜》之诗谓季冬及春，寒气方盛，故鱼止椮中，因而荐之，非其出游之时。今人谓鲦为参鱼，参音近于椮。或以其伏椮中得名耶。"槮（qián），将柴草积聚于水中养鱼；椮（sēn），大木或古代的一种捕鱼器。

方言鱎（cān）鱼。《埤雅·释鱼》云："鲦鱼形狭而长，若条然，故曰鲦也。今江淮之间谓之鱎鱼。性浮似鳍而白。"

称鳘鲦、鳘鱼。《正字通·鱼部》："鲦，小白鱼，俗称鳘鱼，亦曰参条鱼。"

别名鲹（chà）鲦。清·汪曰祯《湖雅》："鳘鲦，按形似鲦而小，即以鲦名呼之，俗呼鲹条。鲹音叉，即鳘音之转。"

方言鮂（qiú）。《尔雅翼·释鱼一》云："鲦，白鲦也……又谓白鲦，江东呼为鮂。"

称小白鱼、参条鱼。《正字通·鱼部》："鲦，小白鱼，俗称鳘鱼，亦曰参条鱼。小而长，时浮水面，性好游，故名。"

称鮫（gōng）鱼。《古今图书集成·禽虫典》引《丹徒县志》："鲦，土人名鰷。江中者亚于淮白。又有赤尾鱼，名鮫鱼，性质相类。"

代称烙鱼。清·何绍章《丹徒县志》："鲦，形类白鲦，长四五寸，产南闸，河中者佳，俗曰烙鱼，宜烙而食也。"

别名苦条。清·郭柏苍《闽产录异》："苦条，即鲦，溪中小鱼也，色白性好群游，肥不盈斤。"

明·李时珍《本草纲目·鳞三·鲦鱼》："白鲦、鲹鱼、鮂鱼。时珍曰：'鲦，条也。鲹，鲹也。鮂，囚也。条，其状也。鲹，其色也。囚，其性也。'"清·陈维崧《朝中措·客中杂忆》："红鱼明鲦映沦漪，相间倍离离。"

鲦，字从条，示其体形狭长，若条。色白，而称白鲦。鲦古同鲦。鰷（音shū），古同倏。《广雅》："鰷，疾也。"示其游泳迅速。郝懿行义疏："孙氏星衍说：鲦，古多为鰷。"鲹如灿，示其体色灿烂；鮂，字从囚，示其性喜囚于水面。

食用鱼之一，煮食尚有暖胃、止冷泻之效。在西周时代，鲦鱼为民间习见经济鱼类，且为王者祭献宗庙用鱼。

赤眼鳟

赤目鱼　鮋

赤眼鳟 *Squaliobarbus curriculus*（Richardson），鲤形目鲤科。体前部圆筒状，后部侧扁，长约30厘米。头平扁，眼上缘红色，体背银灰。杂食性，分布广，除西南、西北地方外，我国其他广大淡水域均产，栖于中上层，不喜群游。方言有红眼、野草鸡、火烧草鱼、红眼棒醉眼鱼、马娘鱼、马郎棒等。重要食用鱼。

其称始见于先秦典籍。《诗·豳风·九罭》："九罭之鱼，鳟鲂。"孔颖达疏引郭璞曰："鳟似鮏子（草鱼）赤眼者。"罭（音 yù），鱼网的一种，网有九囊。意网中的鱼竟是鳟鲂。《尔雅翼·释鱼一》："鳟鱼，目中赤色一道横贯瞳，鱼之美者。今俗人谓之赤眼鳟，其音乃如蹲踞之蹲。"明·李时珍《本草纲目·鳞三·鳟》："状似鮏而小，赤脉贯瞳，身圆而长，鳞细于鮏，青质赤章，好食螺蚌，善于遁网。"

异称**赤目鱼**。《说文·鱼部》："鳟，赤目鱼。从鱼，尊声。"《埤雅·释鱼》："鳟似鮏，而鳞细于鮏，赤眼……孙炎曰：'鳟好独行，制字从尊，始以此也。'"鳟，其好独行而得。宋·释普济《五灯会元》卷一："天上天下，唯吾独尊。"尊，亦作樽，是中国古代的一种圆腹长颈的盛酒器，意鳟体圆若木桶。

单称**鮋**。《尔雅·释鱼》："鮋，鳟。"郭璞注："似鮏子，赤眼。"邢昺疏：

"鮋，一名鳟。"鮋，字从必。《说文》："必，分极也。从八弋。弋亦声。"《赵宦光笺》："弋犹表识也，分极犹置界也，故从八弋。"意鳟好独行，尊而必，即与他鱼割疆而栖，独来独往。亦有谓鮋如駜，马肥曰駜，鱼加必为鮋，示鳟体肥圆。

明·屠本畯《闽中海错疏》卷上："鳟似鳗。目中赤色一道，横贯瞳。食螺蚌，好独行。按：鳟好独行，制字从尊……以鱼美而称之，亦有二三尾同行者。""鳟似鳗"之说不妥，好食螺蚌之说，可能与青鱼有混，该鱼是以藻、水生植物为食，也吃水生昆虫和小鱼。

鲂

平胸鲂 Megalobrama terminalis（Richardson），鲤形目鲤科。体侧扁，长者 50 厘米，最大重 5 千克。背甚隆起，体色银灰，草食性。分布于我国各地江河湖泊中，喜栖于中下层，可供养殖。

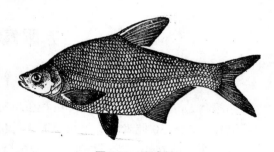

图 101　平胸鲂

其称始见于先秦典籍，并沿用至今。《诗·小雅·采绿》："其钓维何，维鲂及鱮"。三国吴·陆玑《毛诗草木鸟兽虫鱼疏》："鲂，今伊洛济颍鲂鱼也。广而薄，肥恬而少力，细鳞，鱼之美者。"伊，伊水；洛，洛水；济，济水，包括黄河南北两部分。《诗·小雅·鱼丽》："鱼丽于罶，鲂鳢。"《山海经·海内北经》："大鳊居海中。"郭璞云："鳊即鲂也，音鞭。"鳊，古同鳊，同鲂。《尔雅·释鱼》："鲂，魾。"郭璞注："江东呼鲂鱼为鳊，一名魾。"邢昺疏："鲂……诗云：其鱼鲂鳏。"宋·陆游《闲居对食书媿》诗："鲅刺河鲂初出水，迷离穴兔正迎霜。"明·李时珍《本草纲目·鳞三·鲂鱼》："鲂，方也；鳊，扁也。其状方，其身扁也。鲂鱼处处有之，汉沔尤多。小头缩项，穹脊阔腹，扁身细鳞，其色青白。腹内有肪，味最腴美。其性宜活水。故《诗》云：岂其食鱼，必河之鲂。"

美称**嘉鲂**。南朝·梁·何逊《七召》："鲙温湖之美鲋，切丙穴之嘉鲂。"南朝·齐·谢朓《在郡卧病呈沉尚书》诗："嘉鲂聊可荐，渌蚁方独持。"渌蚁，酒之别称。

鲂字从方，述其体扁如菱，成斜方形。体甚侧扁，称大鳊，鳊同扁。但鲂、鳊、鲢实是三鱼，鲂指平胸鲂，鳊指北京鳊，鲢是长吻鮠，古时因形似而常混为一鱼。参见各文。

团头鲂 *Megalobrama amblycephala* Yih，鲤形目鲤科。体高而侧扁，呈菱形。头较小，吻圆钝。口阔，端位。体长可达47厘米，重3千克。体色灰黑，腹部浅灰。分布于湖北梁子湖、东湖及江西鄱阳湖。主要以苦草、轮叶黑藻等水生植物为食。

古称**武昌鱼**。北周·庾信诗：《奉和就丰殿下言志》十首之一："还思建业水，终忆武昌鱼。"《三国志·吴志·陆凯传》："宁饮建业水，不食武昌鱼。"建业，今南京。宋·姜夔《春日抒怀》诗："日日潮风起，怅望武昌鱼。"元·马祖常《送宋显示夫南归》诗："携幼归来拜丘陵，南游莫忘武昌鱼。"明·何景明《送卫进士推武昌》诗："此去且随彭蠡雁，何须不食武昌鱼。"毛泽东《水调歌头·游泳》："才饮长沙水，又食武昌鱼。"所指的就是该鱼。

因其多产于武昌而得名。古代有"鳊鱼产樊口者甲天下"的说法。樊口，古代属武昌县，现在湖北省鄂城县，三国时孙权自公安迁都鄂县，"以武而昌"之义，改名叫武昌县，武昌鱼始得名于此，是武昌鱼的真正故乡。1967年，华中农业大学易伯鲁教授，在《关于武昌鱼》一文中，将武昌鱼正名为团头鲂。

重要养殖鱼，中型经济鱼，肉味腴美，脂肪丰富，属上等鱼。具有补虚、益脾、养血、祛风、健胃之功效，可以预防贫血症、低血糖、高血压和动脉血管硬化等疾病。

泥 鳅

鲵鳝 鳅 鳛 鳛 泥鳛 鳛鳛 委蛇 鱼鳅

泥鳅 *Misgurnus anguillicaudatus*（Cantor），鲤形目鳅科。体圆柱形，长10～25厘米。鳞细小，埋于皮下。体色橙褐或绿。分布广，湖、塘、水沟、稻田等浅水域均有之，喜栖于静水底层，常钻入泥中。杂食性，多夜间摄食。善由小涧逃遁。生命力强，能用肠呼吸，适应性强，饵料来源广，颇便人工养殖。营养丰富，为食用鱼之一。

古称**鲵鳝**。《庄子·庚桑楚》："夫寻常之沟，巨鱼无所还其体，而鲵鳝为之制。"《说文·鱼部》："鳛，鳛也。从鱼酋声。"《尔雅·释鱼》："鳛鳛。"郭璞注："今泥鳛。"邢昺疏："鳛，一名鳛，即今泥鳛也。穴于泥中，因以名云。"

别名**鳛**（ào）。《广雅·释鱼》："鳛，鳝也。"《续广雅》："鳛，小鳛也。"

单称鳛、鰼（xí）。《埤雅·释鱼》："鳛，今泥鳛也。似鳝而短，无鳞，以涎自染，难握……鰼，寻也，寻习其泥，厌其清水。"唐·韩偓《余卧病深村闻十二郎官今称继使闽越……因成此篇》诗："雾豹祗忧无石室，泥鳛唯要有洿池。"雾豹，出自汉·刘向《列女传·陶答子妻》，指隐居伏处，退藏避害的人；洿（wū）池：水塘。《尔雅翼·释鱼二》："鳛，亦鱼之类。首尖锐，色黄黑。"

俗称泥鳛。明·李时珍《本草纲目·鳞四·鳛鱼》："泥鳅生湖池，最小，长三四寸，沉于泥中。状微似鳝而小，锐首圆身，青黑色，无鳞。以涎自染，滑疾难握。"明·屠本畯《闽中海错疏》卷上："泥鳛，产水田中，大如指，夏月最多。"宋·梅尧臣《江邻几馔鳅》诗："泥鳅鱼之下，曾不享嘉宾。"

异称委蛇（wēi yí）。清·历荃《事物异名录·水族部》："《庄子》：'食之以委蛇。'注：委蛇：泥鳅。"委蛇（wēi yí），原意逶迤透迤，此示其体态柔软。

俗名鱼鳅。道光《龙岩州志》："泥鳛，似鳝而短，俗呼鱼鳅。"

鰼，字从习，本义，小鸟反复地试飞。《说文》："习，数飞也。"此处意寻找，"寻习其泥"。鳛字从酋，酋指腐败、发酵。意鳛"厌其清水"，寻稻田、池水之泥中，静水底泥多腐。鳛是鳅之古字。鳅，音囚，囚身于泥，不舍离去。泥鳅，或为泥囚，泥中囚身。鳛字从奥，通澳，意污浊。鳛意喜浊泥之鱼。

泥鳅味甘，性平，有补中益气、祛湿强肾、杀虫收痔等功效，是老人、儿童、孕妇及贫血患者的理想食品。

黄颡鱼

鳠 扬 黄颊鱼 黄鳠鱼 黄鮏 黄魟 鮏魟 大头 赤鱼 汪牙 黄道士 盎狮鱼

黄颡鱼 *Pseudobagrus fulvidraco*（Richardson），鲤形目鮠科。体延长，大者长 30 厘米，重 500～750 克。头大，体无鳞，具脂鳍。体背黑褐，侧面青黄，腹部淡黄。底栖鱼，喜群居。分布很广，江河、湖泊、水库中均有之。方言称黄鮟、草鮟、草黄鮟角，上海称昂牛，苏州称汪钉头（因其胸鳍棘发达），四川称黄腊丁，宁波称昂刺鱼，东北叫嘎牙子，湖南称黄鸭叫、鮏丝、嘎鱼、黄蜡鱼。

古称鳠，始见于先秦典籍。《诗·小雅·鱼丽》："鱼丽于罶，鳠

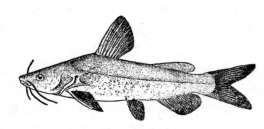

图102 黄颡鱼

鲨。"鳎字从尝，意味美。《说文》："口味之也。从旨，尚声。"

黄颊鱼。三国吴·陆玑《毛诗草木鸟兽虫鱼疏》云："鳎，一名扬，今黄颊鱼。似燕头鱼身，形厚而长，［颊］骨正黄，鱼之大而有力能飞者。江东呼黄鳎鱼，一名黄颊鱼。"

黄鳎鱼、黄鸯（yāng）、**黄鸦**（yà）。宋·晁补之《北渚亭赋》："鳎鲤窘呼深塘兮，鸿雁起于中沚。"《埤雅·释鱼》："鳎，今黄鳎鱼是也。性浮而善飞跃，故一曰扬也。"明·李时珍《本草纲目·鳞四·黄颡鱼》："黄鳎鱼、黄颊鱼、鸯鸦、黄鸦。时珍曰：'颡、颊以形，鳎以味，鸯鸦以声也。今人析而呼为黄鸯、黄鸦。'"又时珍曰："黄颡，无鳞鱼也。身尾俱似小鲇，腹下黄，背上青黄，腮下有二横骨，两须，有胃。群游作声如轧轧。性最难死。"

鸯鸦。明·屠本畯《闽中海错疏》卷上："鸯鸦，似鲇而小，边有刺，能螫人，其声鸯鸦。"

方言**大头、赤鱼**。清·李调元《然犀志》卷下："黄鳎鱼，儋州志云，一名大头，土人呼作赤鱼。"

方言**汪牙**。清·汪曰祯《湖雅》："鳎，乌程罗志，乡土呼为汪牙。"汪牙为黄牙音之讹。

拟人称**黄道士**。清·陈方瀛《川沙厅志》："黄颡鱼，俗名鸯鸦，亦名黄道士。"

方言**盎**（àng）**狮鱼**。嘉庆《如皋县志》："盎狮鱼，似鲇有角。"盎狮，乃方言昂刺鱼的谐音字。

其"腮下二横骨"是指发达的胸鳍硬刺，群游时发出轧轧之声，听如鸯、鸦。颡为额，《说文》："颡，额也。从页，桑声。"但其额不黄，颊也不黄，仍属拟其声。陆玑误把鳙鱼混为黄鳟鱼（见《鳙鱼》条）。后人袭陆玑之误，视黄颊鱼为黄鳎鱼之异名。清·李调元《然犀志》卷上云："黄颡鱼，古名黄鳎鱼，诗注名黄颊鱼，今人名黄鸯、黄鸦，陆机误为黄扬。"底栖鱼不会"性浮善飞跃"，"扬"音同鸯，亦应指其发声。

常见食用鱼，肉细嫩，味鲜美，刺骨少，多脂肪，还有醒酒、祛风、利尿、治水肿等药效。《本草纲目》附方："一头黄颡八须鱼，绿豆同煎一合余。白煮作羹成顿服，管教水肿自消除。"

长吻鮠

鮇　鮠鱼　水底羊　民鱼　江鳔　鮰鱼　鮰老鼠　乌鳛　鱯　斑点鱯　鲱　回鱼　鱍鮠　鳠鱼　魾　石斑魾

长吻鮠 *Leiocassis longirostris* Günther，鲶形目鮠科。体较大，一般长 60～85 厘米，长者达 1 米，最大重 10 千克。体前部平扁，后部侧扁。体色浅灰。口腹位。体无鳞，脂鳍低而长。分布长江干、支流中，栖于底层，以无脊椎动物和小鱼为食。

古称鮇（pī）。《尔雅·释鱼》："鮇，大鱯，小者魾。"郭璞注："鱯似鲶而大，白色。"明·李时珍《本草纲目·鳞四·鮠鱼》："北人呼鱯，南人呼鮠，并与鮰音相近。迩来通称鮰鱼，而鱯、鮠之名不彰矣。"实则鮇、鱯与魾是三鱼。今人张春霖将鮇定为云南西双版纳的一种鱼，命名为鮇 *Bagarius bagarius* Hamilton et Buchman。鱼类学家成庆泰则认为是指产于黄河流域和长江以北的长吻鮠。此鱼肉嫩味美，又无细刺，被誉为食用鱼之上品，可以和河鲀肉相比美，甚至冒充河鲀肉，能达以假乱真的程度。宋·张耒《明道杂志》："余在真州会上食假河豚，是用江鮰作之，味极珍。有一官妓谓余曰：'河豚肉味颇类鮰鱼而过之，又鮰鱼无脂胰。'"真州，是仪征市的一个镇，叫真州镇。鮰乃鮠音之专，意同。丕，《说文》："丕，大也。"

指称**鮠鱼**。宋·龚明之《中吴纪闻》卷二"鮠鱼"："鮠鱼出吴中，其状似鲶。隋大业中，吴郡尝献海鮠鱼……皮日休诗云：'因逢二老如相问，正滞江南为鮠鱼。'"鮠字从危，危有端正、正直之意，如"正襟危坐"。此示鱼体形端正，前平扁，后部侧扁。

别名**水底羊**。明·杨慎《异鱼图赞》鮰鱼："河豚药人，时鱼多骨。兼此二美，而无两毒。粉红雪白，鮰美堪录。西施乳溢，水羊胂熟。鮰鱼一名水底羊。"因其肥甘味美而称水底羊。水羊胂熟，即短时间促熟。

俗称**民鱼**、**江鳔**。清·李调元《然犀志》卷下："民鱼，高丽人以民鱼为鮰鱼。按：鮰鱼味美无毒，膘可作胶，一名江鳔。"

俗称**鮰鱼**。宋·苏轼《戏作鮰鱼一绝》："粉红石首仍无骨，雪白河鲀不药人。寄语天公与河伯，何妨乞与水精鳞。"意为像粉红的石首鱼比它刺少，像雪白的河鲀但无其药人之毒。告诉天公与河神，不妨给它一身像水晶一样的鳞片外衣。关于鮰字，清代著名诗人查慎行认为，苏东坡写了白字，《院长饷新年食物兼示四绝句次答·次韵鮠鱼》："类篇止有鮠鱼字，梵语苏诗恐误人。我是江湖钓杆手，为公笺释到纤鳞。"并加注疏曰："《说文》《玉篇》俱无鮰字，司马公《类篇》有鮠字。"鮰乃鮠音之专，意同。清·陈维崧："莺煖鮰鱼新上市，草香茧子齐等簇。"唯其背鳍和胸鳍刺有毒腺，毒性较强，被刺后剧痛、灼热、局部肿胀，甚至发烧，半小时至 1 小时后方止，捕捉时须小心。

俗名鮰老鼠、乌駏。光绪《川沙厅志》卷四："鮰鱼，一名鮠，身白无鳞，背微灰，正中有肉翅，微红，鼻短，口在颌下，俗呼鮰老鼠，极大者呼为乌駏。"

此鱼喜长途游弋回旋，因此而得名鮰鱼。鮠与"回"同音，民间通称回鱼，又称鮠鱼、肥沦、江团、白吉、肥头鱼等。方言也称团鱼，四川叫江团，福建称梅鼠，上海叫鮰老鼠，贵州叫习鱼。此为我国特产，尤以上海宝山、江苏镇江、安徽淮河、宜昌三峡、重庆嘉陵、贵州赤水等处的鮰鱼质量最优。长江三鲜原指鲥鱼、刀鲚和河鲀。因河鲀有毒，烹饪不当，会致人命，遂以鮰鱼替代，改为鲥鱼、刀鲚和鮰鱼了。

鱯（hù），如斑点鱯 *Hemibagrus guttatus*（Lacépède），鲶形目鮠科。体细长，长约 30 厘米。体重一般 500 克，最大重 5 千克。头平扁，体色灰褐，脂鳍甚长。无鳞，分布于长江干、支流中，习见食用鱼。福建称"白须鳅"、"白鱯"。

《山海经·北山经》："〔绣山〕洧水出焉，而东流注于河，其中有鱯、黾。"鱯字从蒦，意尺度，即大也。

称鮥（kuà）、回鱼、鱨。《广韵·上马》："鮥，鱼似鲶也。"《说文·鱼部》："鮥，鱯也。"朱骏声通训："一名鱯，今谓之回鱼。"《广雅·释鱼》："大鮥谓之鱨。"王念孙疏证："鮥即《尔雅》之鱯。"《正字通·鱼部》："鲶、鮠、鱯皆无鳞鱼。鱯盖鮠之大者。"

亦称鮠、鰊（lài）鱼。宋·陆游《春日》诗："已过燕子穿帘后，又见鮰鱼上市时。"明·李时珍《本草纲目·鳞四·鮠鱼》："鱯，即今之鮰鱼。似鲶而口在颌下，尾有岐，南人方音转为鮠也。"又"北人呼鱯，南人呼鮠，迩来通称鮰鱼。又鱼乃鱯鱼之转也，秦人谓其发癫，呼为鰊鱼。""鰊，鱼也，从鱼赖声（说文）。"鱯属鮠科，与同科鱼形相近，故常混而为一。

鮡（zhào），如石斑鮡 *Caraglanis kishinauyei*，鲶形目鮡科。体长一般 15 厘米。前部平扁，后部侧扁。胸部前方常具一吸着器。背鳍、胸鳍皆具硬刺，脂鳍低平。无鳞。底栖性鱼类，分布于长江上游一带，栖于山涧溪流中，当地经济鱼类之一。方言石爬子。

《广韵·上小》："鮡，似鲶而大。"《尔雅·释鱼》："鯷，大鱯，小者鮡。"邢昺疏："鱯，鱼名，大者别名鯷，小者别名鮡也。"连横《台湾通史·虞衡志》卷二十八："鮡鱼，生海滨泥中，长三四寸，色黑善跳，俗称花鮡，以身有白点也。"鮡字从兆,兆的大篆形似龟甲受灼所生的裂痕,本意示征兆。此处示鱼身体斑纹如龟甲之灼痕。

鲶与胡鲶

鰋 鮧 鯷 鮷 鳀鱼 鰅 鮀 肥鮀 胡鲶 涂虱 弹虱 田瑟

鲶 *Parasilurus asotus*(Linnaeus),鲶形目鲶科。体延长,长 20 ~ 25 厘米,重 1.5 ~ 2 千克。头中大,口大。体色暗灰或灰黄,腹部灰白。体光滑无鳞,富黏液。颌须两对,长达胸鳍末端。背鳍很小,臀鳍很长。底栖鱼,广泛分布于江河湖泊中。性凶猛,肉食性,常夜间觅食。方言黄腾、青鲶、菜花鲶、小喉鲶等。

古称鰋(yǎn),始见于先秦典籍。《诗·小雅·鱼丽》:"鱼丽于罶,鰋鲤。"毛传:"鰋,鲶也。"孔颖达疏:"鰋,今鰋额白鱼也。别名鯷。孙炎以为鰋鲶一鱼,鱧鯇一鱼,郭璞以为鰋鲶鱧鯇四者各为一鱼。"郭说为是。鰋现名红鳍鲌。《说文·鱼部》亦将鰋鮀鲶相互注为一鱼。

别名鯷、鮧(yí)。《尔雅·释鱼》:"鲶。"郭璞注:"别名鯷,江东通呼鲶为鮧。"《尔雅翼·释鱼二》:"鮧鱼,偃额,两目上陈,头大尾小,身滑无鳞,谓之鲶鱼,言其黏滑也。"

别名鮷。南朝齐·张融《海赋》:"照天容于鮷渚,镜河色于魦浔。"晋·左思《蜀都赋》:"鱣鲔鱒魴,鮷鳢魦鰅。"《广雅·释鱼》:"鮷、鯷,鲶也。"鮷,古同鯷;渚,为小洲;魦浔,有吹沙鱼游动的水边。明·杨慎《异鱼图赞》卷一:"鮧鱼偃额,两目上陈,头大尾小,身滑无鳞,或名曰鲶,黏滑是因。"

鯷鱼。明·李时珍《本草纲目·鳞四·鮧鱼》:"鯷鱼、鰋鱼、鲶鱼。时珍曰:'鱼额平夷低偃,其涎黏滑。鮧、夷也。鰋,偃也。鲶,黏也。古曰鰋,今曰鲶;北人曰鰋,南人曰鲶。'时珍曰:'鲶乃无鳞之鱼,大首偃额,大口大腹,鮧身鳢尾,有齿有胃有须。生流水者,色青白;生止水者,色青黄。'"鮧,字从夷,意平坦。如明·魏学洢《核舟记》:"船背稍夷。"示鱼额平。鲶的诸多异称,或因古今有异,或南北有别。《通雅·动物·鱼》:"鲶,口方无鳞,江东谓之鮧,又名鮧,今南都、江北并称鲶鮧,而鮷、鮧、鯷,皆汉晋以前之语,亦一字也。"鮧,江东方言;鰋,北人方言;鯷,汉晋前与鮧同。鰋,字从匽,古同偃,意倒伏。亦示鱼额部低下。鰋又是红鳍鲌异名之一,与鲶非类同,显然是一名多用。

鰅(yú)亦鲶类。《说文·鱼部》:"鰅,鱼名。皮有文。"《史记·司马相如列传》:

"鳎鳙鲹鮔，禺禺鱸魶。"裴骃引徐广曰："鳎，皮有文，出乐浪。"

异称**鮀**或**肥鮀**。《说文》："鮀，鲇也。"《巴县志·物产》："鮀鱼，俗称肥鮀……《齐民要术》有鮀臛汤法。按，吾县所称为肥鮀者，口腹俱大，背黄腹白，身滑无鳞。蒸食之极佳，为江鱼中上品。"

其肉质细嫩，味道美，刺骨少，为习见食用鱼之一，亦有利尿、催乳之功效。

胡鲶 Clarias batrachus（Linnaeus），属鲶形目胡鲶科。体前部平扁，后部侧扁，长达 19 厘米。头部须四对，体裸无鳞，背鳍基部长。鳃腔内具辅助呼吸器，能利用空气中的氧。干燥时穴居，能数月不死。性凶猛，分布广。方言扁猪、塘虱、土虱。

古称**涂虱**、**弹虱**、**田瑟**。明·屠本畯《闽中海错疏》卷中："涂虱，生于泥中如虱，故名。一呼涂虱。有刺弹人，一名弹虱。田塍潭底，往往有之，一名田瑟。"据连横《台湾通史·虞衡志》卷二十八："涂虱：头扁，身黑，长五、六寸，产于溪沼。"涂虱，涂意滩涂；虱，本意虱子，"生于泥中如虱"，也意置身。如唐·韩愈《泷吏》："得无虱其间，不武亦不文。"意栖身泥涂中。田瑟，瑟为古乐器，此意其形扁如瑟。属鲶类，须发达，称胡鲶。

肉嫩味美，还可药用，与绿豆、陈皮煮服可治黄疸、慢性肝炎等。胸鳍棘有毒腺，被刺会剧痛。

乌 鳢

铜　鲩　鮠　鲥　鲧　七星鱼　鮰　乌鱼　元鳢　乌鲤　文鱼　玄鳢
火柴头鱼　黑鱼　水厌　铜鱼　黑头鱼　朝天鱼　黑鲤头　斑鱼

乌鳢 Ophiocephalus argus Canto，隶于鳢形目鳢科。体延长成亚圆柱形，长者 50 厘米以上，重 5 千克。头扁，口大，牙尖。体色青褐，具三纵行黑斑，被细鳞。性凶猛，以其他鱼虾为食，分布很广。

古称**铜**、**鲩**、**鮠**（tuō）、**鲥**（tóng）。《诗·小雅·与丽》："鱼丽于罶，鲂鳢。"毛传："鳢，铜也。"《说文·鱼部》："铜鱼。一曰蠡也。"朱骏声通训："铜，按，即鳢也，苏俗谓之黑鱼。"《尔雅·释鱼》："鳢。"郭璞注"铜也。"邢昺疏："今鲥鱼也。铜与鲥音义同。"又"鲩，大铜，小者鮠。郭璞注：今青州人呼小鮰为鮠。"邢疏云："此申释鳢大小之

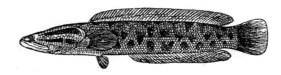

图103　乌鳢

异名也。其大者名鳏，小者名鲵，然则中者名鳢。"《文选·张衡〈西京赋〉》："其中则有鼋鼍巨鳖，鲤鲂鲖。"李善注引薛综曰：《尔雅》曰：'鳢，鲖也。'"鳢，制字从礼，古人误以为其头有七星，夜朝北斗，重礼，故称鳢；鲖，从同，如筒，圆而大；鲵，通"锐"，意锋利，体细小；鳤同鲖；鳏，如坚，强大；乌，色黑。

单称鳢（lí）。《说文·鱼部》："鳢，鲖也。"桂馥义证："戴侗曰：'鳢，鱼之挚者，鳞黑斑驳首，左右各有窍如七星。'""蠡"，原指小虫，此用其与鳢同音。

俗称七星鱼。战国·范蠡《养鱼经》："黑鱼者，鳢鱼也。一名乌鱼，一名七星鱼。""头戴七星"历代典籍上屡有类似记载。《尔雅翼·释鱼一》："鳢鱼，圆长而斑点，有七点作北斗之象，夜则仰首向北斗而拱焉。有自然之鳢，故从礼。"鳢鱼头形及头部的细小鳞片颇似蛇头，其拉丁学名亦为蛇头之意，其身上黝黑的图案亦颇似蟒皮，现在有些地方索性称它蛇鱼或蛇头鱼。但鳢非公蛎蛇所化，与蛇通气、夜向北斗之说，纯属臆测。所谓"头戴七星"，是依其头部斑纹想象而来，难免众说纷纭。有说斑点成七星状，有说"头上有七个小孔，如北斗星象"（梁代陶弘景《本草经集注》）等。窍应指口鼻眼耳七窍，鱼，概莫能外，鳢有何特殊？

亦称鲡（lí）鱼。《韩诗外传》卷七："南假子过程本子，本子为之烹鲡鱼。南假子：'吾闻君子不食鲡鱼。'本子曰：'此乃君子不食也，我何与焉？'"

俗名乌鱼。《正字通》："鳢，今乌鱼。"明·顾起元《遁园居士鱼品》："乌鱼，其性耐久，埋土中数月不死，得水复活。"性至难死，非是公蛎蛇所化，因其鳃腔上方有一宽大的辅助呼吸器官，称鳃上腔，能摄取空气中的氧。对缺水、缺氧等的耐受力很强，即使出水后也不易死，能活数个小时，而且死后肌肉不易腐烂。冬季，乌鳢常是在深水处埋身于淤泥中停食不动，越过寒冬，生命力的确是很强的。

异称元鳢、乌鲤。明·屠本畯《闽中海错疏》："鳢，文鱼也，一名乌鲤……夜则昂首北向，岭南谓之元鳢。"清·多隆阿《毛诗多识》：鳢"又名元鳢，则以此鱼色黑，故名，黑名元，元亦黑色也"。

异称文鱼、玄鳢。《埤雅·释鱼》："鳢，今之玄鳢是也，诸鱼中唯此鱼胆甘可食。有舌，鳞细，有花纹，一名文鱼。与蛇通气，其首戴星，夜则北向。"

俗称火柴头鱼。明·李时珍《本草纲目·鳞四·鳢》："鳢首有七星，夜朝北斗，有自然之礼，故谓之鳢。又与蛇通气，色黑，北方之鱼也，故有玄、黑诸名。俗呼火柴头鱼，即此也。鳢是公蛎蛇所化……性至难死，犹有蛇性也。"公蛎蛇即水蛇。

俗称黑鱼。明·黄省曾《鱼经》二之法："黑鱼者，鳢鱼也。夜则倾首而戴斗（北斗）。"

诸多异称或缘于体色黑，如黑鳢、玄鳢、乌鳢、乌鱼、乌棒、元鳢、乌黑、乌鲤、斑鱼、七星鱼、火柴头鱼等；或与鳢音同，如小鲡、鲡鱼、乌鲤等；朝天鱼，也意夜朝北斗。

隐称水厌。明·李时珍《本草纲目·鳞四·鳢》："花纹颇类蝮蛇……形状可憎，气息腥恶，食品所卑，南人有珍之者，北人尤绝之，道家指为水厌，斋箓所忌。"厌，戒食之意；斋箓为道教祭祷仪式的秘文秘录。《尔雅翼·释鱼一》："今道家忌之，以其首戴星也，又指为厌。故有天厌雁，地厌犬，水厌鳢之说，皆禁不食。"三厌是孙思邈真人所提，按《孙真人卫生歌》的解释是，某些动物知情达理："雁有序兮犬有义，黑鲤朝北知臣礼。人无礼义反食之，天地神明俱不喜。"这就是乌鳢被道教列为水厌之故。

别名鲖鱼。清·徐珂《清稗类钞·动物类》"鳢，可食，形长，体圆，头尾几相等。细鳞，黑色，有斑文，腹背两鳍均连续至尾，亦名鲖鱼，俗名乌鱼。"鲖犹如筒，意体圆。

俗称黑头鱼、朝天鱼。《古今图书集成·禽虫典》引《万安县志》："鳢即黑头鱼，头有七窍如北斗象，子夜昂首向北，又谓之朝天鱼。"

俗称黑鲤头。清·汪曰桢《湖雅》："鳢，一作鳠，即黑鱼，一作乌鱼……俗呼黑鲤头。"鳠、鲤与鳢同音。

方言斑鱼。清·陈鉴撰《江南鱼鲜品》："鲤鱼，身似鲟而色纯黑，头有七星，俗曰乌鱼，吾粤名斑鱼。"

此鱼性凶猛，攻击力很强，以其他鱼、虾及青蛙等动物为食，是养鱼之害。陶氏本草注：此鱼"力最大，长至三四尺者，一人不能捉取，俗呼曰黑鱼棒，言其能跳，以尾击人也"。重 500 克的乌鳢，能吞食重 150 克的草鱼、鲫鱼等，在较短时间内能吞食 8 尾 10 厘米长的草鱼。乌鳢的摄食量大，往往能吞食为其体长一半左右的活饵，胃的最大容量可达其体重的 60% 上下。甚至有同类相残的习性，能吞食体长为本身长 2/3 以下的同类个体。明·屠本畯《闽中海错疏》卷上："凡鳢一尾，入人家池塘，食小鱼殆尽，人每恶而逐之。"但它生长快，肉虽较粗，但肥而刺少，营养丰富，颇受赏识。古人对它褒者有之。如《遁园居士鱼品》："江东……人所珍，自鲥鱼、刀鲚、河鲀外，有鳢。"贬者亦有之，认为"鲂鳢之美不如鲤"。毛传云："鳢，非上品鱼，处处皆有。"

明·杨慎《异鱼图赞》卷二："乌鱼戴星，禁在仙经，鳀鲖鳢蠡，纷其别称。其胆独甘，以为是征。""其胆独甘"，"专治喉痹"。清·杨时泰《本草述钩元》："诸鱼胆苦，惟此胆甘而可食，为异。腊月收取阴干。喉痹将以鳢鱼胆点入少许，即瘥（chài，即病除）。病深者，水调灌之。"

由于人们的需求量大，除我国外，世界不少国家都开展了人工养殖。早在公元 1915 年日本就从我国台湾引进鱼种进行养殖，美国旧金山、夏威夷群岛很早就从我国引进，称作中国鱼。前苏联也养殖乌鳢，泰国、印度、越南、柬埔寨等国也从 20 世纪 80 年代开始人工养殖。

黄 鳝

鳝　鳝　鱔　鰕鳝　蛇鳝　单长福　泥蟠椽　泥猴　黄鳝　粽熬将军　油蒸
校尉　曨州刺史　微鳞公子　长鱼

　　黄鳝 *Monopterus albus*（Zuiew），合鳃目合鳃科。体甚细长，前部圆柱状，后部侧扁，最大个体重 1~1.5 千克。左右鳃孔在腹面相连，体无鳞。体背黄或黄褐，腹面色淡，全身有黑褐小斑点。无胸、腹鳍。喜栖于稻田、池塘、河沟，夜间觅食昆虫、幼蛙、小鱼等。冬季穴中越冬数月之久，幼时都为雌性，产卵一次后转为雄性。方言称田鳝、黄参、田赤等。

　　古称鱔、鳝（shàn）、鰕鳝。《山海经·北山经》："〔诸毗之水〕其中多滑鱼，其状如鳝，赤背。"郭璞注"鱔鱼，似蛇。"又："湖灌之山湖灌之水出焉，而东流注于海，其中多鳝。"郭璞注："鳝，亦鱔鱼字。"《说文·鱼部》："鱔，鱔鱼也。"段玉裁注："今人所食之黄鳝也。黄质，黑文，似蛇……其字亦作鳝，俗作鳝。"三国·魏·曹植《鰕鳝篇》："鰕鳝游潢潦（即积水池），不知江海流。"《南齐书·周颙传》："鳝之就脯，骤于屈伸。"《太平御览》卷九百三十引晋·周处《风土记》曰："凡鳝鱼夏出冬蛰，亦以将气养和实时节也。"唐·元稹《酬乐天东南行诗一百韵》："杂绹多剖鳝，和黍半蒸菰。"鳝字从善。《集韵》："鳝与鳝同。"

　　俗称蛇鳝。《尔雅翼·释鱼二》："鳝似蛇无鳞，黄质黑文，体有延沫，生水岸泥窟中……夏月于浅水中作窟，如蛇冬蛰而夏出，亦名蛇鳝。"宋·程垓《满江红》诗："卧后从教鳅鳝舞，醉来一任干坤窄。"《淮南子·览冥训》："蛇鳝着泥百仞中，熊罴匍匐丘山岩。"蛇鳝谓其形如蛇。

　　戏称单长福、泥蟠椽（pán chuán）。宋·毛胜《水族加恩簿》："单长福，曲直靡常，鲜载具美，宜授泥蟠椽。"单长福，单意大，福中之畐，是腹字初文，意大而长的腹部；泥蟠椽，鳝之谑称；蟠，盘曲，盘结；椽，承屋瓦的圆木；泥蟠椽，意盘曲泥中的圆柱体。

　　戏称泥猴。明·屠本畯《闽中海错疏》卷上："鳝似蛇无鳞，黄质黑章，体有涎沫，生水岸泥窟中，能雨水中上升，夜则昂首北向，一名泥猴。按：鳝形既似蛇，又夏月于浅水作窟，如蛇冬蛰夏出，故亦名蛇鳝。"因其形似蛇，古人认为是蛇变而来。《抱朴子》曰："田地既有自然之鲜，而有荇茎、芩根、土龙之属化为鳝。"更甚者认为是"死人发所化"（弘景语）。荇与芩均为多年生水生植物，此说实误。上述夜则昂首北向之说亦误。

称**黄鮰**。明·李时珍《本草纲目·鳞四·鳝鱼》："黄鮰。宗奭曰，鳝腹黄，故世称黄鳝。"又"时珍曰，异宛作黄鮰，云黄疸之名，取乎此也。"鮰，缘于体色黄。

谑称**粽熬将军、油蒸校尉、臞州刺史**。《事物异名录·水族部·鳝》："《山堂肆考》：鳝似鳅而长……梁韦琳以鳝为粽熬将军，又曰油蒸校尉，又曰臞州刺史。"粽熬将军、油蒸校尉、臞州刺史，以人性化的谑称，示其在菜肴中充当的角色。

方言**微鳞公子**。《古今图书集成·禽虫典·杂鱼部》引《万安县志》："鳝其味宜面，淮北呼为微鳞公子。"

方言称**长鱼**。清·李斗《扬州画舫录·虹桥录下》："面有浇头，以长鱼、鸡、猪为三鲜。"

古人认为鳝为鼍。如《毛诗草木虫鱼兽疏广要》："按鳝字本音鉈，与鼍同。"有考者谓，"单"为鼍的象形字。甲骨文与金文中的单字，也就是鼍字。《尔雅翼·释鱼二》："古者鳝字，多假借用字。故《后汉》注直以鮹之解之。"古时还以鳣字作鳝的注解。《韩非子·说林下》："鳣似蛇，蚕似烛。"按：《说苑·谈丛》："'鳣'作'鳝'。"明·李时珍《本草纲目·鳞四·鳝鱼》释名："黄鮰……陈藏器曰，当作鳣类误矣。"鳣与鮹指鲟类，与鳝相去甚远，只能说古人是一字多用。

鳜　鱼

鳜　苏肠御史　锦袍氏　银丝省臞德郎　仙盘游奕使　鱖　鱊　水底羊　水豚　鳜豚　石桂鱼　鳟花鱼　鳟　既鱼　朱鳜　季婆　贵鱼　白龙臁

翘嘴鳜 *Siniperca chuatsi*（Basilewsky），鲈形目鮨科。体高而侧扁，长者达80厘米，重7.5千克。口大，前鳃盖骨下缘具4～5个大棘。体色青黄，具许多不规则黑褐色斑。被细鳞，背鳍一个，硬棘发达。喜栖于静水或水流缓慢、水草丛生的湖泊，分布于几乎所有江河湖川。性凶猛，掠食其他鱼虾。

其称始见于先秦典籍。《山海

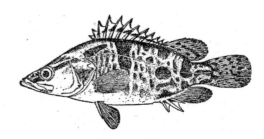

图104　鳜鱼

经·中山经》："又东七十里，曰半石之山……合水出于其阴，而北流注于洛，多𩾌鱼，状如鳜。"郭璞注："鳜鱼，大口大目细鳞，有斑彩。"《尔雅翼·释鱼二》："鳜鱼，巨口而细鳞，鬐鬛皆圆，黄质黑章，皮厚而肉紧，特异常鱼。夏月盛热时，好藏石罅中，人即而取之……昔仙人刘凭常食石桂鱼，今此鱼犹有鳜名，恐即是也。"鳜，制字从厥。厥，谓鱼体僵蹶。实则鳜体屈曲自如，毫不僵厥，此说牵强。厥，古有憋气用力之意，也意厉害。此处谓其性凶猛，背鳍棘强硬刺人如剑。其音桂，云借仙人刘凭常食之石桂鱼的桂音。世上何有仙人？此说无据。

戏称**苏肠御史**。宋·毛胜《水族加恩簿》："锦袍氏，骨疏肉紧，体具文章，宜授苏肠御史，仙盘游奕使。"又"银丝省餍德郎锦袍氏，鳜也。"南宋·杨万里《舟中买双鳜鱼》："一双白锦跳银刀，玉质黑章大如掌。"

单称**𩻥、䲤**。明·李时珍《本草纲目·鳞三·鳜鱼》："鳜，蹶也。其体不能屈曲如僵蹶也。𩻥（jì），䲤也，其纹斑如织䲤也。"

喻称**水底羊**。北魏·郦道元《水经往》："其头似羊，丰肉少骨，名水底羊。"

异称**水豚、鳜豚**。《正字通·鱼部》："鱼扁形，阔尾，大口，细鳞，皮厚，肉紧，味如豚，一名水豚，鳜豚。"因肉味像豚而称水豚。

异称**石桂鱼**。 明·杨慎《异鱼图赞》卷二："石桂之鱼，天仙所饵，犹有桂名。鳜借音尔，流水桃花，真隐永美。"因桃花流水，鳜鱼肥美。故鳜的诸多俗称都含桂字，如桂鱼、桂花鱼、胖鳜、羊眼桂鱼、石桂鱼等；加之体斑纹如锦，有些俗称多带𩻥与花字，如季花鱼、鳌花、一佳花鱼、辞花鱼、花鲫鱼、𩻥花鱼、锦鳞鱼等。

别名**鲑花鱼**。清·屈大均《广东新语·鳞语·鲥鱼》："鲚黄鳟白鲑花香，玉簪金盘尽意尝。"鲑花鱼，同𩻥花鱼，述其斑纹。

单称**鲑**（jì）。清·历荃《事物异名录》："𩻥音蓟，今俗作鲑。"鲑，为𩻥的谐音字，义同，述其斑纹。

俗称**既鱼、朱鳜**。干隆《晋江县志》："鳜，俗呼既鱼，有红斑者谓朱鳜。"既亦为𩻥的谐音字，义同。

方言**季婆**。嘉庆《如皋县志》："鳜，名季婆。"季婆，或意鳜如被花衣之老婆婆。

方言**贵鱼**。《闽产录异》："贵鱼，宁福呼鳜鱼，上游呼贵鱼，鳜、贵闽音略同。"

鳜肉称**白龙臛**。清·历荃《事物异名录·饮食·杂肴》：类书："白龙臛，鳜肉也。"臛（huò），肉羹。

鳜肉细嫩，鲜美，属名贵食用鱼，清蒸、糖醋、红烧皆可，民间常以其作产妇及贫血患者的滋补品。唐·张志和《渔父歌》："西塞山前白鹭飞，桃花流水鳜鱼肥。青箬笠，绿蓑衣，斜风细雨不须归。"山前，一作"山边"。宋·孟元老《东京梦华录·饮食果子》："所谓茶饭者，乃百味羹……货鳜鱼、假元鱼。"宋·陆游《剑南诗稿》云："朝来酒兴不可耐，买得钓船双鳜鱼。"清·边寿民《题画鳜鱼》："春涨江南杨柳湾，鳜鱼泼剌绿波间。"泼剌，形容鱼在水中跳跃的声音。清·孙原湘《观钓者》："昨夜江南春雨足，桃花瘦了鳜鱼肥。"

宋·梅尧臣《上巳日午桥石濑中得双鳜鱼》："修禊洛之滨，湍流得素鳞，多惭折腰吏，来作食鱼人。水发粘荇绿，溪毛映渚春。风沙暂时远，紫绿忆江莼。"修禊（xì），本字为"絜"，洁，即水中洁净自身，源于古老的巫医传统，即每年三月三日，春风和煦，阳气布畅的时令，河水中洗浴而将身上的疾病及不祥拂除干净。明·李时珍《本草纲目·鳞三·鳜鱼》："越州邵氏女年十八，病劳瘵累年，偶食鳜鱼羹，遂愈。观此，正与补劳、益胃、杀虫之说相符。"越州，今浙江绍兴。因供不应求，我国从南到北开展了鳜的人工养殖。鳜鱼为我国特产，移殖世界各国，甚受欢迎，称之为中华鱼。

塘鳢

鮒鱼　鲈鲤　吐鮍　杜父鱼　京鱼　吐哺鱼　土附　土步　土部　渡父鱼
黄鲴鱼　船矴鱼　伏念鱼　阴隲　主簿鱼　荡垒　土鳌　荡婆　土附鱼
荡部　黄黝鱼　鲤黝

塘鳢 *Eleotris potamophila*（Gmelin），鲈形目杜父鱼科。体长而低，头平扁，后部侧扁。口大而斜，眼小而高，被中大栉鳞。体色暗黄褐，有黑斑。小型鱼类，分布广，从东北至长江都有，栖于江河下游。上海、南京方言称土步，因其善食虾，又称虾虎；嘉兴称菜花鱼，因清明前后正是菜花盛开的季节，此鱼味最美，所谓三月入市者佳；宁波等地还称塘里鱼；湖州称鲈鲤。

方言称鲈鲤。宋·程大昌《演繁露·土部鱼》："此鱼质沉，常附土而行，不似它鱼浮水游逝也，故曰土附也。顾后人加鱼去（'阝'）部，则书以为鮒焉耳……吴兴人名此鱼即云鲈鲤，以其质圆而长，与黑蠡相似，而其鳞斑驳，又似鲈鱼，故两喻而兼言之也。"黑蠡指乌鳢。

称吐鮍（fù）、杜父鱼、京鱼。《正字通·鱼部》："有附土者曰京鱼，一曰吐鮍，〈食物本草〉曰渡父，〈临海水土异物志〉曰，吐鮍即杜父鱼，一名黄鲴，俗呼船矴鱼。"黄鲴鱼，是黄黝鱼。宋·陈克《阳羡春歌》："石亭梅花落如积，吐鮍斓斑竹茹赤。"明·胡世安《异鱼图赞补》卷上："溪涧小鱼，爰有杜父，状类吹沙，口阔喙缬，背鬐虽螫，渡父攸朊。”朊（音 hū），古代祭祀用的大块鱼肉。清·王端履《重论文斋笔录》卷三：“竹篙轻傍渔舟插，要买新鲜杜父鱼。”

亦称**吐哺鱼、土附、土步、土部**。明·冯时可《雨航杂录》卷下：“吐哺鱼名土附，以其附土而行也。或曰：食物嚼而吐之，故名吐哺……土步，又名土部。”

别名**渡父鱼、黄鲂鱼、船矴鱼、伏念鱼**。明·李时珍《本草纲目·鳞三·杜父鱼》：“渡父鱼、黄鲂鱼、船矴鱼、伏念鱼。时珍曰：‘杜父当作渡父。溪间小鱼，渡父所食也。见人则以喙插入泥中，如船矴也。’藏器曰：‘杜父鱼生溪涧中。长二三寸，状如吹沙而短，其尾歧，大头阔口，其色黄黑有斑。脊背上有鬐刺，螫人。’”

讹称**阴陠、主簿鱼**。明·彭大翼《山堂肆考·鳞虫》：“杜父鱼，一名阴陠……俗呼主簿鱼，盖杜父讹为主簿也。”明·黄省曾《鱼经》：“有土附之鱼，似黑鲤而短小，附土而行，不似它鱼浮水故名。”

别名**荡垒**。清·博潤续修《松江府续志》：“吐哺鱼，卫志有荡垒鱼，盖即此。”

俗称**土鳌**（wù）。万历《杭州府志》：“土鳌俗呼吐哺，以清明前者为佳。”

俗称**荡婆**。清·李铭皖修《苏州府志》：“土附鱼，亦名土哺，俗呼荡婆，似黑鲤而短小，附土行。”

方言**荡部**。清·汪曰桢《湖雅》：“杜父鱼，湖录此鱼吾乡（湖州）人谓之荡部。”

因其喜栖于砂石或泥沙底质的江湖清澈水流中，潜伏石和水藻之下，故名土附。前人又误其嚼食而复吐，称吐哺，与土附同音。土部、渡父、杜父、吐鲋、土步、附鱼诸称，皆土附之同音或谐音。船矴鱼，“以喙插入泥中，如船矴也”。伏念鱼，伏，意体伏卧，即附；念，犹如粘，即粘于土，仍是附土之意。鲫鱼喜群栖称鲋，此鱼喜附土亦称鲋。此又为多鱼一名之例。杜父鱼约40种，古时常有混，吹沙指鰕虎鱼。

黄黝鱼 *Hypseleotris swinhonis*（Gunther），广布珠江到黑龙江。因其颇似塘鳢，古籍中常混为一。如《临海水土异物志》曰：“吐鲋即杜父鱼，一名黄鲂。”明·李时珍《本草纲目·鳞三·杜父鱼》：“渡父鱼、黄鲂鱼、船矴鱼、伏念鱼。”把黄黝鱼作为塘鳢的异称之一。《说文·鱼部》：“鲂，鱼也。”段玉裁注：《广雅》：‘鲂，鳂也。’谓鲂，亦名鳂，鳅之类也。”鳅即鳅类。本科共4种，还有侧扁黄黝鱼，似鲤黄黝鱼、海南黄黝鱼。

别名**鲤黝**（yòu）。清·季念诒等纂《通州直隶州志》：“鲤黝，即杜父鱼。”

两栖类

大 鲵

鰤鱼 人鱼 孩儿鱼

大鲵 *Megalobatrachus davidianus*（Blanchard），有尾目隐鳃鲵科。体大，全长一般 1 米左右，重可达 50 千克，大者长 3 米多，重 140 千克，是现存最大两栖动物。头扁圆而宽，躯干粗扁，四肢粗短，尾长而侧扁。皮较光滑，头背有疣，体色棱褐。分布于南方各省，栖于海拔 100～1200 米的水清流急溪流中。以蟹、蛙、鱼、虾等为食，秋末冬初至翌年四月冬眠，遇强

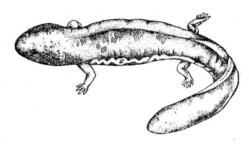

图105 大鲵（仿郑作新）

敌能反胃吐出食物而脱逃，或自短颈的毛孔分泌甚黏的白汁，使浑身弥漫滑涎且不怕小火，故有火蛇之称。寿命可达 50 多年，有记载最长 130 年。

古称**鰤鱼**，始见于先秦典籍。《山海经·中山经》："[少室之山] 休水出焉，而北流注于洛，其中多鰤鱼。状如盩蜼而长距，足白而对，食之无蛊疾。"郭璞注："或曰：'人鱼即鲵也。似鲶而四足，声如小儿啼。'"唐·段成式《酉阳杂俎·广动植之二·鳞介篇一》："峡中人食之鲵鱼，缚树上，鞭至白汁出如构汗方可食。不尔，有毒也。"

拟称**人鱼**。《太平御览》卷九百三十八引《广志》曰："鲵鱼声如小儿，有四足，形如鳢，出伊水也。司马迁谓之人鱼。故其著《史记》曰始皇帝之葬也，以人鱼之膏为其烛。徐广曰：人鱼似鲶而四足，即鲵鱼也。"明·李时珍《本草纲目·鳞四·鰤鱼》："鰤声如孩儿，故有诸名。弘景曰：'人鱼，荆州、临沮、青溪多有之。似鳗而有四足，声如小儿。其膏然之不消耗。'时珍曰：'孩儿鱼有二种，生江湖中，形色皆如鲶、鲵，腹下翅形似足，其颈颊轧轧，音如儿啼，即鰤鱼也。'"

鰤犹啼，因其声如小儿啼，而称鰤鱼，且四肢颇似孩童手臂，而称人鱼、

孩儿鱼，俗称鲵、娃娃鱼、脚鱼、腊狗、狗鱼等。

其肉质细嫩、雪白，味清淡而鲜美，营养丰富，是我国珍贵佳肴，还可强身和防治贫血、血经失调，皮可制革，还可治灼伤，胆汁能解热明目。此系我国特产，国家列为二类重点保护动物。

鲵 鱼

鰕　前儿　魶　鰑　鰁　人鱼　鯑鱼　鰑鱼　孩儿鱼　山椒鱼　蛙蛙鱼　鮖鱼　四足鱼

鲵鱼，为有尾目小鲵科动物的通称。形似大鲵，唯体较小。我国有18种。分两类，一类陆栖为主，如中国小鲵、拟小鲵、爪鲵等，栖于海拔120～1800米的林间潮湿草丛、苔藓等处。另一类水栖为主，如肥鲵、北鲵等，栖于海拔1000～4000米的山溪内。皮光滑无疣，四肢较发达，有眼睑和颈褶，体侧有肋沟。主要分布于东北、西南山区。

其称鲵始见于汉代典籍。《尔雅·释鱼》："鲵大者谓之鰕。"郭璞注："今鲵鱼似鲶，四脚，前似弥猴，后似狗，声如小儿啼。大者长八九尺。"

代称**前儿**。《逸周书·王会》："秽人前儿，前儿若狝猴，立行，声似小儿。"儿（ni），古通鲵。

亦称**魶**（nà）、**鰑**。《集韵·入盍》："魶，鱼名，鲵也。似鲶，四足，声如婴儿，或作鳎。"古时常将鲵鱼与鯑鱼相混，都称人鱼。但体型较大且水栖的大鲵是鯑鱼，体型较小且主要是陆栖、能爬树者是鲵鱼。明·胡世安《异鱼赞闰集》："魶鱼（或云即鲵）有足若鲵，大首长尾，其啼如婴，缘木弗坠。"并引《方物略》云："魶鱼，出西山溪谷及雅江……其声如鲵啼，蜀人豢之。"又引《范镇东斋笔录》云："蜀有魶鱼……孟子言，缘木求鱼是亦未闻此也。"

异称**鰁**（yī）、**人鱼**。宋·戴侗《六书故·动物四》："鰁，类鲶而四足。《本草》：'鲵鱼，生山溪，似鲶。四脚，长尾，一名人鱼。'即此物也。"《太平御览》卷九百三十九引《异物志》曰："鰁有四足，如龟而行疾，有鱼之体，而以足行，故名鰁鱼。"

亦称**鯑**（tí）**鱼**、**鰑鱼**。明·李时珍《本草纲目·鳞四·鲵鱼》："人鱼、魶鱼、鳎鱼……时珍曰：'鲵，声如小儿，故名。即鯑鱼之能上树者。俗云鲶鱼上竿，乃此也……蜀人名魶，秦人名鳎。'"藏器曰："鲵生山溪中……大旱则含水上山，以草叶覆身，张口，鸟来饮水，因吸食之。声如小儿啼。"

俗称**孩儿鱼**。明·张岱《夜航船·孩儿鱼》："磁州出鱼，四足长尾，声如婴儿啼,因名'孩儿鱼',其骨燃之不灭。"《正字通·杂鱼释》:"鲵,音役。人鱼……善登竹类。"明·杨慎《异鱼图赞》卷二:"鲵实四足,而有鱼名。头尾类鳀,岐岐而行,长生山涧,出入沉浮。"

又称**山椒鱼**,缘于鲵鱼能爬上山椒树。清·徐珂《清稗类钞·动物类》:"鲵,一名山椒鱼。"

俗称**蛙蛙鱼、魶鱼**。光绪《咸丰县志》卷八:"蛙蛙鱼,即魶鱼,有两足,能缘木。"

俗称**四足鱼**。清·汪曰桢《湖雅》卷五:"鲵,即四足鱼。"

因其"声如小儿啼",而称鲵。鲵,古代有时指雌鲸,有时又指小鱼,此为一名多用。魶,犹如纳,意低,低下,如纳头、低头,示其体扁。鳎,犹如蹋,"蹋土而行",亦示其形扁。魶与蹋通,"蜀人名魶,秦人名鳎"。鲵,应为"异",因"有鱼之体,而以足行",犹异类。亦有技能之意,如宋·陆游《晓赋》:"万物各有役,吾生何所营。"意有鱼之体而有足行之本领。娃娃鱼兼具水行、陆行和树行的生存能力,易被后人夸张成像龙一样,具上天入地入水的神奇本领。

有些种可作药用,如山溪鲵入药称羌活鱼或杉木鱼,能强身、祛瘀、补血、止痛,还可治腰骨痛,尤其对胃出血有较好疗效。

蟾　蜍

鼀鼀　鼀　圥鼀　鼀鼀　顾菟　苦蛦　屈造　蟆　詹诸　蟾蠩　蟾诸　蹲鼀　辟兵　蟾蚾　蟾蜍　月中虫　月精　去蚁　去甫　戚施　蛤蚾　蚵蚾　蛤霸　癞施　癞团　癞头蟆　虾蚾　肉芝

蟾蜍是蟾蜍科动物的通称,我国有12种。如中华大蟾蜍 *Bufo bufo gargarizans* Cantor,雄体长95毫米,雌体长105毫米。吻端圆而高,前肢长而粗壮,后肢粗短。皮肤粗糙,背面密布大小不等的圆形瘰粒,腹面满布疣粒,耳后腺长圆形。背灰黑,体侧有黑色云斑,腹面黄白,有棕黑色云斑。平时栖石下、草丛或土洞内。分布广,数量较多的还有黑眶蟾蜍 *Bufo melanostictus*,花背蟾蜍 *Bufo raddei*。穴居泥土中,或栖于石下及草间;冬季多在水底泥中。昼伏,晚或雨天外出活动,以蜗牛、蛞蝓、蚂蚁、甲虫与蛾类等动物为食。

其称**鼀鼀,**始见于汉代典籍。《尔雅·释鱼》:"鼀鼀(cù qiū,蹙秋),蟾诸。"郭璞注:"似虾蟆,居陆地。"

又称**鼀、圥鼀、鼀鼀**。《说文·黾部》:"鼀,圥鼀也,詹诸,其鸣詹诸,其皮鼀鼀。其行圥圥。"又云:"鼀鼀,詹诸也。"蟾蜍,意其叫声颇似"詹诸"两字的读音。鼋醜，醜鼋述其皮肤蹙皱不平。尢鼋，尢（音cù），即举足不能前之貌。

指称顾菟。《楚辞》战国楚·屈原《天问》："夜光何德，死则又育？厥利维何，而顾菟在腹？"顾菟，东汉文学家王逸释"菟"为"兔"，释"顾"为"顾望"，后二句释作"言月中有菟（兔）何所听，贪利居月之腹而顾望乎？"近人闻一多，用了11个语言学上的佐证，判定"顾菟"是"蟾蜍"，而非"兔子"。

代称苦蛋。明·李时珍《本草纲目·虫四·蟾蜍》："后世名苦蛋（音笼），其声也。蚵蚾，其皮蚵礧也。" 集解 弘景曰：'此是腹大、皮上多痱磊者，其皮汁甚有毒，犬啮之，口

，
蟾
图

图106　蟾蜍（仿《古今图书集成·禽虫典》）

皆肿'……时珍曰："蟾蜍锐头，皤腹，促眉，浊声，土形，有大如盘者。自然论云蟾蜍吐生、掷粪自其口出也。"《埤雅·释鱼》："蟾蜍吐生，腹大，背黑，皮上多痱磊。跳行舒迟。其肪涂玉则软，刻削如蜡。""吐生"是说蟾蜍是靠嘴来生殖的，甚至说粪也是从嘴里排出的，此说皆误。其肪涂玉，玉就会变软，此说无据。痱磊，痱即痱子，是夏天皮肤上的红或白色小疹，磊是众多、重叠貌。皤（音pó），大。促，靠近。土形，整体厚、肥、黄。

代称屈造。《大载礼记·夏小正》："蜮也者，或曰屈造之属也。今音如聒造。""造"借作"鼋"。蜮，清·王聘珍云《说文》:蜮，注云蜮或从国。郑（玄）注"云：蜮，蛤蟆也。"

单称蝫。《尔雅》释文："蝫，音诸。本作诸。《说文》作詹诸，其本字也。《尔雅》作蟾蝫，作蟾诸，蟾与蝫后起字也。后世通作蟾蜍，其实一也。"

代称蹢鼋（jū cù），《说文·虫部》："蹢，蹢鼋，詹诸，以脘鸣者。"《玉篇》："蹢，蟾蝫。"蹢，古同"鞠"，指一种柔物的球，述蟾蜍之形。

拟称辟兵。宋·罗愿《尔雅翼·释鱼三》："蟾蝫者，虾蟆之类……五月五日得之，谓之辟兵。为物绝寿，乃云有千岁者。"辟兵，原意躲避兵器伤害。《文子·上德》："兰芷以芳，不得见霜。蟾蜍辟兵，寿在五月之望。"杜道坚缵义："案《万毕术》：蟾蜍五月中杀涂五兵，入军阵而不伤。"此借为蟾蜍拟称。

别名蟾蚾。《淮南子·原道训》："夫释大道而任小数，何以异于使蟹捕鼠，蟾蚾捕蚤？"

又称蟾蠩。西晋·张华《博物志》："蟾蠩一名蟾蠩。"

代称**月中虫**。唐·张读《宣室志》："虾蟆，月中之虫。"源于嫦娥奔月的神话故事。汉·张衡《灵宪》云："羿请不死之药于西王母，常娥窃之以奔月，遂托于月，是为蟾蜍。"传说嫦娥是后羿之妻。后羿从西王母处求得不死之药，嫦娥偷吃以后，遂奔向月球，后变为蟾蜍。故常以蟾蜍作为月的代称。《精神训》："日中有踆乌，月中有蟾蜍。"又《说林训》："月照天下，蚀于詹诸。"唐·李白：《古朗月行》："蟾蜍蚀圆月，大明夜已残。"

指称**月精**。《文选》南朝宋·王僧达《祭颜光禄文》注引《归藏》："昔常娥以西王母不死之药服之，遂奔月为月精。"《初学记》卷一引《淮南子》："羿请不死之药于西王母。羿妻姮娥窃之奔月，托身于月，是为蟾蜍，而为月精。"

方言**去甫、去蚁**。明·方以智《通雅·动物·虫》："詹诸，蛤蚆也，身大背黑。多疣磊，曰蛤蚆，一名去甫。"去甫亦作去蚁。清·李元《蠕范·物寿》："蟾蜍，去蚁也，去甫也。""去蚁"同"去甫"，淮南方言。

贬称**戚施**。《韩诗外传》曰："燕婉之求，得此戚施。薛君曰：'戚施，蟾蜍，喻丑恶也'。"前两句出自《诗经》，意本想嫁个美男子，谁知他像癞蛤蟆一样丑。戚施，本指蟾蜍，四足据地，无颈，不能仰视，因以比喻貌丑驼背之人。

异称**蛤蚆**。清·历荃《事物异名录·昆虫下·蛤蚆》："蟾蜍，一名蛤蚆，蚆读若婆。"蛤蚆，亦作虾蚆。蚵蚆，蚵礕，皮肤疣粒像山上堆积的礕石。宋·苏轼《宿余杭法喜寺后绿野亭望吴兴诸山怀孙莘老学士》诗："稻凉初吠蛤，柳老半书虫。"注：岭南谓虾蟆为蛤。

别名**蛤霸**。清·历荃《事物异名录·昆虫下·蟾蜍》引明·穆希文《蟫史》："蟾蜍大腹癞背，不能跳跃，亦不善鸣，人呼为蛤霸。"蛤霸，亦作虾霸。清·顾张思《土风录》卷四："科斗脱尾生足，好鸣，能跳，经年方老，谓之蛤霸。"癞蛤蟆之沪语标准叫法是"癞水蛤霸"。

俗称**癞施、癞团**。章炳麟《新方言·释动物》："今江南运河而东至于浙江皆谓蟾蜍为癞施。癞者，以多疣磊，或称癞子，癞团，皆取此义。"清·张南庄《何典》第一回："只见经岸旁边，蹲着一只愤气癞团，抬头望着天上一群天鹅，正在那里想吃天鹅肉。"

俗称**癞头蟆**。清·蒲松龄《聊斋志异·促织》："冥搜未已，一癞头蟆猝然跃去。"一本作"癞头蠚"。亦称癞虾蟆、癞子、癞蛤蟆等。

别名**虾蚆**（ha）。清·历荃《事物异名录·昆虫下·蛤蚆》："《正字通》：'蟾蜍，一名虾蚆，蚆读若婆。'"

美称**肉芝**。清·历荃《事物异名录·水族部》引《抱朴子》："蟾蜍千岁头上有角，腹下丹书，名曰'肉芝'，能食山精，人得食之可仙。"肉芝，我国古籍中称太岁，太岁又称肉灵芝，是传说中秦始皇寻找的长生不老之药。古籍中还将它与其他灵芝相提并论，标明它无毒，使人"轻身不老，延年神仙"，定为上品。

蟾蜍外表丑陋，皮肤令人望而生厌，动作苯拙。唐·东方虬《蟾蜍赋》："鳞虫之众有蟾蜍而可称焉……或处于泉，或渐于陆。常不离于跬步，亦何择于栖宿。当夫流潦初溢，阴霖未晴，乘秋风之凉夜，散响耳之繁声，鸿洞雷殷，混万籁而为一鸣。"跬步，跨一脚，即走半步。元·好问《蟾池》诗："老蟾食月饱复吐，天公一目频年瞽。下界新添养蟾户，玉斧谁怜修月苦。郡国蟾池知几所，碧玉清流水仙府。小蟾徐行腹如鼓，大蟾张颐怒于虎……"瞽（音 gǔ），瞎眼，仰视而不见星。玉斧，新石器时代晚期的石器。郡国，泛指地方行政区划。水仙府，是中国神仙文化代表。

耳后腺及皮肤分泌物蟾酥，为我国传统名贵药材。古时取蟾酥有不同的方法，一种是用手捏蟾蜍的眉棱，取白汁于油纸上又桑叶上，插背阴处，一宿即自干白，安置竹筒内盛之。真者，轻浮，入口味甜也。另一种方法是将蒜及胡椒等辣物，纳入蟾蜍的口中，则蟾身白汁出，以竹篦刮下，面和成块，干之。其汁不可入目，令人赤肿盲，或以紫草汁洗点即消。

干蟾亦可入药，可除湿热散肿、消疳积、小儿痨瘦疳疾等，肉可食用。李时珍曰："蟾蜍，土之精也。上应月魄而性灵异，穴土食虫，又伏山精，制蜈蚣。故能入阳、明经、退虚热，行湿气、杀虫蟨（音 ni，虫咬的病），而为疳病，瘫疽诸疮要药也。"

蛙

黾　耿黾　土鸭　申洁　济馋都护　圆蛤　鼓吹长　圭虫　蝌蚪　活师
活东　科斗　虾蟆台　虾蟆黏　悬针　元鱼　玄鱼　水仙子　蛞斗

蛙，部分无尾两栖动物的通称，仅蛙科我国就有 94 种。体大小因种而异，小者 3 厘米，大者 32 厘米。皮肤光滑。成体陆栖、水栖、穴居、树栖者均有，从平原到高原的江河、湖、池甚至稻田中均有，捕食各种昆虫。可食用或药用。对于蛙的研究，可追溯到三四千年前。在出土的甲骨文的能辨识的 1 000 多个字中，就有"蛙"字。在西安半坡出土的彩陶上就有鱼、两栖类及龟鳖的花纹，说明 6 000 年前人们就对这些动物有一定认识。

河南安阳殷墟小屯村西北，发掘的一座武丁时代的王妃"妇好"墓中，有许多玉制的小动物，其中就有鱼、两栖类的蛙及爬行类的鳖，说明商周时代人们已对这些动物相当熟悉。蛙，是模拟其哇哇叫声而得名。蛙从虫，圭，同洼，洼指浅水坑，意浅水坑里栖息的小动物，即两栖动物。

古称黾（měng）、耿黾，甲骨文象形字。《周礼·秋官·蝈氏》"掌去鼃黾。"汉·郑玄注："黾，耿黾也。"蝈氏，古官名。"掌去鼃黾"，掌管清除蛙类动物之事，因其噪声扰人。清·曹寅《闻蛙》诗："我官同蝈氏，清夜听闲冷。"

代称土鸭。《尔雅·释鱼》："在水者黾。"郭璞注："耿黾也，似青蛙，大腹，一名土鸭。"邢昺疏："其居水者名黾，一名耿黾，一名土鸭，状似青蛙而腹大为异……陶又云：一种小形善

图107 《说文解字》中 "蛙"相关字

鸣唤名为蛙者，即郭云青蛙者也。"唐·韩愈《河南令舍池台》诗："长令人吏远趋走，已有蛙黾助狼藉。"金·元好问《出京》诗："城居苦湫隘，群动曰蛙黾。"

谑称申洁、济馋都护。宋·毛胜《水族加恩簿》："申洁是蛙。苍皮瘾疹，矮股跳梁。宜授济馋都护、行水乐令，"济馋都护，是可以解馋的美食的谑称。如清·王韬《瓮牖余谈·禁食蛙》："食蛙令子多病。粤居灾方，要宜少食，况煮者多以煎煠，加入辛辣，如抱薪救火，安能求益？讲养生者勿视作济馋都护也。"

代称圆蛤。宋·唐庚《圆蛤》诗："黄犊鸣水中，相顾皆愕然。探之亡所得，有蛙仅如钱。持问傍舍翁，云此号圆蛤。夏潦涨沟渠，喧呼自酬答……"

拟称鼓吹长。宋·陶谷《清异录·禽·婆娑儿》："郑遨隐居，有高士问曰：'何以阅日？'对曰：'不注目于婆娑儿，即侧耳于鼓吹长。'谓玩鸥而听蛙也。"

方言圭虫。唐·冯贽《云仙杂记》卷六引《承平旧纂》："桂林风俗日日食蛙。有来朝中为御史者。朝士戏之曰：'汝之居非乌台，乃蛙台也。'御史答曰：'此非蛙，名圭虫而已。然较圭虫之奉养，岂非胜于黑面郎哉！'"黑面郎谓猪也。清·历荃《事物异名录·昆虫下》引《承平旧荐》："桂林风俗食蛙，名圭虫。"圭虫，为"蛙"的拆字。

蛙善鸣。《周礼·考工记·梓人》云："以脰鸣者，以注鸣者，以旁鸣者，以翼鸣者，以股鸣者，以胷（胸）鸣者，谓之小虫之属，以为雕琢。"郑玄注："脰鸣，鼃黾属。"贾公彦疏："'脰鸣，鼃黾属'者，鼃黾即虾蟇也。脰，项也，以其项中鸣也。"朱熹《闻蛙》诗："两蛙盛怒斗春池，群吠同声彻晓帷。等是一场狼藉去，更无人与问公私。"

农人占蛙声之早晚大小，可以预测气候，了解物候，以卜丰歉。元·娄元礼《田家五行》中卷："社蛤虾蟆，叫得响亮成通，主晴。"又"田鸡喷水叫，

主雨。"《上饶县志》："三月三日听蛙声，午前鸣高田熟，午后鸣低田熟。"唐诗云"田家无五行，水旱卜蛙声。"蛙鸣也为历代诗人所称颂。唐·吴融《蛙声》："稚珪伦鉴未精通，只把蛙声鼓吹同。"宋·周紫芝《闻蛙》："草合平沟涨绿醅，乱蛙声在古城隈。"明·刘基《听蛙》："绕舍荒池低且衍，蛰蛙齐候鸣雷社。"春蛙秋蝉，悦耳动听。

清·徐珂《清稗类钞·动物类》："蛙，体短阔，上锐下广，喜居于阴湿地。雄者大率能鸣，雌者则否。种类甚多，有金线蛙、蟾蜍、虾蟆、山蛤等，皆捕食害虫，于农家有益。"

汉代宫廷中已有吃蛙的习惯，"汉以黾供祭宗"，汉·东方朔《谏武帝除上林宛书》："南山天下之阻也……土宜蓄芋，水多黾鱼，贫者得以给家足，无饥寒之忧。"又"蛙古者上以祭宗庙，以下给食货。"

其幼体称**蝌蚪**，先秦时称**活师**。《庄子·秋水》："还虷蟹与科斗，莫吾能若也。"《山海经·东山经》："[蓇山]湖水出焉，东流注于食水，其中多活师。"

亦称**活东**。《尔雅·释鱼》："科斗，活东。"郭璞注："虾蟆子。"邢昺疏："此虫一名科斗，一名活东。头圆大而尾细。古文似之。"《广韵·平戈》："蝌，蝌蚪，虫名。"《尔雅翼·释鱼三》："虾蟇曳肠于水际草上，缠缴如索，日见黑点渐深。至春水时，鸣以聒之，则科斗皆出，谓之聒子。古所谓鹳影抱、虾蟆声抱者也。头圆色黑，始出有尾而无足，稍大足生而尾脱……今俗谓之虾蟆台，亦谓之虾蟆黏。""曳肠于水际草上"指产卵带而非其肠。明·唐寅《和沉石田〈落花诗〉》之九："向来行乐东城畔，青草池塘乱活东。"清·朱彝尊《河豚歌》："河豚此时举网得，活东大小同赋形。"

别名**悬针、元鱼**。晋·崔豹《古今注·鱼虫》："虾蟆子曰蝌蚪，一曰悬针，一曰元鱼。以其状如鱼，其尾如针，又併其头尾言之，则似斗也。"元，意黑。唐·岑参《南池宴钱赋得科斗子》诗曰："临池见科斗，羡尔乐有余，不忧网与钓，幸得免为鱼。"《正字通·一部》："丁字，科斗也，即虾蟆子，初生如丁有尾。"

美称**水仙子**。明·李时珍《本草纲目·虫四·蝌蚪》："活师、活东、玄鱼、悬针、水仙子、虾蟇台。时珍曰：'蝌蚪，一作蛞斗……玄鱼言其色，悬针状其尾也。'藏器曰：'活师即虾蟇儿，生水中，有尾如鲦鱼。'"鲦（yú），古书上说的一种鱼。

蝌，字从科，科如蛞、颗，圆形。蚪，字从斗。斗，甲骨文中的斗字，就是一把长柄大勺子，古代的一种盛酒器。如《史记·项羽本纪》："玉斗一双，欲与亚父。"蝌蚪圆形大头如勺头，细尾如勺柄，蝌蚪头大而浑圆，故称蛞，称科。活东，《尔雅义疏》云："活有括音……活东、科斗，俱双声也。"活东又转为活师，师音如堆，意连绵。蝌蚪长尾称师。悬针，示其尾细如针。玄鱼，以其如鱼而色黑，故名。繁殖时鸣以聒之，故谓之聒子。聒（guō），刺耳噪声。

金线蛙、虎纹蛙与中国雨蛙

金线蛙　青约　青蛙　虎纹蛙　田鸡　水鸡　坐鱼　蛤子　蛙子　中国雨蛙
雨蛤　雨鬼

金线蛙 *Pelophylaxi plancyi* Lataste，无尾目蛙科。体长约 5 厘米，头略扁，后肢粗短，体背绿，背侧褶及斜股后有黄色纹，腹面鲜黄。分布广。

古称**青约**。明·李时珍《本草纲目·虫四·蛙》引苏颂曰："背作黄路者谓之金线蛙。"明·屠本畯《闽中海错疏》卷中："青约，身青嘴尖，一路微黑，腹细而白。"青约，本指青蛙，因地方口音的误传变成青约。青约，《图经》："背青绿色，谓之青蛙，土音讹为青约。"

虎纹蛙 *Hoplobatrachus rugulosus* Wiegmann。体形大而粗壮，长逾 12 厘米。四肢短，皮粗糙。体背黄绿略带棱，有十余条不规则肤棱。常栖于丘陵地带海拔 900 米以下的水田、沟渠、水库、池塘、沼泽地等处。鸣声似犬，有亚洲蛙之称，南方俗名石梆。

古称**田鸡、水鸡**。明·屠本畯《闽中海错疏》卷中："水鸡，似石鳞而小，色黄皮皱；头大嘴短；其鸣甚壮，如在瓮中。"《古今图书集成·禽虫典·鼋部》引《省直县志·永康县》："田鸡即蛙也。"

俗称**坐鱼、蛤子、蛙子**。清·历荃《事物异名录·昆虫部》引《四朝闻见录》："黄公度帅闽，宿戒庖兵（即炊事员）市坐鱼三斤。庖兵不晓，时林执善语以'可供田鸡三斤。'"又引《本草衍义》："青蛙，南人呼为蛤子，又名蛙子。"

斑纹颇似虎纹，因以得名。田鸡、水鸡之称，均缘其肉味似鸡。由于其体大，肉美，被捕颇多，已达濒危，国家列为二级保护动物。

中国雨蛙 *Hyla chinensis* Guenther。体较小，长约 33 毫米。指端有吸盘和马蹄形横沟；体背皮肤光滑，腹面密布扁平疣。背面绿或草绿，腹面浅黄；分布于南部各省，栖于海拔 200 ～ 1000 米的灌丛、芦苇及高秆作物上。晚上栖于低处叶片上鸣叫，音高而急。方言雨鬼、绿猴雨怪、青约等。

古称**雨蛤、雨鬼**。明·屠本畯《闽中海错疏》卷中："雨蛤，一名雨鬼，形如虾蟆，大如小拇指，天将雨则鸣。"清·徐珂《清稗类钞·动物类》："雨蛙为蛙属，体小，色鲜绿，亦名青蛙。腹白，前趾无蹼，后趾有半蹼，末端皆具圆形吸盘。善攀木，常栖树上。雄者将雨则鸣，人或饲之，以卜晴雨。"天将雨则鸣，而称雨蛤。

黑斑蛙

蝼蝈　蝈　长股　蟈　青蛙　田鸡　蛤鱼　水鸡　水鸭　坐鱼　土鸭　石鸭
蛤　护谷虫

黑斑蛙 *Pelophylaxi nigromaculata* Hallowell，无尾目蛙科。体长 7 ~ 8 厘米；吻钝圆而尖；前肢短，后肢较短而肥硕。体背绿或后端棱色，颇多黑斑，腹白。雄性具声囊。分布广，数量多。可食用、药用。

古称**蝼蝈**。《山海经·北山经》："〔绣山〕洧水出焉，而东流注于河，其中有鱯、龟。"郭璞注："龟似虾蟆，小而青。"《礼记·月令》："〔孟夏之月〕蝼蝈鸣。"汉·郑玄注："蝼蝈，蛙也。"《逸周书·时训》："立夏之日，蝼蝈鸣。"朱右曾校释："蝼蝈，蛙之属，蛙鸣始于二月，立夏而鸣者，其形较小，其色褐黑，好聚浅水而鸣。"唐·张碧《山居雨霁即事》诗："古路绝

图108　黑斑蛙（仿郑作新）

人行，荒陂响蝼蝈。"姚合《夏中苦雨》诗："青蛙多入户，潢潦欲胜舟。"宋·谢翔僧《池青蛙》诗："瘿分荷背白，身带藓文青，吐雹收寒井，随僧入夜藻。"《古今图书集成·禽虫典·鼋部》引《兼明书·蝼蝈辨》："蝼蝈，蛙之类也……其形最小，其色褐黑，好聚浅水而鸣，其声如自呼为渴于者是蝼蝈也。"蛙善鸣。蝼蝈，一说蝼即蝼蛄，蝈为蛙。蝼蛄也善鸣，或借以为蛙之名。

单称**蝈**。《周礼·蝈氏》注，"蛙，单名蝈。"

别名**长股**、**蟈**。《广雅·释鱼》："蛙、蝈。长股也。"王念孙证引郑司农曰："蝈当为蟈，蟈，虾蟆也。"蟈（yù），本意食禾苗的害虫。此处应为食蟈者。长股，因其后肢肥硕，胫跗关节前达眼部，故称。

俗称**青蛙**。唐·韩愈《盆池》诗："一夜青蛙鸣到晚，恰如方口钓鱼时。"

俗称**田鸡**、**蛤鱼**。明·彭大翼《山塘事考·昆虫·蛙》："蛙，虾蟆之属也。一名蛤鱼，一名蝼蝈，一名长股，一名田鸡，一名水鸡。"

俗称**水鸡**。宋·赵德麟《侯鲭录》卷三："水鸡，蛙也，水族中厥味可荐

者鸡。"元·高文秀《黑旋风》第二折："今日造化低，惹场大是非，不如关了店，只去吊水鸡。"

亦称**水鸭、坐鱼、土鸭、石鸭**。明·王志坚《表异录·虫鱼》："水鸭，蛙也，今人呼水鸡，本此。"明·李时珍《本草纲目·虫四·蛙》："长股、田鸡、青鸡、坐鱼、蛤鱼。时珍曰：'蛙好鸣，其声自呼。南人食之，呼为田鸡。云肉味如鸡也。又曰坐鱼，其性好坐也。'"又引苏颂曰："今处处有之。似虾蟆而背青绿色，尖嘴细腹，俗谓之青蛙……陶氏所谓土鸭……俗名石鸭。所谓蛤子，即今水鸡是也。"田鸡、水鸡、土鸭、石鸭，皆以其肉味似鸡而得名。

单称**蛤**。清·李调元《南越笔记》卷十一："蛤生田间，名曰田鸡……或谓大声曰蛙，小声曰蛤。"

爱称**护谷虫**。清·王韬《瓮牖余谈·禁食蛙》："每岁四五月间，青蛙生发之际，官府多出示禁捕，以其能啄虫保禾，大有益于农田也。故青蛙一名护谷虫。"

泽 蛙

虾　虾蟆　蟆　虾蟇　返舌　反舌　胡蜢　螏蟆　鼂黾　蛙黾　蛙蛤　土底鸭　蛙蝈　阴虫　凶蟆　蛤　怀土虫　谷犬　鼓造　虾蟆　螏蟇　风蛤　蛤蚆　玉芝

泽蛙 *Euphlyctis limnocharis* Boie，无尾目蛙科。体较小，长 4～5 厘米。吻钝尖，后肢较短。体背灰橄榄色或深灰色，常杂以赭红色或深绿色斑，上下颌缘有 6～8 条纵纹，背部有许多不规则长短不一的纵肤褶，褶间散有小疣粒。分布广，南方常见蛙类，生活在稻田、沼泽、水沟、菜园、旱地、草丛及海拔1700 米左右的山区。方言称梆声蛙、乌蟆、虾蟆仔。

古称**虾蟆、蟆、虾蟇**。《说文·虫部》："虾，虾蟆也。"又"蟆，虾蟆也。"李善注引三国吴·韦昭曰："虾，虾蟇。"明·屠本畯《闽中海错疏》卷中："虾蟆，大如拇指，微黄腹白。"

代称**反舌**，亦作"返舌"。南朝宋·鲍照《登大雷岸与妹书》："至于繁化殊育，诡质怪章，则有……折甲、曲牙、逆鳞、返舌之属。"清·钱振伦注："《释文》：'反舌，蔡伯喈云：虾蟆。'疏：'蔡云：虫名，蛙也，今之谓虾蟆。其舌本前着口侧，而末向内，故谓之反舌。'"

代称**胡蜢**。《广雅·释鱼》："胡蜢，虾蟆也。"《广雅疏证》称："黾与蜢同声，故蝦蟆之转声为胡蜢。"

亦称**螏**（jīng）**蟆**。《尔雅·释虫》："螏蟆。"郭璞注："蛙类。"邢昺疏："此自一种虾蟆也。"

古称鼃黾、蛙黾。《国语·越语下》："而鼃黾之与同渚。"《楚辞·七谏·谬谏》："鸡鹜满堂坛兮，鼃黾游乎华池。"晋·葛洪《抱朴子·官理》："髻孺背千金而逐蛱蜨，越人弃八珍而甘鼃黾。"唐·高适《东平路中遇大水》诗："室居相枕藉，蛙黾声啾啾。"清·李调元《罗阳试院久雨》诗："两月端州城，日见商羊舞。飘萧湿案牍，鼃黾进厅户。"

别名蛙蛤。唐·韩愈《答柳柳州食虾蟆》诗："虾蟆虽水居，水特变形貌，强号为蛙蛤，于实无所校。"清·黄遵宪《感怀呈樵野尚书丈》诗："蛙蛤相呼只取闹，蛟螭攫人先染腥。"

指称土底鸭。宋·洪刍《虾蟆》诗："浪号土底鸭，雄夸水中鸡。"

别名蛙蝈。宋·苏轼《张安道见示近诗》："荒村蝈蚤乱，废沼蛙蝈淫。"汉·郑玄注："齐鲁之间，谓蛙为蝈。"

代称阴虫。晋·孙绰《漏刻铭》："灵虬吐注，阴虫承泻。"注"阴虫，虾蟆也。"灵虬，意虬龙。晋·陆机《漏刻赋》："伏阴虫以承波，吞恒流其如挹。"李周翰注："阴虫谓虾蟆。"

亦称凶蟆。唐·卢仝《月蚀》诗："须臾痴蟇精，两吻自决坼，初露半个壁，渐吐满轮魄，众星尽原赦，一蟇独诛磔。"唐·韩愈《月蚀诗效玉川子作》："臣有一寸刀，可刭凶蟆肠。"

单称蛤。唐·刘恂《岭表录异》卷上："闻田中有蛤鸣，牧童遂捕之，蛤跃入一穴。"原注："蛤即虾蟇。"

俗称怀土虫。《埤雅·虾蟆》："虾蟆背有黑点，身小，能跳接百虫，善鸣。"又："俗说虾蟆性怀土，洪驹父诗'人言怀土虫，弃去还复存。'"

方言谷犬。宋·梅尧臣《贻妄怒》："南方食虾蟆，密捕向清畎……西蜀亦取之，水田名谷犬。"自注："蜀名虾蟆为谷犬。"

别名鼓造。《淮南子·说林训》："鼓造辟兵，"寿尽五月之望。"高诱注"鼓造，盖谓枭，一曰虾蟆。今世人五月望作枭羹，亦作虾蟆羹。"

异称虾蟆、螓蟇。明·李时珍《本草纲目·虫四·虾蟇》[释名]："螓蟇，螓音惊，又音加。时珍曰：'按王荆公《字说》云，俗言虾蟇怀土，取置远处，一夕复还其所。虽或遐之，常慕而反，故名虾蟇。或作虾蟆，虾言其声，蟆言其斑也……'藏器曰：'蛤蟇在陂泽中，背有黑点，身虾蟆小能跳接百虫，解作呷呷声，举动极急。'"

异称风蛤。清·历荃《事物异名录·昆虫下》引《游宦纪闻》："世南过眉州，见水滨大虾蟆两两相负，牢不可拆，乡里以为珍品，名曰风蛤。"

方言蛤蚆。《古今图书集成·禽虫典·虾蟆部》引《丹徒县志》："虾蟆俗名蛤蚆。"

美称**玉芝**。清·历荃《事物异名录·昆虫部》引《神仙传》："益州北平山有虾蟆，谓之玉芝，王乔食之成仙。"玉芝，原指一种菌类即桦滴孔菌。

"**虾蟇怀土**"，虾蟇应为乡慕或乡谋，慕故土而返。虾、蟆、蟇或蛤者，系虾蟆古时之简称。虾蟇、鼀鼀、虾蟆，多因与虾蟆谐音或音近。虾或蛤，系拟蛙鸣之声，蟆，述蛙背之斑如麻。蛤蟆、虾蟆，亦往往是多种蛙的俗称。

泽蛙是农田害虫天敌之一。其肉、皮、脑、肝、胆及蝌蚪均可药用。

棘胸蛙

鼀　丁子　蜦　田父　石鳞　石仑鱼　谷冻　金袄子

棘胸蛙 *Rana spinosa* David，无尾目蛙科。体大而粗壮，长 10～13 厘米。头宽扁，吻端圆。前肢短，雄蛙前臂粗壮，后肢强壮。皮粗糙，雄蛙背部有长短不一的长形疣，雌蛙背部有小圆疣，疣上有刺，体背黑梭，多具浅色斑，腹面肉紫色。栖于海拔 600～1500 米的山溪岩边。昼隐石洞，晚出觅食。分布南方各省。江西称石鸡，为著名的庐山三石之一；福建称蝈冻，闽西北称石仑；方言还有山鸡、石蛙、棘蛙。棘胸蛙，胸部有大团刺疣，刺疣中央有角质黑刺而得名。

古称**鼀**（wā）。《埤雅·释鱼》："今其一种似虾蟆而长踦（即脚），瞋目如怒，谓之鼀。越王揖怒蛙而武士归之即此是也。盖其鸣声哇淫，故曰蛙。"据载春秋时期越王勾践见到一只蛙，鼓足了气，立即停车让道表示敬意。侍者问之，勾践说青蛙有勇气，值得敬佩。于是军士闻之莫不怀心乐死以致其命。此即"怒蛙可轼"成语的的典故。怒蛙，鼓足气的蛙；向鼓足气的蛙致敬，示对勇士的尊敬。轼，本义设在车箱前面供人凭倚的横木，此处意凭轼致敬。

别名**丁子**。《庄子·天下》："郢有天下，犬可以为羊，马有卵，丁子有尾。"成玄英疏："楚人呼虾蟆为丁子。"丁子者，棘也，述其疣刺如钉。

称**蜦**（lún）、**田父**。明·李时珍《本草纲目·虫四·田父》："集解苏颂曰：'按《洽闻记》云："虾蟇大者名田父，能吃蛇。"'时珍曰：'按《文字集畧》

图109　鼀（《古今图书集成·禽虫典》）

云："蛇，虾蟆也，大如屦，能食蛇。"此即田父也。'"蛇，犹轮，示其体肥圆。蛇，南方人多发成鳞之音，故石鳞应为石蛇，闽西北方言即石仑，意喜栖于岩石的肥圆之鼋。田父，原意老农，此处意捕食昆虫能手。

俗称**石鳞、石仑鱼、谷冻**。明·屠本畯《闽中海错疏》卷中："石鳞，生高山深涧中。皮斑肉白味美，昼伏窦中，夜居山头石顶最高处，捕者不可预相告语……即抱松明措火而去，缘崖极石，以火照之，见火辄醉不动，十不脱一。闽人饮馔以为佳品。俗名石仑鱼，又名谷冻。按：石鳞似水鸡而巨，肉嫩骨粗而脆。"《古今图书集成·禽虫典·鼋部》引《泉南杂志》曰："鼋，一名石鳞鱼，紫斑如缬锦，生溪涧高洁处，其大如鸡，得亦不易，厥俗兼皮食之。""其大如鸡"之说失实。《通志》曰："有一种生山谷，黑色，肉红，名石鳞鱼，并可食。"

异称**金袄子**。清·徐珂《清稗类钞·动物类》："金袄子，为蛙之别种，长寸许，足有吸盘，颇大。生山间清流中，鸣声清亮，入秋为多。"金袄子，述其皮厚如袄。宋·张舜民《鸣蛙》诗曰："一夜蛙声不暂停，近如相和远如争，信知不为官私事，应恨疏萤微晓明。"体大肉肥，可食用，亦可药用。长肱，谓其前臂粗壮。

中国林蛙

中国林蛙 *Rana temporaria chensinensis* David，无尾目蛙科。体短宽，长约5厘米，大者7厘米。头扁平，指趾端无吸盘或横沟。体背、体侧及四肢上部土灰色或樱黄色，散布有黄及红色小点。栖于林木繁茂、杂草丛生、地面潮湿的环境中。分布很广，但以东北三省为主要产区。

古称**石撞**。宋·张世南《游宦纪闻》："予世居德兴，有毛山环三州界，广袤数百里。每岁夏间，山傍人夜持火炬，入深溪或岩洞间，捕大虾蟆，名曰石撞，乡人贵重之。"石撞，因须入"岩洞间"、"石子下"方可撞见，而称石撞。

俗称**山蛤**。明·李时珍《本草纲目·虫四·山蛤》引苏颂曰："山蛤在山石中藏蛰，似虾蟆而大，黄色。能吞气，饮风露，不食杂虫。山人亦食之。"

译称**哈士蟆**。清·徐珂《清稗类钞·动物类》："哈士蟆，生鸭绿江浅水处之石子下，上半似蟹，下半似虾，长二三寸，鲜美可食，人以之为滋补品。皇帝祭太庙，必用此物，盖亦不忘土风也。"哈士蟆，满语 hasima 的音译。

异称**石狖**。清·吴骞《拜经楼诗话》卷二："石狖生江南山谷，盖蛙之美者。四足尤长，皮若蟾蜍，而色紫多疱。声类犬吠，故狖字从犬旁。"狖，原意犬，

《说文》：“犬犷犷不可附也。”此处以其“声类犬吠”称石犷。

方言**南风蛤**。清·屠绅《蟫史》：“山蛤一名南风蛤……生山谷中，遇南风则出。”

林蛙肉可食，其雌蛙输卵管的干制品称蛤士蟆油，是我国名贵药材，有养阴润肺、滋补强壮、补虚退热的功效，用以治疗身体虚弱及神经衰弱等病。我国已大力开展林蛙的人工养殖。

爬行类

锯缘摄龟

陵龟　摄龟　螺龟　鸯龟　呷蛇龟　夹蛇龟　甲龟

　　锯缘摄龟 *Cyclemys mouhotii* Gray，龟鳖目龟科。体长圆形，甲长约15厘米。腹甲的前半部可略活动，背、腹甲借韧带组织相连，不能完全闭合。趾间具蹼，后肢四爪，尾中长。俗称八角龟。分布于我国南部，浙江、江苏、湖南、湖北等省，栖于山溪中。

　　方言**陵龟**。《尔雅·释鱼》所记十种龟之三：“三曰摄龟。”郭璞注：“小龟也。腹甲曲折，解能自张闭，好食蛇，江东呼为陵龟。”郝懿行义疏：“摄犹折也，亦犹折也，言能自曲折解，张闭如折叠也。”食蛇之小龟也。

　　指称**摄龟**。《尔雅翼·释鱼四》：“十龟，三曰摄龟……盖今之呷蛇龟是也。”摄，意收敛，示其腹鳞甲12枚，前后两半间有韧带相连，能活动，使甲壳闭合。以能吃蛇而称作夹蛇龟、啖蛇龟、克蛇龟、夹蛇龟、断版龟者。

　　亦称**螺龟**。汉·张衡《南都赋》：“其水虫则有螺龟鸣蛇。”晋·葛洪《抱朴子·登涉》：“云日鸟及螺龟，亦皆啖蛇。故南人入山，皆带螺龟之尾、云日之喙以辟蛇。”

　　别名**鸯**（yāng）**龟**。《太平广记》卷四百六十五引南朝宋·沈怀远《南越志》：“初宁县里多鸯龟，壳薄狭而燥，头似鹅，不与常龟同，而能啮犬也。”鸯龟可用于占卜吉凶，与新蔡简大央，小央用于占卜相同，故称鸯龟。“大央”、“小央”，为卜筮工具。又《本草纲目·介部·龟鳖类》水龟中的摄龟别名“鸯龟”。 集解引陶弘景云：“小龟也，处处有之。狭小而长尾。用卜吉凶，正与龟相反。”螺龟乃鸯音之转。

　　方言**呷蛇龟**。明·李时珍《本草纲目·介一·摄龟》恭曰：‘鸯龟腹折，见蛇则呷而食之，故楚人呼呷蛇龟。江东呼陵龟，居丘陵也。’时珍曰：‘既以呷蛇得名，则摄亦蛇音之转，而螺亦鸯音之转也。’”

　　代称**夹蛇龟**。宋·郑樵撰《通志略》卷五二“虫鱼类”：“摄龟，小龟也，一名螺龟，一名夹蛇龟，好食蛇，故亦谓之呷蛇龟。郭云腹甲曲折（解），能自张闭，江东呼为陵龟。或言此龟乃蛇所化，故头尾似蛇。”

　　别名**甲龟**。明·王圻纂《清浦县志·介之属·龟》：“一种腹甲曲折，好食蛇，俗名甲龟。"

其肉可供药用,能治骨劳、劳热骨蒸、崩漏带下、小儿囟门不合、久疟、痔疾、瘰疬、喉蛾。清·徐珂《清稗类钞·动物类》:"呷蛇龟似常龟而小,性专食蛇,我国南部有之。某年,法教士得二三头,携以归,蓄养孳生。法属西非洲与德属连界之处,近日开拓,种植棉花,而毒蛇极多,妨于农事,有人于其地专卖此龟,每头可值二十佛郎也。"

眼斑水龟

眼斑水龟　六眼龟　六目龟　六眸龟　四眼水龟　四目龟　四眼龟

眼斑水龟 *Clemmys bealei* (Gray),龟鳖目龟科。其头顶后方有二对眼状斑,色黑,具黄色的边缘,颇醒目。其甲长约145毫米,四肢扁平,趾间有蹼,尾短。体背黄棪,腹面色淡,有黑色云斑。分布广东、福建、海南岛等地。

古称**六眼龟**,始见于南北朝典籍。《宋书·符瑞志中》:"秦始二年八月丙寅,六眼龟见东阳长山,文如爻卦。太守刘勰以献。"刘勰,我国南北朝时著名的文学理论家,著有《文心雕龙》十卷。

又称**六目龟**。《通雅·动物·鱼》:"六目龟者,四目皆斑纹也。"宋·张世南《游宦纪闻》卷二:"东坡谒吕文仲,值其昼寝,久之方出见,便坐有菖阳盆,养绿毛龟。坡指曰:'此易得耳,唐庄宗时,有进六目龟者,敬新磨口号云:不要闹,不要闹,听取龟儿口号,六只眼儿睡一觉,抵别人三觉。'似寓言以讽吕。"敬新磨,又作镜新磨,五代唐宫廷艺人,擅长诙谐讽刺。东坡要见吕,吕昼寝,让其久等。吕戴眼镜,犹如四眼,东坡讽其如六目龟辈。《岭海杂志》:"六目龟出钦州,只两目,余四目乃金黄花纹,圆长中黑,与真目排比,状似六目,故名。"《格致镜原·水族类五》引《南齐书》:"长山县王惠获六目龟一头,腹下有万欢字。"又引《清异录》:"唐故宫池中有一六目龟,或出曝背,人见其甲上有刻字微金。"

亦称**六眸龟**。清·李调元《然犀志》卷上:"六眸龟,《宋史》太宗时万安县献六眸龟,万安县即今万州也。"

四眼水龟 *Clemmys quadriocellata* Siebenrock。头有两眼斑似眼,与实眼观之犹四眼,由是而称四目龟。

古称**四眼龟**、**四目龟**。明·胡世安《异鱼图赞补》卷下:"多目龟,星池神龟,爰有六眸,或四或八,尘食独游……刘宋太始二年八月,四眼龟见会稽……齐永明五年六月,建城获四目龟。"

黄喉拟水龟

　　绿毛龟，现名黄喉拟水龟 *Clemmys mutica*（Cantor），龟鳖目龟科。体中大，性成熟的最小个体重 210 克，甲长 11 厘米以上。雌雄异形。背甲低平，光滑，棕色，中央有一条明显纵棱。四肢扁圆，趾间具蹼。杂食性，以鱼、水生昆虫、节肢、甲壳等动物为食。分布于我国南方各省，喜栖于水田、池沼、河流中。

　　此称始见于汉代典籍，并沿用至今。古时绿毛龟都捕于自然水域，作为珍品向皇帝进贡，并颇受重视。绿毛龟是中国的瑰宝，和白玉龟、二头龟、蛇形龟合称为四大奇龟。"龟千年生毛，是不可得之物也。"历史上有许多记载，如南宋·王应麟《玉海》："贞观十九年，岳州献毛龟二；开元二十四年（737 年）八月，常州有神龟，见绿毛、黄甲；大历八年（774 年）七月，蓬莱池获毛龟，出示百僚；又金天门外水渠中，获绿毛龟；宋乾德四年，和州进绿毛龟，作神龟曲；至道三年（997 年），寿州贡绿毛龟一，帝曰：'龟有毛者，文治之兆'；祥符三年（1010 年）四月，宜殿池获绿毛龟，示辅臣，帝作七言诗，近臣和……"由此看出，进贡绿毛龟，被当做珍品予以记载。皇帝也很重视，或展示给他的百官看，或作诗以赞，群臣随之附合，有人还作神龟曲，非常隆重。在唐朝，绿毛龟被列为宫殿里的五大宝物之一。

　　梁·丘迟《为范云谢示毛龟表》："黝甲应于姬渚，青髯符于夏室。翱翔卷耳之阴，浮游莲叶之上。藏采千载，献状一朝。"卷耳，植物名，石竹科，多年生草本，被毛。夏室，夏朝世室之省称。意黝黑之甲像美丽的小岛，青色之毛符在五彩的小屋上。在被毛的卷耳之下翱翔，在莲叶之上浮游。彩色之躯潜藏千载，本来面貌一朝呈献。唐·李峤《为杭州刺史崔元将献绿毛龟表》云："钱塘县人聂干于市内水中获毛龟一枚，修尾，长颈，黝甲，绿毳。名掩于楚宗，状奇于灵绎（抽丝）。"该龟多出于荆州，唐·陶允宜《荆龟》诗云："千年龟小像围棋，其甲翠绿毛毡毡。置之盆水生涟漪，蚊蝇远避尘自离。鳖头蛇足儿曹嬉，不饮不食长如斯，求之艰难谁得之。"宋代仍用作贡品。《宋书·乐志一》："伏见今年荆南进甘露……和州进绿毛龟，黄州进白兔。"《格致镜原·水族类五》引《荆州志》云："本州岛西河井产绿毛龟，大者重十钱，小者重五钱，甲上有绿毛茸生，出水则歉，入水则披拂如海苔然。"又引《鸟兽续考》云："绿毛龟压置壁间数年不死，能辟风尘。"能辟风尘及避蚊蝇之说实误。明·李时珍称其"绿衣使者"，且已了解绿毛龟生成的原因。《本草纲目·介一·绿毛龟》："绿毛龟出南阳之内乡及唐县，今惟荆州以充方物（土产）。养鬻（yu，卖）者取之溪涧，畜水缸中，饲以鱼虾，冬则除水。久久生毛，长四五寸。毛中有金线，脊骨有三棱，底甲如象牙色，其大如五铢钱者，为真。它龟久养亦生毛，但大而无金线，底色黄黑为异尔。"

其栖息水域有基枝藻、刚毛藻等丝状绿藻，喜附着于含钙质的基质上。水龟背部钙质丰富，加之它能长期水中生活，很少上岸活动，很适于绿藻附着生长。水龟背部附着的丝状绿藻，状如毛，称绿毛，长可达 6～10 厘米。附有此藻的龟即称绿毛龟。该龟主要产于我国，龟肉鲜美，亦可入药，绿毛龟有很高观赏价值，据传经常观看对视力恢复有一定好处。以江苏常熟地区出产者最著称。现已进行人工培育，且长的绿毛长而密，甚至把整个龟背及四爪全部覆盖着。人们将来也可能让红藻、褐藻附着在龟背上，而培养出"红毛龟"、"褐毛龟"等。此外，平胸龟、眼斑水龟等龟体体表上，也能接种基枝藻而长出绿毛。

鼋

河伯使者　甘鼎　醉舌公　鼃　鼈　元长史　癞头鼋　将军

鼋 *Pelochely bibrioni*（Owen），隶于龟鳖目鳖科。体椭圆，纵扁。大者长129 厘米，重 100 多千克，是我国淡水鳖类中个体最大的一种。头宽，喙短，颈短而粗，头能完全缩回壳内。背甲板圆形，周缘有宽厚的肉裙。体背褐黄，腹白，四肢具蹼。分布江、浙、两广及福建等地，喜栖水清、流缓的深水江河。以鱼、虾、螺等为食，喜群栖。背和头部常有许多疣状突起，俗称癞头鼋、绿头龟、蓝团头等。

其称鼋，始见秦汉典籍，并袭用至今。《礼记·月令》："命渔师伐蛟，取鼍，取龟，取鼋。"《楚辞·九歌·河泊》："乘白鼋兮逐文鱼，与女（汝）游兮河之渚。"言河伯游戏，近则乘鼋也。《说文·黾部》："鼋，大鳖也。"段玉裁注："今目验鼋与鳖同形，而但分大小之别。从黾，元声。"《埤雅·释鱼》："鼋，大鳖也。鳖以为雄，故曰鼋鸣而鳖应。"

鼋，从元。《广韵·元韵》："元，大鳖也。"《尔雅翼·释鱼四》："鼋，鳖之大者，阔或至一二丈。天地之初，介潭生先龙，先龙生元鼋，元鼋生灵龟，灵龟生庶龟。凡介者生于庶龟。然则鼋，介虫之元也。"介潭是古代传说为有鳞甲动物的祖先。当然，这是误解。阔一二丈之说失实。明·李时珍《本草纲目》："鼋，大鳖也，甲虫惟鼋最大，故字从元。元者，大也。"意鳖类中，它最大，故名鼋，亦有称其大鳖。明·胡世安《异鱼图赞补》卷下：
"介虫之元，升沉随月，以其类求，俨然雄鳖。作
梁夏周，脂可爇铁，子公染指，遂成郑孽。"

拟人称**河伯使者**。晋·崔豹《古今注·鱼虫》：
"鼋，一名河伯使者。"

戏称**甘鼎、醉舌公**。清·厉荃《事物异名录·水
族部·鼋》："《清异录》：'鼋名甘鼎'；《加恩簿》云：
'详尔调鼎（指烹调）之材，咽舌潮津（馋涎欲滴），
宜封醉舌公。'"

单称**鼋**（yuán）。《集韵·平元》："鼋，或作
'鼋'。"鼋，古同鼋。明·方以智《物理小识·畜
鱼》："下雾则鲤鼋飞，有鳖则鱼不去。"此说误。

俗称**鼍**。连横《台湾通史·虞衡志》卷
二十八："鼋，俗称鼍，大者数百斤，渔人得之，

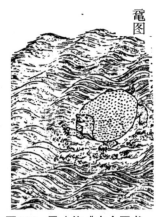

**图110 鼋（仿《古今图书
集成·禽虫典》）**

不敢杀，好善者购放诸海。"鼋栖淡水，"放诸海"之说有误。

拟人称**元长史**。宋·岑象求《吉凶响应录》："韦丹见渔者得一鼋甚大，
心异之，赎投于河。后有元长史名渚之，来竭丹，即此鼋也。"韦丹，唐代官员。

俗称**癞头鼋**。明·彭大翼《山堂肆考·虫鳞》云："鼋极有力，善攻岸人。
以钩索钓之，鼋吞钓任其曳舟而走，俟其力尽乃得之⋯⋯鼋头有疙瘩，名曰癞
头。"清·徐珂《清稗类钞·动物类》："鼋，似鳖而甚大，头有磊块，故俗称
癞头鼋。背青黄色，居于江湖。"《古今图书集成·禽虫典》引《云涛小说》："金
陵上清河一带善崩。明太祖患之，皆云猪婆龙窟于下，故尔。时工部欲闻于上，
然疑猪犯国姓，辄驾称大白鼋为害，上恶同元字（即皇帝像厌恶元朝的元字一
样厌恶鼋）。因命渔师捕杀鼋几尽。先是渔人用香饵引大鼋，凡数百斤，一从
纶贯下，覆其面，鼋即用前爪搔缸，不复据沙，引之遂出。金陵人乃作语曰，
猪婆龙为殃，受钓，以前两爪据沙，深入尺许，百人引之不能出。一老渔谙鼋
性，命其受钓时，用穿底缸癞头鼋顶缸，言嫁祸也。"

拟称**将军**。清·李元《蠕范·物体》："鼋，将军也，元长史也，醉舌公也，
癞头鼋也，河伯使者也，似鳖而大，色青黄，癞头黄颈。"

鼋平时胆小，避人。若因被戏弄等而发怒时能伤人，趁人不备，猛咬一
口，宁死不放，尤嗜尸体。唐·张读《宣室志》："天宝（唐玄宗年号，公元
742～756年）七载，宣州（相当今之安徽宣州市）江中鼋出，虎搏之，鼋啮
虎二创，虎怒拔鼋头，而虎创其亦死。"《录异记》中的"异鼋"说："俗云鼋

之身有十二属肉。渔人得之惧其所害，必加钩镳利器制之，乃以长柯巨斧砏而碎之。虽支分脔解，随其巨细，未投汤镬者，皆能跳走。"砏（pī），意割裂。脔（luán），即切成小块的肉。镬（huò），古代的大锅。西晋·张华《博物志》："鼋，解其肌肉，唯肠连其头，经日不死，犹能嗜物，鸟往食之，则为所得，渔者或以张鸟雀。"言过其实，不足为信。

"鼋羹芬香（西汉《易林》）"，说明鼋的肉很好吃。《左传·宣公四年》："有楚国人献鼋给郑灵公，公子宋得知，欲品尝其味，郑灵公拒绝，宋大怒，竟'染指于鼎，尝之而出'。"此即"染指"一词的典故。后人也用来比喻占取非分的利益。

鼋性温热，有滋补作用；它还是贵重药材，炙鼋甲浸泡黄酒可治瘰伤、恶疮、痔瘘、凤头疥瘙；内脏杀百虫、解药毒、续筋骨、治妇女血热；鼋脂可治麻风恶疮；鼋胆味苦有毒，用生姜薄荷汁化服治喉痹。

亦有养殖者，清·顾禄《桐桥倚棹录》中的《西园观神鼋》诗，记录了鼋在西园寺放生池中的情景："九曲红桥花影浮，西园池水碧如油。劝郎且莫投香饵，好看神鼋自在游。"

宋·李昉《太平御览》卷九百三十二引《广雅》曰："海鼋，大亩，重千钧。"《天圣营缮令》："架海鼋鼍，谁看往迹。"鼋与鼍应栖于淡水，此海鼋鼍之说应属借题发挥。

斑鳖

斑鳖 *Rafetus swinhoei*，龟鳖目鳖科。学者建议改为黄斑巨鳖，此是目前世界上最大也是最濒危的鳖类。成体可达 2 米以上，重 180 千克，主要分布太湖流域，也称太湖鳖，过去曾与鼋相混。

古称珠鳖鱼、朱鳖、赪鳖。吴·沈莹《临海异物志辑校》：《山海经·东次二经》"珠鳖鱼"，毕沅注云："珠鳖当为朱鳖。郭璞《江赋》云'赪鳖'，则以赪代朱也。"《文选·郭璞〈江赋〉》："赪鳖肺跃而吐玑，文鰩磬鸣以孕璆。"明·李时珍《本草纲目·介部一·珠鳖》："按《山海经》云：葛山澧水有珠鳖，状如肺而有目，六足有珠。《一统志》云：生高州海中，状如肺，四目六足而吐珠。《吕氏春秋》云：澧水鱼之美者，名曰珠鳖，六足有珠。《淮南子》云：蛤、蟹、珠鳖，与月盛衰。《埤雅》云：鳖，珠在足；蚌，珠在腹。皆指此也。"清·檀萃《滇海虞衡志》卷八："戴生言：'尝有罾于河者，得一物如牛肺，遍体皆眼'……予曰：'此珠鳖也，眼即珠也。'"有考者谓此指斑鳖。

鳖

能　河伯从事　河伯使者　甲拆翁　金丸丞相　九肋君　神守　守神
裙襕大夫　团鱼　跛足从事　甲鱼　元鱼　脚鱼　足脚鱼　水鸡　东明
四喜　甲虫

中华鳖 *Trionyx sinensis*（Wiegmann），龟鳖目鳖科。颈长，吻突尖长，眼小。四肢五趾，趾间具蹼。头和颈能完全缩入甲内。鳖甲外覆一层柔软的革质皮肤，其背甲长约 24 厘米，宽 16 厘米，体重 1500 克左右。方言甲鱼、团鱼、水鱼、脚鱼、圆鱼、王八等。

其称始见于先秦典籍，《周易》："卦离为鳖。"即形态像"离"卦。《诗·小雅·六月》："欲御诸友，炰鳖脍鲤。"炰鳖，烹煮鳖肉。《说文·鱼部》："鳖，介虫也。"明·李时珍《本草纲目·介一·鳖》："鳖行蹩蹩，故谓之鳖。水居陆生。穹脊连胁，与龟同类。四缘有肉裙，故曰龟甲里肉，鳖肉里甲。无耳，以目为听。纯雌无雄，以蛇与鼋为匹。""以目为听"，意用眼听。此说误，鳖有耳。鳖，因行蹩蹩，即走路跛脚而得名。蹩蹩（音 bi，bie），意瘸腿，跛脚。因体被甲而称甲鱼。龟与鳖皆披甲，但鳖甲外覆一层柔软的革质皮肤，周围还有厚实的肉裙，里是骨板；而龟的甲是肉在骨板里面。所以叫"龟甲里肉，鳖肉里甲"。

单称**能**。《尔雅》："鳖三足为能。"疏："鳖之三足者名能。"

图111　鳖（仿《古今图书集成·禽虫典》）

栖于河，拟人称**河伯从事、河伯使者**。晋·崔豹《古今注·鱼虫》："鳖名河伯从事，一名河伯使者。"

谑称**甲拆翁、金丸承相、九肋君**。宋·毛胜《水族加恩簿》："甲拆翁，谓鳖也。夹弹于中，巧也；负担于外，礼也；介胄自防，不问寒暑，智也；步武濡缓，不逾规绳，仁也。故前以擐（huan，套，穿）甲尚书荣其迹，显其能，宜授金丸承相九肋君。"说它能量藏于体内，非常巧妙；负担在体外，很有礼貌；自备甲胄，防酷暑严寒，非常聪明；行动缓慢，从不犯规，非常仁义。宜授它金丸丞相九肋君。有考者谓,现代鳖多八肋,但龟鳖化石多九肋。九肋君之称,出而有据,它成了鳖的别称,也称九肋鳖。从唐至清的史书都记载:"鳖甲,以岳州沉江所出九肋者为胜。"

古时道家以鳖为厌,岂厌之使不得灵与钦? 还视鳖为蛟龙类。西汉·刘安《淮南子》:"蛟龙伏寝于渊,而卵剖于陵。"高诱注:"许氏曰:蛟龙,鳖类。"

雅号**神守**,被当成养鱼的保护神。旧题范蠡《养鱼经》云:"至四月纳一神守,六月纳二神守,八月纳三神守。神守者,鳖也。所以纳鳖者,鱼满三百六十则龙为之长,而将鱼飞去,纳鳖则鱼不复去。"按此以六神守守鲤,乃不可晓。此说无据。

又称**守神**。明·李时珍《本草纲目·介一·鳖》引《淮南子》曰:"鳖无耳而守神。神守之名以此。"即神守源于守神。守神是道教术语,意谓人之受天地变化而生,四肢五脏皆与天地相比类。"人之耳目何能久劳而不息?人之精神何能驰骋而不乏?"故应"内守而不失"。但此乃之精神之守护,鳖之守神是指鱼的保护神。将鳖神化,而成谬论。

戏称**裙襴大夫**。宋·陶谷《清异录》:"晋祠小池蓄老鳖,大如食盘,不知何人题阑柱曰:'裙襴大夫,乌衣开国何元美。'后失鳖所在。"

俗称**团鱼**。明·屠本畯《闽中海错疏》卷下:"鳖,一名团鱼,一名脚鱼。"因体圆称团鱼,脚鱼,也意跛脚。晋·陆机作《鳖赋》:"其状也穿脊连胁,元甲四周,遁方圆于规矩,徙广狭以妨舟,循盈尺而脚寸……从容泽畔,肆意汪洋。朝戏阑渚,夕息中塘,越高波以燕逸,窜洪流而潜藏,咀蕙阑之芳核,翳华藕之垂房。"翳(yì),意遮蔽。说它那圆如苍穹的脊背连着两胁,甲四周随方就圆结构合理,宽窄之比像船,体满一尺而脚保持一寸。湖畔跬步,从容不迫;驰骋汪洋,犹如闲庭信步。清晨在绿洲上喜戏,傍晚到水中歇息。驾高波如燕舒双翅,入洪流而隐匿踪迹。吃着蕙阑(即九子兰)的芳核,隐蔽于藕的莲蓬之间。准确、生动地描绘了鳖的形象和外在气质。

俗称**甲鱼**、戏称**跛足从事**。清·历荃《事物异名录·水族·鳖》:"《事物原始》'鳖,一名甲鱼。''王十朋赋云:鳖称跛足从事。'"荀子:"跬步而不休,跛鳖千里。"古人称,人行走时,举足一次为跬,举脚两次为步,故半步叫跬。跬步也叫顷步。顷步,半步,跨一脚。

俗名**元鱼**。道光《龙岩州志》:"鳖,一名脚鱼,俗呼元鱼,其甲入药。"元,意黑色。

俗称**脚鱼**。清·吴敬梓《儒林外史》第七回:"虞华轩把成老爷请到厅上坐着,看见小厮一个个从大门外进来,一个拎着酒,一个拿着鸡鸭,一个拿着脚鱼和蹄子。"

方言足脚鱼、水鸡。清·汪曰桢《湖雅》卷六："鳖，按亦足脚鱼，东乡人呼水鸡。"足脚鱼同脚鱼。

代称东明。明·胡世安《异鱼图赞补》卷下"鳖"："鳖水居陆生，穿脊连肋，与龟同类……其行蹩躠，故谓之鳖。俗呼团鱼，因形圆也……《养鱼经》：鱼满三百六十，则龙为之长，而引飞出水。内有鳖则鱼不复去，故一名神守，一名东明，一名河伯从事。"

俗名四喜。光绪《重修常昭合志·物产》卷四十六："鳖，充食，俗呼四喜。"

俗名甲虫。同治《黄破县志》卷一："鳖，俗呼团鱼，又云甲虫。"甲虫同甲鱼。鳖属爬行类，体被甲，而爬行类曾称爬虫类，故称甲虫。

《汇苑详注》云："鳖生卵于水滨岸傍，隔岸以目望日出入，观三七而成也。"明·冯时可《雨航杂录》："鳖与蛇相为牝牡，相为生化，有人发沙穴，见鳖与蛇俱。鳖暮出取食，迹在沙上，蛇辄出为灭之。鳖遗子，蛇嘘之，辄成蛇，久复为鳖。"明·屠本畯《闽中海错疏》中也说："鳖随日光所转，朝首东向，夕首西向。鳖之所在，上有浮沫，谓之鳖津，捕者以是得之。与龟皆隔津望卵而生。故曰龟思鳖望。""随日光所转"之说无据。鳖"纯雌无雄，以蛇及鼋为匹"、"与蛇相为牝牡"、"辄成蛇，久复为鳖"，皆为谬误。实则，早有人了解鳖有雄有雌。明·张如兰《团鱼说》："团鱼有雄有雌，雌者腹藏卵，能生产，而无肾；雄者腹藏肾，而不藏卵。"此处之肾是指外肾，即雄性生殖腺。鳖卵不像鸟那样靠身体孵化，而靠自然孵化。即卵产于陆上，鳖伏于水里，所谓"隔津而望卵"、"思化"。

鳖是传统美味食品。早在7 000年前，在河姆渡遗址，就发现有甲鱼的骨殖，并已成为人们食用的对象。3 000多年前的西周就设有专职鳖人。《周礼·天官》："鳖人下士四人，府二人，史二人，徒十又六人。郑锷曰：'鳖龟蜃之类，莫不有甲，名官特以鳖，何也？盖龟主角以卜，蜃主用以饰器，皆不专注于食。有甲之美而食者之众，无如鳖。故诗曰炮鳖鲜鱼，曰炮鳖脍鲤。庄子言：独鳖于江，甘味尤美，而食者甚众，献尊者物，宜取其美，则其名官，宜矣。'"其中鳖人、府、史、徒皆古代官名。蜃，大蛤蜊。意思说，鳖龟大蛤蜊之类，都有甲，为什么特以用鳖取作官名？原来，龟甲是占卜主角，蜃主要用来装饰器具，都不是专用于吃。鳖既有甲之美，吃的人又那么多，谁都比不上。所以《诗经》里说炮鳖鲜鱼，说炮鳖脍鲤。庄子说，只有鳖味道很美，吃的人很多，又是献给尊者的礼物。取其美而作为官名，很适宜。据记载，早在公元前827～前728年，周宣王时代，就以鳖为上肴，犒赏部属。南宋有"团鱼羹"、"鳖蒸羊"，元以后有"假鳖羹"、"团鱼汤"等。

鳖又是自古以来的传统药材。鳖甲古称黑龙衣。《清异录》："黑龙衣，鳖甲也。"含有动物胶，角蛋白、碘、维生素 D 等，能清热养阴、平肝熄火、软坚散结，能抑制结缔组织增生、软肝脾，可治肝硬化、肝脾肿大等。鳖血外敷能治颜面神经麻痹、小儿积潮热，对肺结核潮热、骨关节结核也有疗效。鳖卵能治久泻久痢，鳖胆外用可治痔瘘。鳖脂治白发、壮阳、滋养等。明·李时珍《本草纲目·介一·鳖》："鳖甲乃厥阴肝经血分之药。肝主血也。试尝思之，龟鳖之属，功各有所主。鳖色青，入肝。故所主者，疟劳寒热、痃瘕、惊痫、经水痈肿，皆厥阴血分之病也。"由于鳖既是传统的美食，又是传统药材，早已供不应求，全国许多地方都开展了对鳖的养殖。

《荀子修身篇》："跬步不休，跛鳖千里。累土不辍，丘山宗成。厌其源，开其渎，江河可竭。一进一退，一左一右。六骥不致彼人之才，性之相悬也。岂若跛鳖之与六骥足哉。然而跛鳖致之，六骥不致，是无他故焉，或为之，或不为之耳。"荀子，战国末年（即公元前 313～前 250）的教育家。骥，好马，亦喻贤能。意思说，半步半步不停地走，跛鳖可以走千里。培土不停可以积沙成丘。堵塞水的源头，开辟沟渠，江河可竭。一进一退，一左一右，截然不同。贤能之人比不上他人之才，是品格相差悬殊之故。如跛鳖与骏马之例就足够了。然而，跛鳖能达到，骏马却达不到，没有其他原因，而在于干或不干。

扬子鳄

中华鼍　鼍鼍　鱓　土龙　鼍龙　河伯使者　陵龙　猪婆龙

扬子鳄 *Alligator sinensis* Fauvel，鳄目鼍亚科。其体较粗短，长 2 米多，很少超过 3.5 米。尾侧扁而长，是为其游泳、攻击、自卫和捕食器官。四肢短拙、横出，艰于步行。趾间具蹼，趾端有爪。头前端圆钝，几成方形。吻背外鼻孔二个，下颌第四齿最强大。体背灰褐，腹面前部灰色。皮革质，覆以角质大鳞和骨板。多于

图112　扬子鳄（仿郑作新）

夜间觅食，甚耐饥，可数月不进食。过去皖、赣、苏、浙的长江沿岸盛产，俗称中华鼍等。

古称鼍（tuó）。《礼记·月令》："夏季之月，命渔师取鼍。"《墨子·公输》："江汉鱼鳖鼋鼍为天下富。"可知早在商周以前，我们的祖先就对鼍有了认识。《说文·黾部》："鼍，水虫，侣（似的异体字）蜥蜴，长丈所。皮可为鼓。从

鼍，单声。"三国吴·陆玑《毛诗草木鸟兽虫鱼疏》："鼍形似蜥蜴，四足，长丈余，生卵大如鹅卵，坚如铠，今合药鼍鱼甲是也。"鼍系鳄之象形字，最早见于甲骨文中。明·李时珍《本草纲目·鳞一·鼍龙》："鼍字像其头、腹、足、尾之形，故名。苏颂曰：'今江湖极多。形似守宫鲮鲤辈，而长一二丈。'"守宫，壁虎的旧称。鲮鲤，穿山甲。

别名鮀（tuó）。《重修政和证类本草》卷二十一引《圆经》曰："鮀，生南海池泽，今江湖极多，即鼍也……背尾俱有鳞甲，善攻琦岸，夜则鸣吼，舟人甚畏之。"鮀字从它，它，古蛇字，示鼍体延长似蛇。

别名鳝。鳝字是鼍的象形字，古与鼍通用，首见于西汉典籍。《大戴礼记》："二月剥鳝。""鳝与鼍通。"晋·陆玑《毛诗草木虫鱼鸟兽疏广要》："按鳝字本音鮀，与鼍同。"《尔雅翼·释鱼四》："鼍，水族。《本草》谓之鳝鱼是也。"康殷《文字源流浅析·鳝》："概因卜人对它（鳄）比较生疏，所以不能逼肖，仅刻画其背甲文，不得不再加吅，单为声符，籍助于声，金讹作鼍从泛形的鼍，篆遂作鼍，又讹作鳝，以鱼代形。《说文》误列为二字，误解为'鱼名'……后俗以鳝混同于鳝。

鼍被视为龙类，故有**土龙**、**鼍龙**等俗称。晋·张华《博物志》："鼍长一丈，一名土龙，鳞甲黑色，能横飞，不能上腾，其声如鼓。"横飞，指交错前行。明·李时珍《本草纲目·鳞一·鼍龙》释名土龙。藏器曰："《本经》鮀鱼，合改作鼍。鼍形既是龙类，宜去其鱼。"甚至误认为它"能吐雾致雨"。明·胡世安《异鱼图赞补》："鼍状守宫，亦名土龙。吐水向日，鸣即雨从。力攻崎（弯曲）岸，树鼓蓬蓬。其枕（骨）莹洁，卵盈至胸。就穴掘牵，人不易踪。"

拟人称**河伯使者**。晋·崔豹《古今注·鱼虫》："〔江东〕呼鼍为河伯使者。"

亦称**陵龙**。《太平御览》卷九百四十三引《临海水土异物志》："陵龙之体，黄身四足。形短尾长，有鳞无角。南越嘉羞（意美味食品），见之竞逐。"南越，指河北真定人赵陀所建、以番禺即广州市为中心的"汉化的越人国家"。

俗称**猪婆龙**。源于明·田艺蘅《留青日札·晏公庙》："太祖渡江取张士诚，舟将覆，红袍救上，且指之以舟者。问何神，曰晏公也。后猪婆龙攻崩江岸，神复化为老渔翁，示以杀鼍之法。问何人，又曰晏姓也。"明·王可大《国献家猷》："南部上河地，明初江岸常崩，盖猪婆龙于此搜抉（意搜求选择）故也。以与国姓同音，嫁祸于鼍，及下令捕鼍尽，而崩岸如故。老渔曰：'炙犬为饵，以瓮通其底，贯钩索而下之，所得皆鼍。'老渔曰：'鼍之大者食犬，即世之所谓猪婆龙也。'"明朝初年河岸常决口，是猪婆龙挖洞所致。因猪婆龙的猪字与明朝皇帝的朱姓同音，怕犯国姓，遂嫁祸于鼍。下令捕杀鼍殆尽，而河岸照崩如故。老渔民说，用烤犬做饵料，用底部穿孔的缸，从钓绳上贯穿下去，所得到的都是鼍。鼍之大者吃犬。这就是世说所谓猪婆龙是也。清·许珂《清稗类钞·动物·鼍》:"鼍,与鳄鱼为近属,俗称鼍龙,又曰猪婆龙……我国之特产也。"

鼍性较训善,不害人畜,性嗜睡,目常闭。于江河沿岸,水陆两栖,掘穴而居,是鳄类中唯一分布温带的种类。具冬眠习性,冬季即从 10 月下旬开始深入地穴蛰伏,到第二年的 5 月出蛰,冬眠的时间有半年之久。唐·杜甫:《玉台观二首》:"江光隐见鼋鼍窟,石势参差乌鹊桥。"

鼍的鸣声似鼓,夜间尤响,称鼍鼓。秦·李斯《谏逐客令》:"建翠凤之旗,树灵鼍之鼓。"灵鼍,借以指鼓。《诗·大雅·灵台》:"鼍鼓逢逢,蒙瞍奏公。"瞍(sǒu),瞎子。鼓声逢逢像鼍鸣,盲乐手奏起音乐。唐·许浑《赠所知》诗:"湖日似阴鼍鼓响,海云才起蜃楼多。"《埤雅·释鱼》:"今江淮之间谓鼍鸣为鼍鼓,亦或谓之鼍更,更则以其声逢逢然如鼓,而又善夜鸣,其数应更故也。今鼍像龙形,一名鳝,夜鸣应更,吴越谓之鳝更。盖如初更辄一鸣而止,二即再鸣也。"夜鸣应更之说非也。宋·陆游《剑南诗稿》六七《夏夜》:"六尺筇枝膝上横,中庭岸帻听鼍更。"筇,笻竹;帻,头巾。六尺长的竹枝横放膝上,把头巾掀上前额,潇洒地在院子里听鼍鸣。明·郑若庸《玉玦记·掳掠》:"灵鼍奏鼓逢逢,吞鲸舞浪汹汹。"康殷《文字源流浅析·鼍》:"由出土商代铜鼓之模拟鳄鱼皮十分逼真,可知当时确有鳄鱼、扬子鳄,并用其皮制鼓——鼍鼓。"晋·陆机《毛诗草木虫鱼鸟兽疏广要》则认为:"先儒以为鼍皮坚厚,取以冒鼓,故曰鼍鼓。其实不然,是鼓声逢逢然像鼍之鸣,故谓之鼍鼓也。"

唐宋时代,鼍甚常见,人们甚畏之,同时又食其肉。鼍肉可食,其肉治症瘕积聚、疮疡溃烂,有软坚散结、收湿敛疮、化瘀消症、敛疮生肌之效。《尔雅翼·释鱼四》:"梁周典嗣常食其肉。后为鼍所喷,便为恶疮。其肉白如鸡。"说表明早在梁周时代的典籍上就记载着常食鼍肉。明·李时珍《本草纲目·鳞一·鼍龙》|集解|藏器曰:"力至猛,能攻江岸。人于穴中掘之,百人掘,须百人牵之;一人掘,亦一人牵之。不然,终不可出。'时珍曰:'鼍穴极深,渔人以蔑揽(竹劈编成)系饵探之。候其吞钩,徐徐引出……南人珍其肉,以为嫁娶之敬。'"此"百人掘,须百人牵之"之说不实。至明代仍有吃鼍肉的习俗,特别是南方,嫁娶喜事,吃鼍肉为敬。《格物总论》:"鼍形类守宫、陵鲤辈,生卵大如鹅卵,南人食其肉,云色白如鸡。"陶宏景云:"惟至难死,沸汤沃口入腹,良久乃能剥之。"沃,灌。即将开水从口灌到肚子里后,很长时间才能剥之。陈藏器曰:"梁周典嗣,嗜此肉后为鼍所喷,便生恶疮。此物有灵,不食更佳,其涎最毒。"即吃鼍肉后,会招致鼍将涎沫喷到其身上,引起中毒生疮。陶弘景曰:"肉至补益,亦不必食。"

《竹书纪年》:"穆王三十七年(即公元前 964 年),大起九师,东至于九江,架鼋鼍以为梁,遂伐越于纡。"此即"鼋鼍为梁"这一成语的典故。意周穆王(西周国王姬满）三十七年，率大军至九江，水大流急，人马过不去，于是鼋鼍相接，架成桥梁，大军顺利渡过，伐越而至纡。越是古国名，也称于越。唐·王起《鼋鼍为梁赋》："周穆王穷辙迹之所经，驾鼋鼍而感灵。所以济浩汗（同浩瀚），所以通杳冥（极高远之处），逶逶蜿蜿，以代造舟之利，匪（同非）雕匪刻，皆连外国之形，谅人力之不剿，信神功而永宁……"辙迹，车子行驶的痕迹。周穆王到了无法行车的地方，随驾御鼋鼍而感灵，所以走得又远，登得又高，逶逶蜿蜿，无须雕木造舟。据传穆王十三至十七年，曾驾八骏之乘，驱驰九万里，西行至"飞鸟之所解羽"（指羽毛脱落，亦指禽鸟死去）的昆仑之丘，观黄帝之宫。又设宴于瑶池，与西王母做歌相和。《天圣营缮令》亦有："架海鼋鼍，谁看往迹。"之句。

扬子鳄是我国特有的孑遗物种，现国家列为一类保护动物。

索 引

参考文献

春秋·孔丘.诗经.北京：燕山出版社，2007

汉·戴德.大戴礼记.丛书集成初编第 1027 ~ 1028 册.北京：商务印书馆

汉·许慎.清·段玉裁注.说文解字.上海：上海古籍出版社，1988

汉·杨孚.异物志.丛书集成初编第 3021 册.北京：商务印书馆

汉·刘安，淮南子.桂林：广西师范大学出版社，2010

晋·郭璞.尔雅注.丛书集成初编.北京：商务印书馆

晋·郭璞注.谭承耕奂棱.山海经.长沙：岳麓书社，1992

晋·张华.博物志.丛书集成初编第 1342 册.北京：商务印书馆

晋·陆玑.毛诗草木鸟兽虫鱼疏.清初刻本

晋·师旷 撰.张华注.禽经.北京：中国戏剧出版社 1999

晋·崔豹，古今注.明万历吴琯刻本

吴·沈莹.临海水土异物志辑校.张崇根辑校.北京：农业出版社，1988

梁·任昉.述异记.武汉：崇文书局

梁·肖统.昭明文选.北京：中华书局，1977

南朝梁·顾野王.玉篇.北京：国际文化出版公司，2008

魏·贾思勰.齐民要术.北京：中华书局，1956

魏·张揖，广雅.丛书集成初编第 1160 册.北京：商务印书馆

唐·欧阳询，艺文类聚.北京：中华书局，1959

唐·苏敬.新修本草.上海：上海科学技术出版社，1959

唐·徐坚.初学记.北京：中华书局，1962

唐·段成式，酉阳杂俎.北京：中华书局，1981

唐·刘恂.岭表录异.丛书集成初编第 3123 册.北京：商务印书馆

唐·段公路.北户录.丛书集成初编第 3021 册.北京：商务印书馆

唐·陆德明.经典释文·尔雅音义下

宋·李昉.太平御览.北京：中华书局，1960

宋·李昉.太平广记.北京：中华书局，1961

宋·李石.续博物志.丛书集成初编第 1343 册.北京：商务印书馆

宋·沈括.梦溪笔谈.丛书集成初编第 1843 册.北京：商务印书馆

宋·毛胜.水族加恩簿.清顺治间刻印本

宋 · 庄绰 . 鸡肋编 . 清顺治三年（1946）刻本

宋 · 程大昌 . 演繁露 . 北京：中华书局，1991

宋 · 戴侗 . 六书故 . 上海：上海社会科学院出版社，2006

宋 · 高承 . 事物纪原 . 北京：中华书局，1989

宋 · 范成大 . 桂海虞衡志 . 南宁：广西民族出版社，1984

宋 · 洪迈 . 容斋五笔 . 清乾隆甲寅年（1794）版

宋 · 陈彭年 . 广韵 . 南京：江苏教育出版社，2008

宋 · 罗愿 . 尔雅翼 . 合肥：黄山书社，1991

明 · 王世懋 . 闽部疏 . 丛书集成初编第 3161 册 . 北京：商务印书馆

明 · 屠本畯 . 闽中海错疏 . 丛书集成初编第 1359 册 . 北京：商务印书馆

明 · 李时珍 . 本草纲目 . 北京：人民卫生出版社，1959

明 · 陈懋仁 . 泉南杂志 . 丛书集成初编第 3161 册 . 北京：商务印书馆

明 · 徐光启 . 农政全书 . 北京：中华书局，1956

明 · 杨慎 . 异鱼图赞 . 丛书集成初编第 1360 册 . 北京：商务印书馆

明 · 胡世安 . 异鱼图赞补 . 丛书集成初编第 1360 册 . 北京：商务印书馆

明 · 胡世安 . 异鱼图赞闰集 . 丛书集成初编第 1360 册 . 北京：商务印书馆

明 · 王圻 . 三才图会 . 上海：上海古籍出版社，1995

明 · 彭大翼 . 山堂肆考 . 上海：上海古籍出版社，1992

明 · 方以智 . 方以智全集 . 第一册 . 通雅 . 上海：上海古籍出版社，1988

明 · 黄省曾 . 鱼经 . 丛书集成初编第 1360 册 . 北京：商务印书馆

明 · 陈仁锡 . 潜确居类书 . 北京：北京出版社，1998

明 · 顾起元 . 客座赘语 . 鱼品 . 明万历年初刻本

明 · 冯时可 . 雨航杂录 . 上海：文明书局，1922

明 · 徐光启 . 农政全书 . 北京：中国戏剧出版社，1999

明 · 何乔远 . 闽书 . 福州：福建人民出版社，1994

明 · 屠本畯 . 海味索隐 . 清代同治三年（1646 年）刻版

明 · 廖文英，正字通 . 北京：中国工人出版社，1996 年

明 · 谢肇淛，五杂组 . 上海：上海书店出版社，2009

清 · 周亮工 . 闽小记 . 丛书集成初编第 3162 册 . 北京：商务印书馆

清 · 张英，等 . 渊鉴类函 . 上海：上海文艺出版社，1996

清 · 陈元龙 . 格致镜原 . 清刊本

清 · 蒋廷锡，等 . 古今图书集成 . 北京：中华书局 1934

清 · 李调元 . 南越笔记 . 丛书集成初编第 3125 ～ 3127 册 . 北京：商务印书馆

清 · 方旭 . 虫荟 . 上海：古籍出版社，1995

清·李调元.然犀志.丛书集成初编第 1359 册.北京：商务印书馆

清·赵学敏.本草纲目拾遗.北京：商务印书馆，1955

清·郝懿行.尔雅义疏.北京：中国书店

清·李元.蠕范.丛书集成初编第 1358 册.北京：商务印书馆

清·黄宫绣.本草求真.上海：上海科学技术出版社，1959

清·徐鼎.毛诗名物图说.清乾隆刻版

清·杨宾.柳边记略.北京：商务印书馆，1936

清·郝懿行.记海错.清代光绪五年（1879 年）刻版

清·郭柏苍.海错百一录.清光绪十二年（1886 年）刻版

清·陈大章.诗传名物集览.北京：商务印书馆，1986

清·桂馥.说文义证.台北：广文书局，1961

清·历荃.事物异名录.北京：中华书局，1990

清·徐珂.清稗类钞.北京：中华书局，2003

清·屈大均.广东新语.北京：中华书局，1985

清·汪曰桢撰.湖雅。刻本

连横.台湾通史.北京：九州出版社，2008

苟萃华，汪子春，许维枢.中国古代生物学史.北京：科学出版社，1989

华夫.中国古代名物大典.济南：济南出版社，1993

孙书安编著.中国博物别名大辞典，北京：北京出版社，2000 年

李海霞.汉语动物命名考释.成都：四川出版集团巴蜀书社，2005

张世义.中国动物志.硬骨鱼纲 鲟形目 海鲢目 鲱形目 鼠鱚目.北京：科学出版社，2001

张春霖等.黄渤海鱼类调查报告.北京：科学出版社，1955

中国科学院动物研究所等.南海鱼类志.北京：科学出版社，1962

郑作新编着.脊椎动物分类学，北京：农业出版社，1964

成庆泰等.中国经济动物志.海产鱼类.北京：科学出版社，1962

朱元鼎 孟庆闻等.中国动物志 圆口纲 软骨鱼纲.北京：科学出版社，2001

四川生物研究所.中国爬行动物系统检索.北京：科学出版社，1977。

周开亚.中国动物志.兽纲.北京：科学出版社，2004

陈万青.海兽检索手册.北京：科学出版社，1978

陈万青.海洋脊椎动物.济南：山东科技出版社，1980

陈万青等.海洋哺乳动物.青岛：青岛海洋大学出版社，1992

陈万青，魏建功.大海的臣民.北京：海洋出版社，2008